PHOTOVOLTAIK

PHOTOVOLTAIK

Solarstrom vom Dach

Thomas Seltmann

LIEBE LESERIN, LIEBER LESER.

Photovoltaik = Solarstrom: Spätestens im Jahr 2012 werden in Deutschland schon eine Million Anlagen installiert sein, die aus Sonnenlicht Strom erzeugen und ins öffentliche Netz einspeisen. Allein im Jahr 2010 wurden mehr als 200 000 neue Anlagen angeschlossen. Mindestens jede zweite ist auf einem privaten Dach oder wird von Privatpersonen, Freiberuflern oder kleinen Gewerbetreibenden betrieben. Vor allem an die potenziellen Bauherren und Betreiber solcher Anlagen richtet sich dieses Buch.

Bei keiner anderen Energiequelle sinken die Kosten schneller: In nur fünf Jahren fielen die Preise für Solarstromanlagen um mehr als die Hälfte. Inzwischen kosten Anlagen fürs Einfamilienhaus weniger als ein Kleinwagen. Die erfolgreiche Markteinführung der Photovoltaik in den letzten zehn Jahren hat zu einem unerwartet großen Boom der Installationen geführt. Deshalb senkt die Politik zurzeit die Einspeisevergütung für die Betreiber, um indirekt die Hersteller zu weiteren schnellen Preissenkungen zu drängen.

Das könnte dazu führen, dass größere und Großanlagen zeitweise weniger Rendite bringen und anonyme Beteiligungsmöglichkeiten an großen Photovoltaikanlagen weniger lukrativ sind als bisher. Für private und gewerbliche Betreiber sind Photovoltaikanlagen aber noch immer und mehr denn je interessant:

- Für Bauherren, die ihre Häuser damit aufwerten wollen.
- Für Privatanleger, die lieber in Sacheigentum als in abstrakte Geldanlagen der Banken oder riskante Unternehmensbeteiligungen investieren.
- Für Anleger, die überschaubare Geldsummen zur Verfügung haben und deshalb eher an Sicherheit als an hoher Rendite interessiert sind.
- Für Haushalte und Gewerbetreibende, die in der Energieversorgung unabhängiger werden wollen und auf Versorgungssicherheit Wert legen.
- Für ökologisch orientierte Verbraucher, die selbst an der Umstellung der Energieversorgung auf umweltfreundliche und klimaschonende erneuerbare Energien mitwirken wollen.

Die Photovoltaik erlebt mit ihrer schnellen Verbreitung eine rasante technische Entwicklung und damit ändern sich auch häufig wirtschaftliche und rechtliche Rahmenbedingungen. Umso wichtiger ist ein verständlicher Kompass mit allen grundlegenden Informationen. Sie finden in diesem Buch wichtige technische Details, praktische Tipps für Planung und Betrieb sowie Antworten auf rechtliche und finanzielle Fragen. Konkrete Beispiele, nützliche Checklisten und zahlreiche Bilder veranschaulichen das Wissen aus der Praxis, damit auch Sie künftig Strom aus Sonnenlicht ertragreich und gewinnbringend ernten können.

INHALTSVERZEICHNIS

SO FUNKTIONIERT PHOTOVOLTAIK

Ohne Sonne kein Solarstrom: Solarzellen erzeugen elektrische Energie aus dem einfallenden Licht. Die natürliche Sonneneinstrahlung schwankt nach Jahreszeit und Wetter. Solaranlagen müssen darauf eingestellt sein und unter verschiedenen Bedingungen optimale Erträge liefern. Dabei ist die Photovoltaik ideal für das wechselhafte und manchmal sonnenarme mitteleuropäische Klima.

SOLARSTROM UND SOLARTHERMIE

Sonneneinstrahlung als Energiequelle lässt sich auf vielfältige Weise nutzen: Schon der Wintergarten und große Fensterflächen sind eine passive Form der solaren Energiegewinnung. Aber erst mit Hilfe von Sonnenkollektoren und Solarzellen lassen sich gezielt und aktiv Wärme und Strom erzeugen. Diese beiden inzwischen weit verbreiteten Techniken funktionieren völlig unterschiedlich.

Solarwärme

Ein Solar(wärme)kollektor wandelt Sonnenlicht in Wärme und erhitzt Wasser, gemischt mit einem Frostschutzmittel. Eine elektrische Umwälzpumpe transportiert die Energie zu einem Speicher. Von dort wird die Warmwasserversorgung oder Heizung mit der gesammelten Sonnenwärme gespeist. Standardkollektoren sind meistens etwa zwei Quadratmeter große Metall- oder Holzrahmen mit Glasabdeckung. Mit Kupferrohren verschweißte, schwarz beschichtete Bleche (Absorber) im Inneren nehmen das Sonnenlicht auf und geben die Wärme an die im Rohr zirkulierende Flüssigkeit weiter. Eine dicke Isolierung auf der Rückseite des Kollektors verringert die Wärmeverluste. Solche Kollektoren benötigen direkte Sonneneinstrahlung und können bis zu drei Viertel der Einstrahlungsenergie in Wärme umsetzen. Von den hohen dabei entstehenden Temperaturen – im Stillstand 200 Grad und mehr – sind selbst Installateure oft überrascht.

Besonders gut erkennt man Solarkollektoren, wenn sie nicht in die Dachfläche integriert, sondern über den vorhandenen Ziegeln befestigt wurden: Die Kollektor-

BILD Nicht zu verwechseln: Sonnenkollektoren (oben) liefern Wärme – Solarmodule (unten) produzieren elektrischen Strom aus Licht. Beide Techniken arbeiten auf ganz unterschiedliche Weise.

kästen sind mit ihrer Bauhöhe von etwa zehn Zentimetern im Vergleich zu Solarstrommodulen recht dick. Mit Wärme-Isolierschläuchen umhüllte Anschlussrohre führen von den Kollektoren durch das Dach ins Gebäude. Die meisten bisher gebauten Anlagen dienen vorrangig der Brauchwassererwärmung und haben deshalb eine vergleichsweise kleine Fläche von nur einigen Quadratmetern. Nur Anlagen zur Heizungsunterstützung erstrecken sich über größere Teile des Daches.

Solarstrom

Anders als Kollektoren erzeugen Solarzellen aus dem Sonnenlicht unmittelbar elektrischen Strom, der Geräte direkt antreiben, Batterien laden oder ins öffentliche Stromnetz fließen kann. Auf dem Dach landen Solarzellen standardmäßig in Glas und Kunststoff gekapselt sowie in Aluminium gerahmt als Solar(strom)modul. Ohne den drei bis vier Zentimeter dicken Rahmen sind die meisten Module weniger als ein Zentimeter dünn. Solarzellen erzeugen elektrische Energie nicht erst bei voller Sonneneinstrahlung, sondern schon bei geringer Helligkeit. Ähnlich wie bei einer Batterie liegt eine elektrische Spannung schon an, auch wenn sie noch nicht angeschlossen sind. Deshalb sind beim Umgang – besonders mit mehreren zusammengeschalteten Solarmodulen – besondere Sicherheitshinweise zu beachten. Die besten Solarzellen können heute rund ein Fünftel des eingestrahlten Lichtes in elektrische Energie umwandeln.

Solarmodule erkennt man auf Dächern an den größeren Flächen bis hin zum voll belegten Dach – zusammengesetzt aus vielen etwa ein bis zwei Quadratmeter großen Solarmodulen. Innerhalb der meisten Module ist die schachbrettartige Anordnung der Solarzellen zu sehen. Standard sind Haltekonstruktionen aus Aluminium über den Dachziegeln.

☀ KOLLEKTOR ODER MODUL?

Manchmal nennen Journalisten Solarmodule auch Kollektoren oder bezeichnen Sonnenkollektoren als Solarzellen. Wenn dann noch die falschen Fotos verwendet werden, ist die Verwirrung komplett. Selbst Installateuren und Fachhändlern fällt es oft schwer, die richtigen Begriffe zu verwenden. Auch wenn es keine offizielle Festlegung gibt, sind sich die Experten weitgehend einig: Der Kollektor liefert Wärme und Module liefern Strom.

Bestimmte Materialien (Halbleiter) haben die Eigenschaft, direkt aus dem Sonnenlicht Elektrizität zu erzeugen, wenn sie dafür präpariert werden. Diese Eigenschaft beruht auf dem photovoltaischen Effekt. Daher wird diese Technik Photovoltaik genannt (von „Photo" für „Licht" und „Volt" für die elektrische Spannung).

Auch der Strom aus Photovoltaikanlagen wird manchmal gespeichert, und zwar in Akkumulatoren – das ist die korrekte Bezeichnung für wiederaufladbare Batterien. Man nennt solche Photovoltaik-

anlagen mit Speichern auch „Inselanlagen"
oder „netzunabhängige Systeme", weil
sie nicht an das öffentliche Stromnetz angeschlossen sind. Ist jedoch am Standort
der Solarstromanlage ein Netzanschluss
vorhanden, wie das in Deutschland bei
fast allen Gebäuden heute üblich ist, kann
man die Anlage ohne Speicher direkt mit
dem Netz koppeln. Das ist heute Standard. Im Vergleich zu netzgekoppelten
Systemen ist der Photovoltaikmarkt für
Inselanlagen hierzulande sehr klein und
konzentriert sich auf Freizeit- und Garten-
anwendungen.

Netzgekoppelte Solarstromanlagen

Der kleinste Baustein der Photovoltaikanlage ist die Solarzelle. Die heute meist
verwendeten Solarzellen sind dunkelblaue
bis schwarze Scheiben aus dem Halbleitermaterial Silizium.

Solarzellen – Strom aus Licht

Wenn Licht auf eine Solarzelle trifft, entsteht sofort eine elektrische Spannung.
Grund dafür ist ein physikalischer Effekt,
der in der Solarzelle bei ihrem Herstellungsprozess geschaffen wird. In der Solarzelle geschieht im Prinzip das Gleiche

wie beim Drehen eines Fahrraddynamos.
Ladungsträger werden getrennt – die po-
sitiven sammeln sich am Pluspol und die
negativen am Minuspol. Es entsteht ein
Energiepotenzial in Form einer elektrischen
Spannung. Schließt man den Stromkreis
zwischen den beiden Polen, fließt Strom,
zum Beispiel über die Glühbirne der Fahr-
radlampe. Der Fahrraddynamo erzeugt
nur dann elektrische Energie, wenn sich
der Rotor dreht. Und die Solarzelle produziert immer genau dann Strom, wenn
Licht auf die Oberfläche trifft. In diesem
Moment kann man eine Solarzelle mit
einer einzelnen Batteriezelle vergleichen.
Und man kann sie auch so ähnlich einsetzen.

Während beim Fahrraddynamo durch
mechanische Bauteile Bewegungsenergie
in elektrische Energie umgewandelt wird,
gewinnt die Solarzelle elektrische Energie
durch einen physikalischen Effekt aus der
Energie des Lichtes – ohne mechanische
oder chemische Vorgänge, verschleiß-
und wartungsfrei. Deshalb ist die Lebensdauer einer Solarzelle theoretisch unbe-
grenzt, da bei der Stromgewinnung das
Material nicht abgenutzt oder verbraucht
wird – ganz im Gegensatz zu einer Batterie

Funktionsweise Solarzelle

BILD 1 Wenn Licht auf eine Solarzelle trifft, entsteht eine elektrische Spannung zwischen der dem Licht zugewandten und der dem Licht abgewandten Seite. Wird der Stromkreis geschlossen, fließt elektrischer Strom.

oder einem Akku. Ein weiterer wichtiger Unterschied ist auch: Aus einer Batterie kann ich die Energie jederzeit entnehmen, solange sie noch geladen ist. Eine Solarzelle liefert Strom nur bei Lichteinfall, und die verfügbare Leistung hängt von den Lichtverhältnissen ab.

Solarzelle – Solarmodul – Solargenerator

Viele elektrisch verbundene Solarzellen werden in einem Solarmodul zwischen Glas und Kunststofffolien eingeschweißt und damit vor Umwelteinflüssen geschützt. Werden mehrere solcher Solarmodule gemeinsam installiert, nennt man diese Anordnung auch Solargenerator.

Ähnlich wie Batteriezellen haben Solarzellen materialabhängige charakteristische Spannungs- und Stromwerte. Wie Batterien werden deshalb auch Solarzellen elektrisch zusammengeschaltet, um die gewünschten elektrischen Leistungswerte zu erzielen. In der Regel sind die Solarzellen innerhalb eines Moduls in Reihe geschaltet, um die Ausgangsspannung zu erhöhen. Module innerhalb eines Solargenerators werden dann häufig sowohl in Reihe wie auch parallel verschaltet.

Netzkopplung

Prinzipiell arbeitet eine netzgekoppelte Solarstromanlage in drei Schritten:

1. Energiegewinnung: Die Solarzellen im Solargenerator erzeugen aus dem auftreffenden Licht direkt elektrische Energie. Es handelt sich dabei um Gleichstrom, wie er in jeder Art von Batterie zur Verfügung steht.

2. Stromwandlung: Der vom Solargenerator erzeugte Gleichstrom wird anschließend in netzüblichen Wechselstrom (230 Volt Wechselspannung) umgewandelt, wie er von üblichen Haushaltsgeräten verbraucht wird und aus dem öffentlichen Stromnetz bezogen werden kann. Bei einer netzgekoppelten Anlage muss der Wechselstrom netzkonform sein, das heißt in gleicher Spannung, Frequenz und Phasenlage fließen. Diese Aufgabe übernimmt das Netzeinspeisegerät, häufig auch Wechselrichter genannt.

3. Energienutzung: Nach Erzeugung und Umwandlung des Solarstroms fließt der Strom ins häusliche Stromnetz, das mit dem öffentlichen Stromnetz verbunden ist. Der Solarstrom kann auf diese Weise im eigenen Haushalt verbraucht oder ins öffentliche Netz eingespeist werden. Je nach Anschlussvariante wird der erzeugte Strom entweder vollständig ins Netz gespeist oder zunächst im Haushalt verbraucht und nur der Überschuss ins Netz geliefert. Der Solarstrom wird also nicht gespeichert, sondern sofort verbraucht,

Solarzelle – Solarmodul – Solargenerator

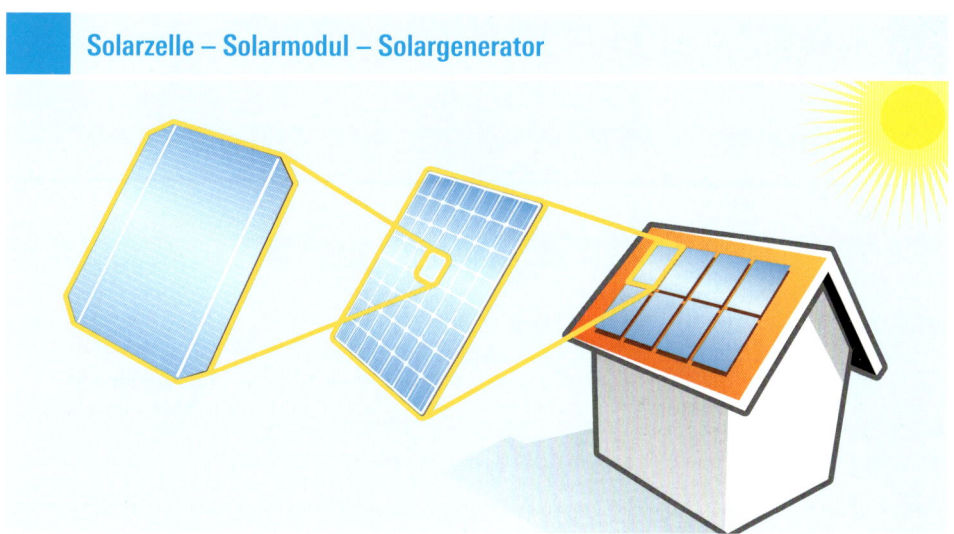

BILD 2 Viele Solarzellen werden in ein Solarmodul verbaut, alle Solarmodule einer Anlage bilden den Solargenerator.

entweder im eigenen Haushalt oder beim Nachbarn oder bei einem anderen Verbraucher im Stromnetz.

Solarstrom fließt ins Netz

Die Solarstromanlage erzeugt immer so viel elektrische Energie, wie sie aus dem einfallenden Licht gewinnen kann, und speist sie am Anschlusspunkt ins Netz. Physikalisch betrachtet, fließt elektrischer Strom immer auf dem kürzesten Weg zum nächsten Verbraucher. Vom Anschlusspunkt fließt der Solarstrom also zum nächstgelegenen Elektrogerät, das gerade eingeschaltet ist. Bleibt dabei noch etwas Strom übrig, fließt dieser Überschuss zum nächsten Gerät und so weiter. Wird die gesamte erzeugte Energie im Haus vor Ort nicht verbraucht, fließt der Strom im Netz weiter zum nächstgelegenen Verbraucher. Das kann die Waschmaschine des Nachbarn sein, die gerade läuft, während Sie nicht zu Hause sind.

Selbst wenn eine ganze Siedlung mit Solardächern ausgestattet ist, kann es vorkommen, dass dieser Stadtteil tagsüber als Kraftwerk Strom an die benachbarten Stadtteile liefert, während er nachts wie früher Elektrizität von anderen Kraftwerken bezieht.

Von der Kleinanlage bis zum Großkraftwerk

Die Größe netzgekoppelter Solarstromanlagen ist technisch gesehen völlig frei wählbar. Schon mit einem einzigen Solarmodul von 100 Watt Leistung und einem dazu passenden Mini-Netzeinspeisegerät lässt sich Solarstrom „in die nächste Steckdose" einspeisen. Anlagen auf Hausdächern haben Leistungen von ein bis etwa hundert Kilowatt. Eine der größten dachmontierten Anlagen weltweit mit 2,1 Megawatt Leistung belegt mehrere Hallendächer der Neuen Messe München. Noch größere Photovoltaikkraftwerke werden auf Freiflächen aufgebaut. Das bis dahin größte wurde 2010 in Kanada fertiggestellt und liefert 97 Megawatt Leistung. Wenn dieses Buch erscheint, ist vielleicht schon wieder ein noch größeres Kraftwerk ans Netz gegangen. So wurde 2011 in Griechenland und in den USA mit dem Bau von Anlagen mit über 200 Megawatt begonnen. Zum Vergleich: Das entspricht

BILD 1

BILD 2

BILD 1 Stromversorgung ohne Netzanschluss, hier am Beispiel eines Parkscheinautomaten
BILD 2 Die großen Dächer von Industriebetrieben bieten große Flächen für den Bau von Photovoltaikanlagen.

etwa einem Viertel der Leistung eines mittleren Kernkraftwerks. Mit der verfügbaren ausgereiften Anlagentechnik lässt sich heute jede beliebige Anlagengröße vom Einzelmodul bis zum Gigawattkraftwerk realisieren.

Diese Photovoltaik-Solarkraftwerke sind übrigens nicht zu verwechseln mit thermischen Solarkraftwerken, wie sie von Spanien bis Nordafrika errichtet werden. Dort konzentrieren Spiegel das wolkenfreie Sonnenlicht und erzeugen bei hohen Temperaturen Wasserdampf, der konventionelle Turbinen und Generatoren antreibt – ganz wie in herkömmlichen Kohle- und Gaskraftwerken.

Inselanlagen ohne Netzanschluss

Solarmodule können auch dort Strom liefern, wo ein Netzanschluss fehlt oder die Leitungsverlegung teurer wäre als die

Photovoltaikanlage. Parkscheinautomaten und Verkehrsschilder an Autobahnen sind dafür typische Beispiele. Vor allem im Freizeitbereich, bei Garten- und Wochenendhäusern oder Wohnwagen und Booten findet man solche Systeme häufig. Aber auch abgelegene Wohnhäuser und landwirtschaftliche Feldscheunen können so zumindest von Frühling bis Herbst mit Strom versorgt werden. Im Gegensatz zur netzgekoppelten Solarstromanlage benötigt eine solche Inselanlage einen Akkumulator als Stromspeicher, um die Nacht und einzelne Tage ohne Sonnenschein zu überbrücken.

Während bei der Umwandlung des solaren Gleichstroms in netzüblichen Wechselstrom weniger als 5 bis 10 Prozent der Energie verloren gehen, kostet die Speicherung des Solarstroms in Akkumulatoren zusätzlich mindestens 10 bis 30 Prozent

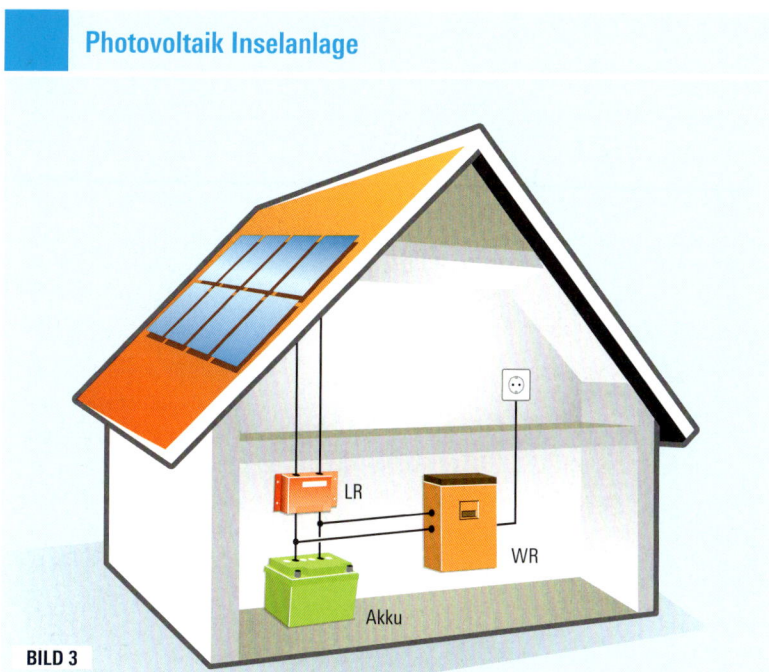

BILD 3

BILD 3 In der netzunabhängigen „Inselanlage" wird der Solarstrom in Akkus gespeichert und dann mit einem Wechselrichter (WR) für normale Haushaltsgeräte nutzbar gemacht. Ein Laderegler (LR) steuert die Ladung des Akkus.

der kostbaren Energie (je nach Qualität und Alter des Akkumulators). Zusätzliche Verluste im Wirkungsgrad der Anlage bringen Energieüberschüsse, wenn an sonnigen Tagen der Akku schon voll geladen ist.

Vollständig netzautarke Stromversorgungen müssen immer genau auf den jeweiligen Strombedarf abgestimmt werden, da spätere Erweiterungen – besonders des Energiespeichers – meist zu Komplikationen führen. Beim Solargenerator müssen dabei oft kostspielige Reserven eingeplant werden und beim Ganzjahresbetrieb eine zusätzliche Stromquelle wie ein Benzingenerator oder ein Windrad integriert werden.

Übrigens muss man in Inselanlagen auf netzähnlichen Wechselstrom nicht verzichten. Wechselrichter in unterschiedlichen Leistungsklassen wandeln auch dort den

Gleichstrom in 230-Volt-Wechselstrom um, sodass man handelsübliche Elektrogeräte betreiben kann. Der knappe Begriff „Wechselrichter" ist eigentlich nur bei dieser Anwendung korrekt, denn die Netzeinspeisegeräte netzgekoppelter Anlagen enthalten zwar auch einen Wechselrichter, allerdings ergänzt um weitere wesentliche Funktionen (siehe Kapitel „Netzeinspeisegerät und Wechselrichter" ab Seite 40).

Netzgekoppelte Inselanlagen
Kombiniert man eine netzgekoppelte Solarstromanlage mit einem Inselsystem, wird zunächst der Akku geladen und dann der Überschuss ins Netz eingespeist. Wenn das öffentliche Netz einmal abgeschaltet wird oder ausfällt, springen Solarstromanlage und Akku ein und versorgen den angeschlossenen Haushalt im zeitweiligen Inselbetrieb wie bei einer „unter-

brechungsfreien Stromversorgung".
Da selbst eine Öl- oder Gasheizung ohne
Strom nicht läuft, könnte das auch für
Privathaushalte interessant sein. Der dazu
nötige Speicherakku ist jedoch im Gegen-
satz zur übrigen Solarstromanlage nicht
verschleißfrei und kann den Wartungs-
aufwand und die Kosten deutlich erhöhen.
   Seit kurzem werden von den ersten
Herstellern auch serienreife Kombilösun-
gen angeboten, bei denen netzgekoppelte
Solarstromanlagen mit einem Akkumu-

lator ausgerüstet werden. Das könnte
künftig nicht nur als Notstromversorgung
sinnvoll sein, sondern sich aufgrund der
weiter sinkenden Preise für Photovoltaikanlagen in wenigen Jahren auch wirtschaftlich rechnen – nämlich dann, wenn
der Strom vom Dach einschließlich Spei-
chertechnik billiger ist als der Strom aus
dem Netz.

INFO   **Vorteile der Netzkopplung ohne Energiespeicher**

- **Modularer Aufbau:** Die Anlage
kann klein begonnen und später einfach erweitert werden.
- **Kein Energiespeicher notwendig:**
Der Strom wird sofort und ohne Zwi-
schenspeicher genutzt oder eingespeist. Akkumulatoren, und somit die
Anschaffungskosten, die Umweltbelastung durch Produktion und später
durch die Erneuerung der erschöpften
Akkus, der Wartungsaufwand sowie
der separate Batterieraum entfallen.
- **Kaum Wartung:** Netzgekoppelte Solarstromanlagen arbeiten vollautomatisch und sind wartungsfrei konzipiert.
Lediglich der Energieertrag sollte regelmäßig kontrolliert und bei Unstimmig-
keiten ein Fachmann hinzugezogen
werden.

- **Hoher Wirkungsgrad der Anlage:**
Der erzeugte Solarstrom wird mit geringen Umwandlungsverlusten ins Netz
eingespeist und kann vollständig genutzt werden. Es gibt keine Energieverluste durch Speicherung oder ungenutzte Überschüsse aufgrund vollge-
ladener Akkus.
- Die **Transportverluste im Netz** sind
minimal, weil der Strom bedarfsnah erzeugt und verbraucht wird – wenn
nicht im eigenen Haushalt, dann bei
den nächstgelegenen Verbrauchern.
- **Hohe Versorgungssicherheit:** Das
Netz bietet mit oder ohne Solarstromanlage die gleiche hohe Versorgungssicherheit. Nachts und in sonnenarmen
Zeiten liefern andere Kraftwerke elektrische Energie.

Intensität der Sonneneinstrahlung

50–200 W/m²   200–700 W/m²   700–1000 W/m²

BILD Die Intensität der Sonneneinstrahlung hängt von der Wetterlage ab: Auch der diffuse Anteil der Strahlung ist energiereich und nutzbar. Selbst an einem bewölkten Sommertag mit wenig direktem Lichteinfall kann die Einstrahlungsleistung immer noch 300 W/m² erreichen.

SONNENLICHT ALS ENERGIEQUELLE

Ohne Sonne kein Solarstrom: Solarzellen erzeugen elektrische Energie aus dem einfallenden Licht. Die natürliche Sonneneinstrahlung schwankt nach Jahreszeit und Wetter. Solaranlagen müssen darauf eingestellt sein und unter verschiedenen Bedingungen optimale Erträge liefern. Welche Bedingungen sind das?

Wer die Sonne aufmerksam beobachtet, staunt nicht schlecht, mit welchem Tempo sie ihre Bahn über den Horizont zieht und wie sehr sich ihre Bahn zwischen Sommer und Winter unterscheidet. Am höchsten steigt die Sonne bei uns am 21. Juni (Sommersonnenwende), am tiefsten verläuft ihre Bahn am 21. Dezember (Wintersonnenwende) – das sind zugleich der längste und der kürzeste Tag im Jahr.

Mit dem Sonnenstand ändert sich der Einfallswinkel des Sonnenlichts. Im Winter ist der Winkel auch beim höchsten Sonnenstand flacher und der Weg eines Sonnenstrahls durch die Erdatmosphäre um ein Vielfaches länger als wenn die Sonne im Sommer im Zenit steht.

Die auf der Erdoberfläche ankommende Energiemenge des Sonnenlichts wird als Globalstrahlung bezeichnet und als Summe für Tage, Monate oder Jahre angegeben. Die Globalstrahlung setzt sich aus der direkten und der diffusen Strahlung zusammen.

Direkte Strahlung durchquert die Atmosphäre ungehindert und setzt einen wolkenfreien Himmel voraus. Die direkte Sonnenstrahlung verursacht scharf umrissene Schlagschatten. Man erkennt sie am Schattenwurf.

Diffuse Sonneneinstrahlung wirft keinen begrenzten Schatten, denn hier wurde das Sonnenlicht auf seinem Weg durch die Atmosphäre von Wolken, Luftverschmutzung oder Nebeltröpfchen abgeschwächt und abgelenkt oder auch von Gebäuden und der Erdoberfläche reflektiert. Die gestreuten Sonnenstrahlen kommen nun nicht mehr aus einer Richtung, sondern von allen Seiten.

Der Anteil der direkten Sonneneinstrahlung an der Globalstrahlung nimmt in Deutschland von Norden nach Süden zu.

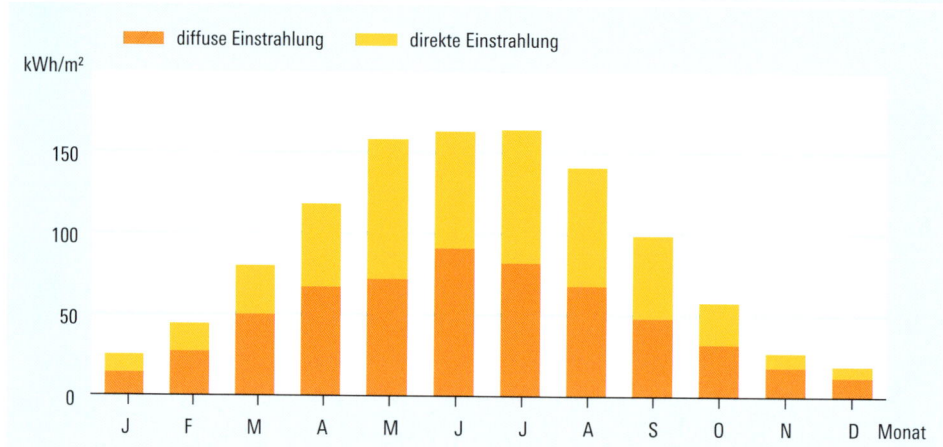

BILD 1 Die auftreffende Strahlungsenergie der Sonne setzt sich aus direkter und diffuser Einstrahlung zusammen.

In Norddeutschland hat diffuse Strahlung einen durchschnittlichen Anteil von 60 Prozent, während in Süddeutschland diffuse und direkte Strahlung jeweils etwa die halbe Energiemenge liefern. In Südeuropa hat direkte Strahlung schon einen Anteil von rund 65 Prozent.

Die Energieleistung der Sonneneinstrahlung, ob diffus oder direkt, schwankt je nach Tageszeit und Wetter zwischen null und etwa 900 Watt (siehe auch Infokasten „Energiequelle Sonne" Seite 21), kann aber kurzzeitig auch deutlich über 1 000 Watt betragen.

Die Energiemenge, also die Globalstrahlungssumme, ergibt sich als Summe der Leistung über die Zeit: Zum Beispiel: 5 Stunden Einstrahlung mit 500 Watt Leistung ergeben 2 500 Wattstunden Energie, das sind 2,5 Kilowattstunden.

In weiten Teilen Deutschlands beträgt die Jahressumme der Globalstrahlung zwischen 1 000 und 1 100 Kilowattstunden pro Quadratmeter. Um es anschaulich zu machen: Das entspricht der Energie von mehr als hundert Litern Öl, die von der Sonne auf jedem Quadratmeter kostenlos

frei Haus geliefert wird, und das jedes Jahr!

Es gibt ein leichtes Süd-Nord-Gefälle und einige Bereiche in Norddeutschland mit nur 900 Kilowattstunden sowie Gebiete ganz im Süden Deutschlands mit fast 1 200 Kilowattstunden pro Quadratmeter und Jahr. Ablesen kann man die Daten in Globalstrahlungskarten. Gemessen wurden diese langjährigen Mittelwerte vom Deutschen Wetterdienst (DWD) zwischen 1981 bis 2000. Die Sonneneinstrahlung schwankte dabei in einem Bereich von plusminus zehn Prozent.

In den letzten zehn Jahren gab es fast nur positive Ausschläge: Die Sonneneinstrahlung war in Deutschland im Schnitt um fast fünf Prozent höher als die langjährigen Mittelwerte des DWD. Erklären lässt sich das mit dem Erfolg der Luftreinhaltungsmaßnahmen seit den achtziger Jahren und zum Teil vermutlich auch als regionale Auswirkung der globalen Klimaveränderung.

Ob dieser Trend so bleibt oder auch wieder Zeiten geringerer Einstrahlung kommen, lässt sich kaum vorhersagen,

Globalstrahlung in Deutschland

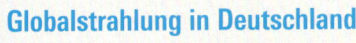

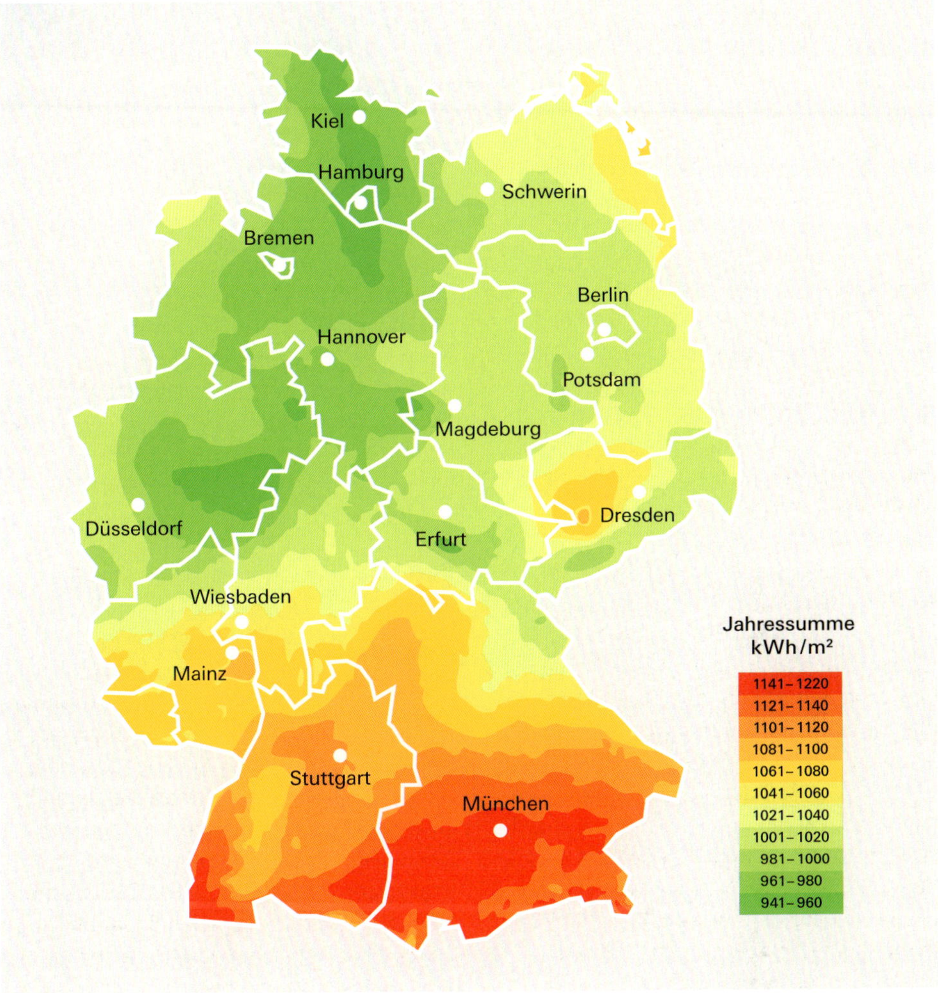

BILD 2 Langjährige Mittelwerte der Globalstrahlung in Deutschland zwischen 1981 und 2000. Einstrahlung in Kilowattstunden pro Quadratmeter im Jahr auf die ebene Fläche

auch weil Naturkatastrophen wie Vulkanausbrüche (Aschewolken) die Einstrahlung kurzfristig verändern können. Allein von 2002 auf 2003 stieg die Globalstrahlung um 16 Prozentpunkte und nahm im darauf folgenden Jahr wieder um 13 Prozentpunkte ab. Die Mittelwerte der Jahre 1981 bis 2000 scheinen also eine recht sichere Kalkulationsgrundlage zu sein. Aus den DWD-Daten lässt sich auch ablesen, dass übers Jahr betrachtet drei Viertel der Sonnenenergie im Sommerhalbjahr ankommen und nur ein Viertel in den Monaten Oktober bis März. In den drei sonnenärmsten Monaten November, Dezember und Januar sind es sogar nur gut 6 Prozent. Dem gegenüber bringen die drei sonnenreichsten Monate Mai, Juni und Juli mit 45 Prozent fast die Hälfte der jährlichen Einstrahlung.

BILD Mächtiges Kraftwerk: Die Sonne im ultravioletten Lichtspektrum, aufgenommen von der europäischen Raumsonde SOHO

Wetterdienste messen immer die Global-strahlung auf ebener Fläche. Weil die Son-ne hierzulande nie senkrecht über dem Boden steht, sondern sich zwischen Hori-zont und Zenit bewegt, fällt das direkte Licht je nach Tages- und Jahreszeit in ei-nem mehr oder weniger großen Winkel auf den Boden. Die Einstrahlungssumme auf die geneigte Fläche eines Solargenera-tors auf dem Hausdach ist deshalb größer als der Messwert des DWD angibt. Ein unmittelbarer Vergleich zwischen der Glo-balstrahlung und dem Solarstromertrag ist aus diesem Grund nicht möglich. Die Glo-balstrahlung auf eine geneigte Fläche aus den Messwerten auf ebene Flächen um-zurechnen, ist kompliziert. Deshalb über-lässt man diese Berechnungen Simulati-onsprogrammen. Eine vereinfachte Be-rechnungshilfe finden Sie auf der Internet-seite: www.photovoltaikratgeber.info.

Photovoltaik: Ideal für deutsches Klima

In südlicheren Ländern ist die jährliche Sonneneinstrahlung höher als in Deutsch-land. Vergleicht man optimal geneigte Flächen, ergibt sich in Äquatornähe etwas mehr als die doppelte Globalstrahlungs-summe.

Das ist eigentlich überraschend wenig mehr, denkt man doch oft, wir befänden uns in einer sonnenarmen Gegend. Was die Photovoltaik betrifft, ist – abgesehen von der Einstrahlung – das Klima für So-larstromanlagen kaum irgendwo besser als in Mitteleuropa. Im Süden ist nicht nur die Einstrahlung höher, sondern herrschen aufgrund des höheren Anteils direkter Sonne auch höhere Lufttemperaturen. Solarzellen erwärmen sich dadurch viel stärker als im Norden. Die gängigen Solar-zellen verlieren bei höherer Temperatur aber an Leistungsfähigkeit. Ein Teil der hö-heren Sonneneinstrahlung in südlicheren Ländern wird also durch diese Verluste wieder aufgezehrt. Sehr hohe Tagestem-peraturen und starke Temperaturschwan-kungen beschleunigen zudem die Alterung von Solarmodulen und Systemtechnik.

Außerdem wandeln Solarzellen diffuses Licht fast genauso gut wie direktes Licht in Strom, einige Solarzellen sogar besser. Fast alle Solarzellen erzielen umso höhere Wirkungsgrade, je kühler sie sind. Solar-strom gibt es also nicht nur bei strahlen-der Sonne, sondern auch bei Wolken und sogar bei bedecktem Himmel, wenn auch mit entsprechend geringerer Leistung. Bei direkter Sonneneinstrahlung bringt die Anlage mehr Ertrag, wobei die Zellen je-doch viel heißer werden und die Ausbeute (der Wirkungsgrad) sinkt.

Aus diesen Gründen eignet sich die Photovoltaik bestens für die solare Strom-erzeugung im hiesigen gemäßigten Klima mit seinen wechselhaften Einstrahlungs-bedingungen.

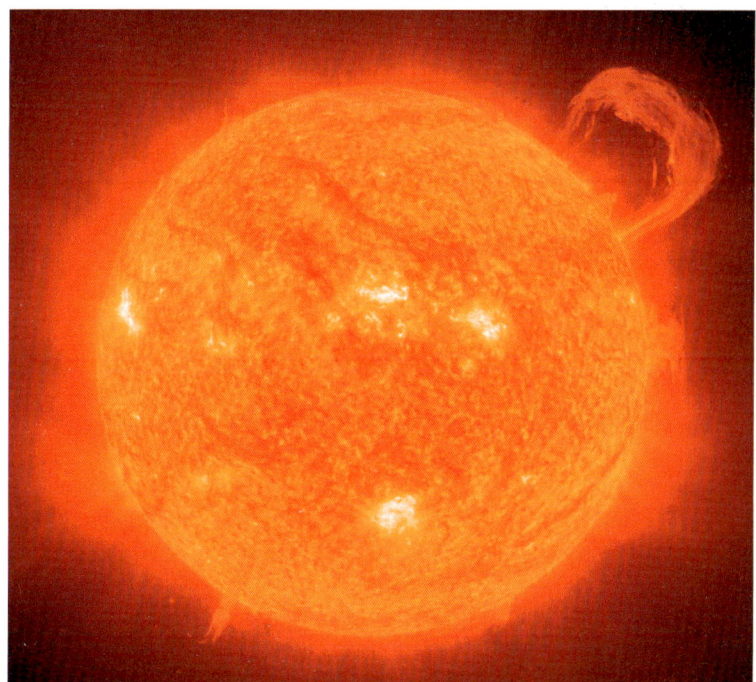

ENERGIEQUELLE SONNE

Was wir am Himmel als gleißend hellen Ball sehen, ist ein gigantischer Kernfusionsreaktor. Im Inneren verschmelzen unter gewaltigem Druck Wasserstoffatomkerne zu Heliumatomkernen bei Temperaturen von mehreren Millionen Grad. Die Oberfläche strahlt mit ihren etwa 5 500 Grad Celsius pausenlos Energie in den Weltraum ab.

Ein winzig kleiner Teil davon dringt in Form von Licht durch die Erdatmosphäre: In einem Jahr rund zehntausend Mal soviel Energie, wie die menschliche Zivilisation heute verbraucht. An der Außenhülle der Erdatmosphäre erreicht uns eine Strahlungsleistung von durchschnittlich 1 367 Watt pro Quadratmeter, die sogenannte „Solarkonstante". Auf dem Weg durch die Atmosphäre geht davon etwa ein Viertel verloren, sodass auf der Erdoberfläche bis zu 1 000 Watt (pro Quadratmeter Fläche) Einstrahlungsleistung ankommen, im günstigsten Fall, bei hohem Sonnenstand, klarem Wetter und sauberer Luft. In der Praxis werden manchmal sogar kurzzeitige Spitzenwerte von bis zu 1 300 Watt gemessen. Grund dafür sind Reflexionen des Sonnenlichts an vorbeiziehenden Wolken an wechselhaft-sonnigen Tagen. Dieser Effekt ist nützlich zur Kontrolle der Anlagenzuverlässigkeit (siehe Seiten 139 ff.).

TECHNIK UND PLANUNG

Photovoltaik ist ausgereift und wird heute standardmäßig installiert. Optimale Erträge liefert Ihre Solarstromanlage aber nur, wenn sie gut an den Standort angepasst wurde und die Bauteile perfekt aufeinander abgestimmt sind. Das erfordert Entscheidungen, die nachher nicht mehr zu ändern sind und die viele Jahre lang die Wirtschaftlichkeit der Anlage bestimmen. Hier finden Sie das Basiswissen für die Planung Ihrer Photovoltaikanlage.

LANGFRISTIGE INVESTITION IN DIE ZUKUNFT

Wir sind es heute vielfach gewohnt, Konsumgüter nach wenigen Jahren durch neue Produkte auszutauschen. Fehlentscheidungen oder Spontankäufe lassen sich so relativ schnell wieder revidieren. Bei einer Photovoltaikanlage ist das anders: Sie kann zwanzig, dreißig Jahre oder länger zuverlässig arbeiten. Selbst Autos nutzen wir nur über einen Bruchteil dieser Zeiträume. Es gibt wohl kaum eine Investition im privaten Bereich, bei der die Qualität für den wirtschaftlichen Nutzen eine so große Rolle spielt. Bis zur Unterschrift unter den Kaufvertrag solle Ihnen diese Tatsache immer bewusst sein.

Jede Entscheidung bei der Planung einer Photovoltaikanlage und bei der Auswahl der Bauteile beeinflusst den Ertrag und damit die Wirtschaftlichkeit. Wer dem Installateur blind vertraut, kann nicht nur viel Geld verlieren, sondern auch die langjährige Freude am eigenen Solarkraftwerk riskieren. Die wenigsten Anbieter machen sich die Mühe, jede einzelne Anlage im Detail zu optimieren. Nicht selten wird technische Perfektion durch Verkaufsgeschick ausgeglichen. Den Unterschied zwischen einer durchschnittlichen Anlage und einer mit besten Erträgen macht deshalb oft weniger die höhere Investitionssumme, sondern ein wenig Detailarbeit bei der Planung und Auswahl der Komponenten. Dieser Unterschied kann über finanziellen Gewinn oder Verlust entscheiden und schützt Sie vor bösen Überraschungen.

SOLARZELLEN UND SOLARMODULE

Solarmodule sind das wichtigste Bauteil und der größte Ausgabenposten für die Photovoltaikanlage. Vor allem die Lebensdauer, der Ertrag und die Zuverlässigkeit der Module entscheiden darüber, wie gewinnbringend Ihre Solarstromanlage arbeiten wird.

Die Vielfalt der angebotenen Typen ist selbst für Branchenkenner kaum mehr überschaubar. Weit über hundert Anbieter weltweit liefern inzwischen mehrere tausend Solarmodulvarianten aus der Serienproduktion. Nicht berücksichtigt sind Sonderanfertigungen, die man in Kleinserie nach fast beliebigen Vorgaben produzieren lassen kann. Laufend ändern sich die Maße und elektrischen Kennwerte dieser Produkte. Gründe dafür sind die rasante Weiterentwicklung der Technik und der ständige Ausbau der Produktionskapazitäten mit immer weiter automatisierten Fertigungsanlagen. Echte Standardmodule gibt es also nicht, aber doch einige Standards und Gemeinsamkeiten. Solarmodule lassen sich nach bestimmten Kriterien unterscheiden und in Gruppen einteilen.

Anwendungszweck und Größe

Je nach Anwendungszweck haben die Module unterschiedliche Größen. Angegeben wird dabei vor allem die Modulleistung in Watt, genauer „Watt peak", das heißt Spitzenleistung, angegeben als „Wp". Für netzgekoppelte Anlagen werden Module mit Leistungen von 100 bis 300 Watt eingesetzt, wobei die meisten um etwa 200 Watt liegen. Ein Grund dafür ist, dass diese Module mit ihrer Größe von etwa eineinhalb Quadratmetern bei der Montage gerade noch gut handhabbar sind.

Kleinere Solarmodule mit weniger als hundert Watt eignen sich besser für Anwendungen im Freizeitbereich, um kleine netzunabhängige Anlagen aufzubauen und in kleinen Schritten zu erweitern.

Handelsübliche Solarmodule sind für den Einsatz im Freien bei mitteleuropäischen Wetter- und Klimaverhältnissen ausgelegt. Für härtere Bedingungen, zum Beispiel bei aggressivem Salzwasser (Nord- und Ostseeküste) oder bei sehr hohen Temperaturen in Äquatornähe muss

BILD Typisches Standard-Solarmodul mit etwa 220 Watt Spitzenleistung

man Sonderausführungen verwenden, wenn sie genauso zuverlässig und lange arbeiten sollen.

 ### LEISTUNGSANGABEN IN DER PHOTOVOLTAIK

Steht auf einem Elektrogerät eine Leistungsaufnahme von 2 000 Watt, kann das bedeuten, dass dieses Gerät – solange es eingeschaltet ist – konstant 2 000 Watt elektrische Leistung verbraucht, beispielsweise bei einem elektrischen Wasserkocher. Manchmal bezeichnet die Leistungsangabe auf dem Etikett aber auch die maximale Leistungsaufnahme, beispielsweise bei einer Waschmaschine. Die benötigt den meisten Strom zu Beginn des Waschprogramms für das elektrische Aufheizen des Wassers. Danach verbrauchen Motor, Pumpen und Steuerung eine viel geringere Leistung.

Bei Solarmodulen gibt die Leistungsangabe auch nur einen Spitzenwert an, der unter ganz bestimmten Laborbedingungen gemessen wird (Standardtestbedingungen, „STC" für „Standard Test Conditions"). Es hat sich eingebürgert, diesen Wert mit „Watt peak" zu bezeichnen, abgekürzt Wp („peak" ist das englische Wort für „Spitze").

Solarmodule produzieren diese Spitzenleistung in der Praxis nur selten. Meist bewegt sich die Stromerzeugung weit darunter, unter selteneren Bedingungen aber auch kurzzeitig darüber.

Die Bezeichnungen für Leistung und Energie werden übrigens oft verwechselt: Watt und Kilowatt (W, kW) bezeichnen die augenblickliche Leistung. Wattstunde oder Kilowattstunde (Wh, kWh) bezeichnen die insgesamt erzeugte oder verbrauchte Energiemenge. Kilowatt steht hier für tausend Watt. Noch größere in der Elektrotechnik gebräuchliche Einheiten sind Megawatt, Gigawatt und Terawatt bzw. Megawattstunden, Gigawattstunden und Terawattstunden (MWh, GWh, TWh), wobei sich die Angabe jeweils um den Faktor tausend erhöht.

Solarzellentypen

Die Experten unterteilen den Markt in kristalline (Dickschicht-)Solarzellen einerseits und Dünnschicht-Solarzellen andererseits, deren Herstellungsprozesse sich grundlegend unterscheiden. Auf den Dächern sind nach wie vor kristalline Solarzellen Standard. Sie finden sich in vier von fünf Solarmodulen. Doch der Marktanteil der Dünnschichtmodule wächst deutlich, vor allem bei großen Freiflächenanlagen. Mit First Solar war zeitweise sogar erstmals ein Dünnschichthersteller Weltmarktführer unter den Solarzellenherstellern.

Kristalline Solarzellen

Diese Solarzellen werden ausschließlich aus Silizium hergestellt, dem zweithäufigsten Element nach dem Sauerstoff. Rund ein Viertel der Erdkruste besteht aus Silizium in Form von Quarzsand (Siliziumoxid) und Silikatgestein. In der Elektronik wird Silizium seit vielen Jahrzehnten für

BILD 1

BILD 2

BILD 3

Dioden, Transistoren und Mikroprozessoren verwendet.

Um es dort als Rohstoff einsetzen zu können, wird dem Quarzsand in aufwändigen Verfahren der Sauerstoff entzogen, kleinste Verunreinigungen werden entfernt. Die Photovoltaikindustrie verwendete zur Herstellung der Solarscheiben („Wafer") lange Zeit Restmaterial der Chipindustrie. Der Photovoltaikmarkt wuchs in den letzten Jahren aber so schnell, dass die Solarindustrie inzwischen Hauptverbraucher des weltweiten Rohsiliziums wurde und eigene Produktionsstätten für Solarsilizium gebaut werden. Daneben entwickeln die Hersteller immer dünnere Solarzellen und Material sparende Fertigungsverfahren.

Es gibt zwei verschiedene Arten kristalliner Siliziumzellen: monokristalline und multikristalline (auch polykristallin genannt). Auch hier ist der Unterschied das Herstellungsverfahren:

■ **Monokristalline Solarzellen** entstehen aus dem Zersägen eines runden Siliziumstabs mit völlig regelmäßiger Kristallstruktur – ein Einkristall, deshalb „mono". Erkennbar sind diese Zellen an der völlig homogen dunklen Oberfläche.

■ **Multikristalline Solarzellen** werden aus Blöcken gegossenen Siliziums gesägt. Beim Abkühlen des flüssigen Siliziums bildet sich eine unregelmäßige Struktur aus vielen Kristallen – deshalb „multi". Erkennbar sind sie an einer eisblumenähnlichen Oberflächenstruktur.

Monokristalline Standard-Solarzellen können etwa 15 bis 17 Prozent des einfallenden Lichts in Strom umwandeln. Multikristalline Solarzellen haben einen etwas geringeren Wirkungsgrad von etwa 13 bis 16 Prozent. Vorteile der multikristallinen sind aber, dass auch geringfügig verunreinigtes Silizium verwendet werden kann und die kostengünstigere Herstellung weniger Energie verbraucht. Derzeit werden deshalb etwas mehr multikristalline Solarzellen verwendet als monokristalline

Beim Sägen der Siliziumblöcke beider Varianten geht rund die Hälfte des aufwändig produzierten Rohsiliziums verloren. Deshalb arbeiten einzelne Firmen mit Herstellverfahren, bei denen aus flüssigem Silizium keine Blöcke, sondern direkt Siliziumbänder gezogen werden, die anschließend viel einfacher in Solarscheiben geteilt werden können. Erkennbar sind diese Solarzellen an der etwas unebenen

BILD 1–3 Verschiedene Solarzellenarten aus der Nähe: monokristallin (links), multikristallin (Mitte) und Dünnschicht (rechts)

Oberfläche, was aber die Funktion und Zuverlässigkeit nicht beeinträchtigt.

Die weiteren Verarbeitungsschritte bis zur Solarzelle in vereinfachter Kurzform: Durch Ätzen der Oberfläche entsteht eine raue Struktur aus winzig kleinen Pyramiden, was die Lichtaufnahme verbessert. Danach folgt der entscheidende Schritt, die Herstellung des photovoltaischen Effekts in der Siliziumscheibe. Durch Gasdiffusion werden in der Oberfläche der Scheibe einige Siliziumatome durch Fremdatome ersetzt. Nach dem Aufbringen der Vorder- und Rückseitenkontakte wird noch eine Antireflexschicht aufgetragen, um die Lichtaufnahme nochmals zu verbessern. Sie lässt die im Rohzustand silbergraue Solarzelle dunkelblau bis schwarz erscheinen. An den beiderseitigen Kontakten zur Stromabnahme werden später die einzelnen Solarzellen mit aufgelöteten Kontaktbändchen elektrisch verbunden.

Neueste Solarzellentypen werden auch mit rückseitiger Ausführung beider Kontakte hergestellt. Langzeiterfahrungen über die Zuverlässigkeit dieser Zellen liegen aber noch nicht vor.

Kristalline Solarzellen sind meistens quadratisch mit einer Kantenlänge von 15 bis 21 Zentimetern und mit wenigen Zehntelmillimetern nur so dünn wie zwei bis drei Blatt Papier. Der Herstellungsprozess ist energieaufwändig, und der photovoltaische Effekt findet nur in einer hauchdünnen Schicht an der Oberfläche statt. Deshalb arbeiten die Hersteller an immer

dünneren kristallinen Solarzellen und immer ausgefeilteren Verfahren, um die Leistung und Ausbeute bei der Umwandlung von Licht in Strom zu verbessern.

Technisch möglich, aus Kostengründen aber selten eingesetzt, sind auch verschiedenfarbige oder durchscheinende kristalline Solarzellen. Die Farbtöne blau, gelb, rot und grün erreicht man durch eine unterschiedliche Dauer des Beschichtungsprozesses der Antireflexschicht. Solche Solarzellen erzeugen wegen der höheren Lichtreflexion aber bis zu 20 Prozent weniger Strom. Durch das Fräsen sich kreuzender Rillen auf Vorder- und Rückseite entstehen kleine Löcher, und die Solarzelle wird bis zu 30 Prozent lichtdurchlässig. Auch das vermindert die Energieausbeute entsprechend. Architekten setzen diese Solarzellen ein, wenn nicht der Energieertrag, sondern ästhetische Ansprüche im Vordergrund stehen.

Dünnschichtsolarzellen

Bei der Dünnschichttechnik handelt es sich nicht mehr um einzelne kleine Solarzellen, die nach der Herstellung mit zusätzlichen Metallbändchen elektrisch verschaltet werden müssen. Das Modul wird stattdessen im Ganzen produziert. Dabei wird das Halbleitermaterial als hauchdünne Schicht auf Trägerflächen aus Glas oder Metallfolie aufgebracht. Diese Schichten sind nur ein Hundertstel so dick wie bei kristallinen Solarzellen. Manche Hersteller kombinieren mehrere Solarzellenschichten übereinander, um verschie-

28

BILD 1 Mit Dünnschichtsolarmodulen lassen sich besonders gut interessante gestalterische Effekte erzielen: Lichtdurchlässige Photovoltaikflächen in unterschiedlichen Farbnuancen.

dene Lichtanteile besser zu nutzen und damit höhere Wirkungsgrade zu erzielen.

Die Unterteilung in einzelne Solarzellen und deren elektrische Reihenschaltung findet durch Laser innerhalb der einzelnen Prozessschritte statt. Leicht zu erkennen ist das am typischen Nadelstreifenmuster der Dünnschichtsolarmodule.

Neben amorphem, also nicht kristallinem Silizium konnten sich bisher auch zwei andere Ausgangsmaterialien für Dünnschichtsolarzellen auf dem Markt etablieren: Kadmiumtellurid (CdTe) und Kupferindiumdiselenid (CIS). Daneben arbeiten Forscher und Unternehmen an einer Vielzahl neuer Entwicklungen, die ihre Praxistauglichkeit erst noch beweisen müssen. Diese Materialien haben physikalische Vorteile für die Effektivität der Solarzellen, zählen aber zu den knappen Rohstoffen oder werfen ökologische und gesundheitliche Fragen auf. Silizium ist in dieser Hinsicht der unbedenklichste Rohstoff.

Aus physikalischen Gründen sind die Wirkungsgrade der Dünnschichttechnik mit derzeit unter 10 bis maximal 14 Prozent deutlich geringer als bei kristallinen Solarzellen, und damit der Flächenbedarf bei vergleichbarer Leistung und Energieausbeute um mehr als die Hälfte größer. Trotzdem ist der Marktanteil in den letzten Jahren auf über 16 Prozent gestiegen.

Dünnschichtsolarmodule sind weniger empfindlich gegenüber teilweiser Verschattung, weil eine Solarzelle nicht quadratisch ist, sondern einen schmalen Streifen über die gesamte Modullänge bildet. Einige Dünnschichtmodule nutzen diffuses Sonnenlicht besser als kristalline Solarzellen und reagieren auf hohe Modultemperaturen mit weniger Leistungsabfall oder sogar Leistungszunahme.

Bei einigen technischen Innovationen verschwimmen die Grenzen zwischen kristallinen und Dünnschichtzellen, denn die Forscher wollen die Vorteile beider Techniken vereinen; indem zum Beispiel auf kristalline Solarzellen zusätzliche Dünnschichtsolarzellen aufgebracht werden. Ein Hersteller erreicht mit solchen Hybridzellen aus der Serienfertigung Zel-

BILD 2

BILD 3

BILD 2 + 3 Je etwa 1 Kilowatt Leistung fünf verschiedener Solarzellentypen auf einem Dach bei Sonnenschein (oben) und bei bedecktem Himmel (unten): multikristallin und monokristallin sowie Dünnschichtsolarmodule der Typen CIS, amorphes Silizium und CdTe (von links).

lenwirkungsgrade von über 20 Prozent und konnte die Dicke der Solarzelle auf nur einen Zehntelmillimeter verringern. Bei entsprechender Ausführung können solche Zellen sogar auf die Rückseite auftreffendes Licht nutzen.

Der Energie- und Materialverbrauch von Dünnschichtzellen ist geringer, und die Herstellung großer Solarzellenflächen lässt sich einfacher automatisieren. Deshalb lässt sich diese Technik auch einfacher in Baumaterialien für Dächer und Fassaden integrieren. Ihre Bedeutung und die Vielfalt der angebotenen Produkte könnte deshalb in nächster Zeit stark zunehmen.

Bauformen

Meistens werden die elektrisch miteinander verschalteten Solarzellen zwischen Kunststofffolien auf eine Glasscheibe laminiert, das heißt bei Unterdruck und hohen Temperaturen verschweißt. Eine zweite, seltenere Variante ist das Einkapseln mit Gießharz zwischen zwei Glasscheiben. Wegen der zweiten Glasscheibe bekommt das Modul fast das doppelte Gewicht. Für spezielle architektonische Anwendungsfälle können Solarmodule auch als Sicherheitsglas (für Wintergarten- oder Atriumdächer), Wärme- oder Schallschutzglas ausgeführt werden.

Die zur Sonne gewandte vordere Glasscheibe besteht aus besonders lichtdurchlässigem Glas, das bei der Herstellung besonders druckbelastbar gemacht wird, um beispielsweise Schneebelag und Hagelschlag standzuhalten.

Anstatt auf Glas als Trägermaterial werden Solarzellen manchmal auch in transparente Kunststofffolien eingekapselt, wodurch das Modul biegsam wird und auf gekrümmten Flächen befestigt werden kann. Für Blech- und Folienbedachungen

1. Frontglas
2. elektrisch leitende Kontaktschicht
3. mehrschichtige Solarzelle (nicht maßstäblich)
4. Rückkontakt
5. Versiegelung (Folie oder Gießharz)
6. Rückabdichtung (Glas oder Folie)

gibt es solche Produkte mit amorphen Siliziumsolarzellen als ausrollbare Module, die auch begehbar sind.

Standardmodule haben einen Aluminiumrahmen zur Versteifung, zum Schutz der empfindlichen Glaskante und zur Befestigung der Module auf Unterkonstruktionen. Rahmenlose Module eignen sich besonders für dachintegrierte Anlagen, was auch ökologische Vorteile bietet.

Zur Dachintegration werden auch spezielle Solarmodule mit Kunststoffrahmen angeboten. Dieser Rahmen ist so geformt, dass sich die Module an den Rändern überlappen, um das Dach regensicher abzudichten.

Elektrischer Anschluss

An einer Stelle des Solarmoduls müssen die Stromanschlüsse aus dem Solarzellenlaminat herausgeführt werden. Zum Schutz dieses „wunden Punktes" auf der Modulrückseite befindet sich dort bei den meisten Modulen eine Anschlussdose. Manche Anschlussdosen lassen sich für Wartungszwecke öffnen, andere sind versiegelt oder vergossen. In der Anschlussdose befinden sich meistens auch Bypassdioden, die bei teilweiser Verschattung des Moduls Schäden an den Solarzellen verhindern und dabei den Leistungsabfall begrenzen. Bypassdioden sind für die Funktionssicherheit wichtig, kön-

nen aber durch Alterung oder äußere Einwirkung beschädigt werden. Es wäre deshalb sinnvoll, dass sie zugänglich sind.

Einige Hersteller verzichten auf Anschlussdosen und führen direkt Anschlusskabel durch vergossene oder verschweißte Öffnungen am Modulrand oder auf der Modulrückseite nach außen. Bypassdioden können dabei ins Laminat eingeschweißt sein. Sind solche Bypassdioden defekt, kann das Modul nicht repariert werden, sondern ist auszutauschen.

Die meisten Hersteller liefern ihre Solarmodule heute mit werkseitig angeschlossenen und geprüften Kabeln mit speziellen Steckverbindern. Das spart Montagezeit, schützt die Monteure vor gefährlichen Spannungen und sorgt dafür, dass die elektrischen Verbindungen von Anfang an korrekt sind und lange Zeit sicher funktionieren.

☀ BASISWISSEN: REIHEN- UND PARALLELSCHALTUNG

Verbindet man jeweils den Pluspol einer Solarzelle oder eines Solarmoduls mit dem Minuspol des nächsten, erhält man eine Reihenschaltung. Wir kennen das von der Autobatterie: In dem grauen Kasten sind sechs Zellen nebeneinander angeordnet, erkennbar an den Verschlusskappen. Der Pluspol der ersten und der Minuspol der letzten Zelle bilden den An-

1. Aluminiumrahmen
2. Dichtung aus Gummi oder Silikon
3. Frontscheibe aus Solarsicherheitsglas
4. Einbettung aus hochtransparentem Kunststoff
5. kristalline Solarzelle
6. Tedlar-Rückseitenfolie

schluss nach „draußen". Bei der Reihenschaltung ergibt sich die Spannung aus der Summe der Spannungen der einzelnen Module.

Der maximal mögliche Strom der Reihenschaltung wird begrenzt vom maximalen Strom des schwächsten Gliedes in der Kette. Die Ströme der einzelnen Module sollten also möglichst exakt gleich sein, sonst gibt es Leistungsverluste. Auch das kennt man von der Autobatterie: Wenn eine Zelle zusammenbricht, ist die ganze Batterie unbrauchbar.

Genau umgekehrt die Parallelschaltung: Verbindet man alle Pluspole der Module und alle Minuspole, addieren sich die Ströme der einzelnen Module. Dabei sollten die Spannungen der einzelnen Module möglichst gleich sein.

In der Elektrotechnik hat man eine Vorliebe für hohe Spannungen bei geringen Stromstärken. Der Grund dafür ist, dass die Stromverluste in den Leitungen mit steigenden Stromstärken überproportional

zunehmen. Doppelte Stromstärke bewirkt vierfache Verluste. Da Solarzellen kleine Spannungen (kleiner als ein Volt) erzeugen, aber hohe Ströme, werden Solarzellen und Module in der Praxis fast immer in Reihe geschaltet.

Reihen- und Parallelschaltungen sind nur bei Gleichspannungsquellen wie Solarzellen, Batterien und Akkumulatoren möglich. In der Wechselstromtechnik braucht man für das Erhöhen oder Verringern der Spannung einen Transformator oder eine spezielle elektronische Schaltung. Das eine wie das andere findet sich je nach Bauart der Wechselrichter ebenfalls in Photovoltaikanlagen.

Solarmodule im Einsatz

Alle Solarzellen verlieren in den ersten Stunden, in denen sie dem Sonnenlicht ausgesetzt sind, an Leistung. Diesen Vorgang nennt man **Anfangsdegradation.**

Bei kristallinen Zellen ist dieser Vorgang nach 20 bis 50 Stunden Sonneneinstrah-

lung abgeschlossen, und der Verlust beträgt dabei weniger als 2 Prozent. Langzeituntersuchungen zeigen, dass die Leistung von kristallinen Solarzellen danach praktisch konstant bleibt. Einzelne Fachleute sprechen dennoch von Leistungsrückgängen bis durchschnittlich 0,5 Prozent pro Jahr. Wer recht hat, muss sich noch zeigen. Bei kristallinen Silizium-Solarzellen gibt es inzwischen Erfahrungen über mehr als vierzig Jahre.

Bei amorphen Siliziumzellen dauert die Anfangsdegradation mit etwa tausend Sonnenstunden mehrere Monate und bewirkt zunächst einen deutlichen Leistungsabfall. Danach ist auch der Wirkungsgrad dieser Dünnschichtsolarzellen langzeitstabil – abgesehen von einem besonderen Sommer-Winter-Effekt: Durch Wärmeeinwirkung steigt die Leistung im Sommerhalbjahr etwas an und sinkt im Winterhalbjahr wieder entsprechend. Doch der Mythos von der laufend abnehmenden Leistung dieser Zellen hält sich zu Unrecht. Die Leistungsgarantien der auf dem

Markt erhältlichen Produkte nähern sich dennoch denen der kristallinen Solarmodule an. Wegen der höheren Anfangs-Degradation von bis zu 20 Prozent werden diese Solarmodule vom Hersteller mit einer entsprechend höheren Leistung als der Nennleistung geliefert. Das kann zunächst zu höheren Erträgen führen, aber auch zur Überlastung des Wechselrichters.

Bei Dünnschichtzellen reichen die Erfahrungen nur bei amorphem Silizium über mehrere Jahrzehnte. Für andere Module wie CIS, CdTe und ganz neue Entwicklungen gibt es solche Langzeiterfahrungen noch nicht. Wer solche Techniken einsetzt, geht also ein höheres Risiko ein, denn der Nutzen einer Solarstromanlage ergibt sich erst aus jahrzehntelangem zuverlässigen Betrieb.

Ein erst vor kurzem entdecktes neues Phänomen kann die Leistung der Module bei Photovoltaikanlagen mit hohen Systemspannungen um 20 bis 30 Prozent verringern. Es wird „spannungsbedingte

BILD Solarmodulfertigung: Hier wird die Anschlussdose auf die Rückseite montiert und das Modul mit Anschlusskabeln bestückt.

Degradation" genannt (gebräuchliche Abkürzungen dafür sind „HVS" oder „PID"). Der Hintergrund: Nicht nur die Solarzellen im einzelnen Modul, sondern auch die Solarmodule werden elektrisch in Reihe geschaltet. Dadurch erhöht sich die Spannung des Solargenerators auf mehrere hundert Volt. Solarmodule sind in der Regel auf Spannungen bis tausend Volt ausgelegt, jedenfalls was die elektrische Sicherheit betrifft. Erst seit wenigen Jahren werden Solarmodule aber auch zu Betriebsspannungen von 600 bis 1 000 Volt verschaltet, um die Wechselrichterverluste zu verringern. Wie sich zeigt, führt die hohe Systemspannung bei einigen Solarzellenfabrikaten zu unerwünschten physikalischen Nebenwirkungen. Das Problem ist anlagentechnisch lösbar durch die Auswahl des geeigneten Wechselrichters und richtige Erdung, bei fehlerhaften Anlagen durch eine entsprechende Nachrüstung. Außerdem arbeiten Modul- und Zellenhersteller an einer prinzipiellen Lösung des Problems.

Eine andere, dauerhafte Schadensform kann bei Dünnschichtmodulen (besonders amorphes und mikromorphes Silizium) auftreten, wenn sie mit bestimmten, trafolosen Wechselrichtern bei hohen Systemspannungen betrieben werden. Hier ist mit dem Wechselrichterhersteller zu klären, ob Modul und Gerät zusammenpassen beziehungsweise welche technischen Maßnahmen (Erdung des Solarstromkreises) zu treffen sind, damit die Module nicht vorzeitig altern.

Der geheimnisvolle MPP

Die Leistungsabgabe des Solarmoduls (Watt) lässt sich aus elektrischer Spannung (U in Volt) und elektrischem Strom (I in Ampere) ermitteln. Strom und Spannung der Solarzellen sind dabei vor allem von der Einstrahlungsstärke, aber auch von der Temperatur der Solarzellen abhängig. Vereinfacht lässt sich sagen, dass die Spannung vor allem von der Temperatur beeinflusst wird, sich aber nur um etwa ein Fünftel verändert. Der Strom kann von Null bis zu voller Leistung jeden Wert annehmen und ist somit der hauptsächliche Leistungsfaktor, denn er ist unmittelbar abhängig von der Lichtstärke.

Techniker stellen diese sich ständig verändernden Zustände in sogenannten Kennliniendiagrammen dar (siehe Bild auf Seite 34). Diese Darstellungen beschreiben das elektrische Verhalten der Solarzellen und Solarmodule. Da es sich um Gleichstrom handelt, ergibt sich die Leistungsabgabe eines Solarmoduls einfach aus der Multiplikation von Strom und Spannung.

Für jede Situation von Einstrahlung und Zelltemperatur gibt es eine Kombination von Spannung und Strom – man nennt das Arbeitspunkt – an der das Solarmodul die maximale Leistung liefert. Dieser Arbeitspunkt mit maximaler Leistung heißt im Fachjargon MPP (abgekürzt für „Maximum Power Point"). Er ist entscheidend für den maximalen Stromertrag der Photovoltaikanlage und wird deshalb vom Netzeinspeisegerät optimiert.

Maximale Leistung

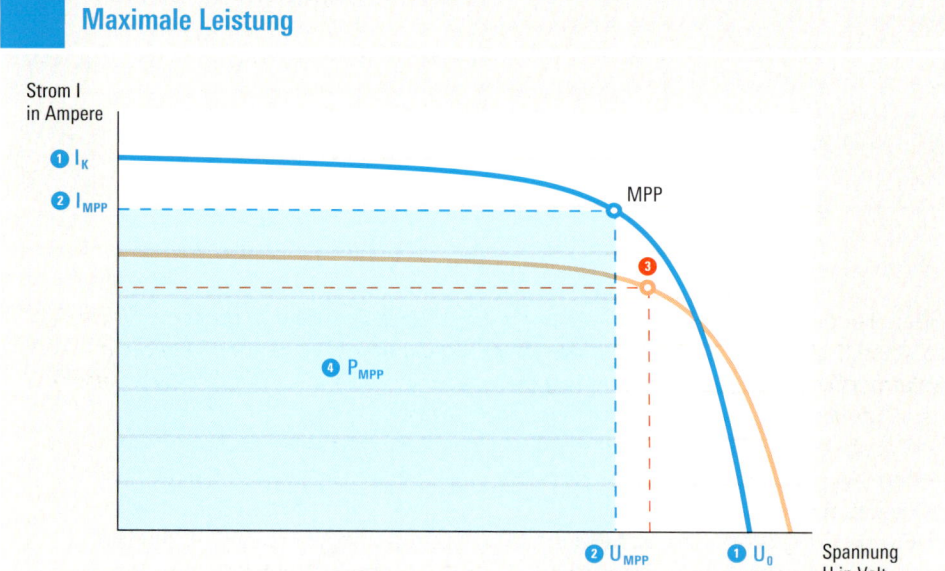

BILD Maximale Leistung im MPP-Arbeitspunkt: Die Spannung an diesem Punkt heißt U_{MPP} und der Strom I_{MPP}. Die Leistung ergibt sich aus der Multiplikation von Spannung und Strom (blaue Fläche). Aufgrund unterschiedlicher Einstrahlung und Solarzellentemperatur verändert sich dieser Punkt laufend, was die „MPP-Regelung" des NEG entsprechend nachregelt (hier zum Beispiel Punkt „3"). I_K wäre der Strom bei Kurzschluss (Plus- und Minuspol der Solarzelle verbunden) und U_0 die Spannung im Leerlauf.

Leistungsangaben

Als Nennleistung eines Solarmoduls wird die sogenannte Spitzenleistung unter Standardtestbedingungen (STC für „Standard Test Conditions") in Watt peak (Wp) angegeben. Die Standardtestbedingungen treten in der Praxis so gut wie nie auf, sondern wurden so festgelegt, dass die Nennleistungen verschiedener Module im Labor unter einheitlichen Bedingungen messbar sind.

Die Hersteller geben die Nennleistung mit einer Fertigungstoleranz von plusminus 3 bis 5 Prozent an, bei Dünnschichtmodulen bis 10 Prozent. Ein 100-Watt-Solarmodul kann im Extremfall also auch nur ein 90-Watt-Modul sein, vielleicht aber auch 110 Watt liefern. Vor der Auslieferung werden alle Module im Werk mit einem Lichtblitz vermessen. Beim Kauf soll-

te man sich die Protokolle dieser Messungen mitliefern lassen.

Trotz allem lässt sich von der Nennleistung nur eingeschränkt auf die Leistungsfähigkeit der Module in der Praxis schließen. Das hat vor allem zwei Gründe:

- Erstens reagieren selbst verschiedene Fabrikate der gleichen Solarzellenart unterschiedlich auf die sich ändernden Licht- und Temperaturverhältnisse. Bei manchen sinkt die Leistungsabgabe bei Schwachlicht oder höheren Temperaturen weniger dramatisch als bei anderen.

- Und zweitens haben aufwändige Vergleichsmessungen spezieller Testlabors gezeigt, dass die Messungen der Hersteller oft ungenau sind. Die möglichen Messfehler liegen im Prozentbereich und damit im Bereich der Leistungstoleranz der Module. Selbst die Prüfprotokolle der

Hersteller geben dem Anlagenbetreiber also keine Sicherheit, welche Leistung seine Solarmodule tatsächlich liefern. Den hohen Aufwand für exakte Einzelmessungen, den unabhängige Prüflabore betreiben, können Modulhersteller in der Serienfertigung kaum leisten.

Bauherren großer Photovoltaikkraftwerke lassen deshalb stichprobenweise Module in unabhängigen Testlabors mit hoher Genauigkeit vermessen. Bei kleineren Anlagen wäre das zu teuer. Hier wären eigentlich die Großhändler von Solarmodulen gefordert, selbst entsprechende Stichprobenprüfungen durchzuführen.

Die einzige realistische Prüfmöglichkeit für Bauherren kleiner Anlagen ist die Vor-Ort-Messung der Kennlinie des Solargenerators bei oder nach der Montage. An klaren Tagen mit hoher Sonneneinstrahlung lässt sich damit die Spitzenleistung des Solargenerators mit einer Genauigkeit von drei bis fünf Prozent abschätzen. Ergeben sich dabei erhebliche negative Abweichungen von den Herstellerangaben, bleibt dem Bauherren dann aber auch nichts anderes übrig, als einzelne Module an den Hersteller oder in unabhängige Prüflabors zu schicken, wenn er die mögliche Minderleistung feststellen und reklamieren will.

Produktionsbedingt lassen sich Leistungsabweichungen der Solarzellen voneinander nicht verhindern. Die Hersteller sortieren deshalb die Solarzellen in Leistungsklassen und setzen in einem Modul möglichst gleich leistungsfähige Solarzellen ein. Von einem Modultyp mit gleicher Zellenzahl und gleichen Abmessungen gibt es deshalb oft Versionen unterschiedlicher Nennleistung wie beispielsweise 190 Wp, 200 Wp, 210 Wp. Verspricht der Hersteller sehr kleine Abweichungstoleranzen der Modulleistung von der Nennleistung, muss er schon sehr genau und differenziert vorsortieren.

Unübersichtlich wird der Solarmodulmarkt dadurch, dass die Formate und elektrischen Eigenschaften der Solarzellen ständig weiterentwickelt werden. Neue Modultypen mit neuen Leistungswerten ersetzen deshalb laufend ältere. Ein Modul, das man vor einem halben Jahr angeboten bekommen hat, wird inzwischen gar nicht mehr hergestellt. Veröffentlichte Testergebnisse von Solarmodulen geben also auch immer nur eine Momentaufnahme wieder. Aussagen über die Leistungsfähigkeit der Module eines Herstellers geben deshalb nicht einzelne Tests, sondern eher die Beständigkeit positiver Testergebnisse über viele Test im Laufe mehrere Jahre und Langzeitbeobachtungen der Anlagenerträge bei gebauten Anlagen. Solche Informationen sind bisher leider für Endverbraucher kaum zu bekommen.

Kombilösung Strom und Wärme

Solarzellen können aus physikalischen Gründen nur einen Teil des Sonnenlichts in elektrische Energie umwandeln. Der Rest der Strahlungsenergie wird in Wärme umgewandelt, die an die Umgebung abgegeben wird. Das würde ohne die Solarzelle übrigens mit der gesamten Einstrah-

lung geschehen. Nicht ganz abwegig ist die Frage, ob man nicht die von der Solarzelle ungenutzte Sonnenenergie als Wärme nutzen kann und dazu ein Solarmodul mit einem Solarkollektor kombiniert.

Prototypen und Kleinserien solcher „Hybridkollektoren" gibt es schon, bei denen die Solarzellen entweder in die Kollektorscheibe integriert oder auf die Absorber geklebt werden. Problematisch ist dabei ein funktionaler Widerspruch: Solarkollektoren sollen möglichst hohe Temperaturen erreichen, meist 60 Grad Celsius und mehr. Solarzellen dagegen bringen umso mehr Leistung, je kühler sie sind. Für die meisten Anwendungen lässt sich dieser Widerspruch kaum lösen, es gibt also entweder nur lauwarmes Wasser oder niedrige Stromerträge. Eine Kombilösung wäre nur bei Niedertemperaturwärme denkbar, wie beispielsweise bei der Schwimmbadheizung und Vorwärmung in großen Solarwärmeanlagen.

Ein Hersteller von Solar-Luftkollektoren hat dafür eine spezielle Lösung gefunden: Bei seinen Kollektoren zur Gebäudeheizung wird keine Flüssigkeit durch die Kollektoren gepumpt, sondern die zu beheizende Luft durch die Kollektoren geblasen. Da Luftheizungen schon bei Temperaturen wenig über der Raumlufttemperatur von 20 bis 25 Grad Celsius arbeiten, lassen sich die Solarzellen auf diese Weise tatsächlich kühlen. Höhere Solarstromerträge konnten in der Praxis gemessen werden.

Eine Voraussetzung muss allerdings in jedem Fall erfüllt sein, damit die Kombination von solarer Wärme- und Stromgewinnung sinnvoll sein kann: Die Wärme muss bei Sonnenlicht immer abgeführt werden, weil sonst die Solarzellen im Kombikollektor viel heißer werden als in einem reinen Photovoltaikmodul. Das würde zu erheblichen Leistungseinbußen führen.

BILD Härtetest für Solarmodule: Damit sie allen Widrigkeiten auf dem Dach standhalten, werden sie in Prüflabors wie hier beim TÜV Rheinland harten Tests unterzogen.

Solarmodule auswählen

Die wichtigsten Qualitätskriterien für Solarmodule sind die Nennleistung, das Schwachlichtverhalten und die Verarbeitungsqualität.

Damit sie lange leben:

■ Verarbeitungsqualität: Schauen Sie sich die Solarmodule ganz genau an. Wie ist Ihr Eindruck von der Verarbeitung? Sehen Sie offensichtliche Mängel wie Unebenheiten auf der Folienrückseite, ungenau platzierte Solarzellen, Blasen oder Verfärbungen des Laminats?

■ Garantien: Bei den Herstellergarantien unterscheidet man zwischen der Leistungsgarantie und der Produktgarantie, die vor allem Herstellungsfehler abdeckt. Die Produktgarantie geben die Hersteller oft über die zwei Jahre der gesetzlichen Gewährleistung hinaus für bis zu fünf Jahre. Eine elektrische Mindestleistung garantieren die Hersteller für Zeiträume bis zu 25 Jahre. Als Beispiel folgende Garantieangabe: „Nennleistung 100 Wp, Fertigungstoleranz +/- 5 Prozent, innerhalb 25 Jahren 80 Prozent der Mindestleistung". Im 25sten Jahr muss das Modul demnach nur noch 76 Wp liefern (100 Wp abzüglich 5 Prozent Fertigungstoleranz = 95 Wp, davon mindestens 80 Prozent = 76 Wp). Wie realistisch sind Versprechen für so lange Zeiträume? Die Branche befindet sich in einem andauernden Umstrukturierungsprozess. Übernahmen ursprünglicher Garantieversprechen erfolgten dabei nicht selten aus Kulanz. Blindes Vertrauen auf werbewirksame Versprechen ist nicht zu empfehlen, auch weil Garantien immer nur so belastbar sind wie der Garantiegeber selbst. Besser ist es, wenn der Hersteller seine Garantieversprechen bei einer Versicherungsgesellschaft „rückversichert".

■ Prüfzertifikate: Jeder Hersteller sollte für seine Produkte die Prüfzertifikate IEC 61215 (bzw. IEC 61646 für Dünnschichtmodule) und DIN EN 61730 („Schutzklasse II") vorweisen können. Das IEC-Zertifikat ist der Nachweis für ein Modul, dass es den in der Norm festgelegten anspruchsvollen Qualitätstest bestanden hat, der zum Beispiel eine Hagelschlagsimulation beinhaltet. Es sind bereits Module auf dem Markt aufgetaucht, die mit gefälschten Zertifikaten verbreitet wurden. Man kann dies leicht überprüfen, indem man auf der Internetseite des angegebenen Prüfinstituts nachsieht, ob das angebotene Modul dort aufgeführt ist. Übrigens: ine Bezeichnung wie „Fertigung gemäß IEC 61215" bedeutet dabei nicht unbedingt, dass ein Produkt den Test tatsächlich bestanden hat, sondern lediglich, dass der Anbieter glaubt, sein Modul würde ihn bestehen. Unabhängig davon: Zumindest in Anlagen, in denen mehrere Module zu höheren Systemspannungen in Reihe geschaltet werden, müssen die Module den Anforderungen der „Schutzklasse II" entsprechen.

■ **Die Glasdicke** ist ein Kriterium für die Stabilität von Modulen mit Folienrückseite. Module mit 4 mm starkem Glas sind

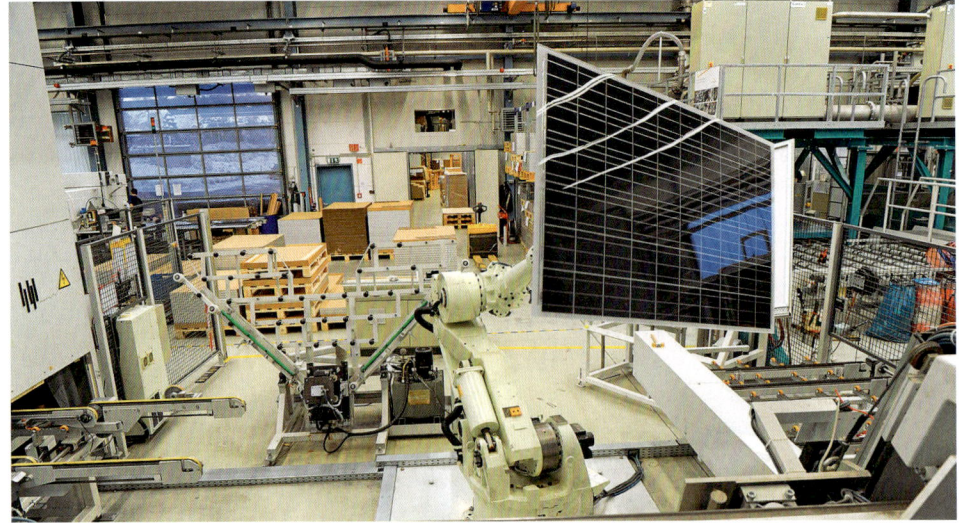

denen mit 3 mm vorzuziehen. Eine Struk-
turierung auf der Innenseite des Glases
verbessert nicht nur die Haftung des
Zellenlaminats auf der Scheibe, sondern
erhöht auch die Leistungsabgabe des Moduls bei schräg einfallendem Licht. Das
Gleiche gilt für Solargläser mit spezieller
Entspiegelung. Wenn der Solargenerator
nicht optimal nach Süden ausgerichtet ist,
kann das den Ertrag verbessern.
■ Ein größerer Randabstand der Solarzelle zur Glaskante verbessert den lang-
fristigen Schutz der Zellen.

Damit sie viel bringen:
■ Der Wirkungsgrad definiert sich als
Leistung pro Fläche. Kristalline Solarmodule haben Wirkungsgrade von 10 bis
18 Prozent (meist 13 bis 15), Dünnschichtmodule von fünf bis zehn Prozent. Der
Wirkungsgrad eines Solarmoduls ist immer kleiner als der der verwendeten Solarzellen, weil sich zwischen den Solarzellen
passive Abstandsflächen befinden.
Dünnschichtmodule eignen sich eher
dort, wo der größere Flächenbedarf und
höhere Montageaufwand keine Rolle spielen oder wo keine zusätzliche Unterkonstruktion für die Solarmodule benötigt

wird (zum Beispiel Gebäudeintegration).
Sie eignen sich besonders dort, wo mit
Beschattung des Solargenerators zu rechnen ist.
■ Die Nennleistung (Spitzenleistung in
Wp) eines Solarmoduls unterliegt immer
Fertigungsstreuungen, die von den Liefe-
ranten mit einem Toleranzbereich nach
oben (plus) und unten (minus) von 3 bis
10 Prozent angegeben werden. Einzelne
Hersteller versprechen sogar nur eine positive Abweichung und garantieren damit
die Nennleistung gleichzeitig als Mindestleistung – ein Vorteil für den Kunden.
   Selbst die Moduldaten, der im Daten-
blatt genannte Wirkungsgrad und die
Nennleistung sagen nicht alles über die
Leistungsfähigkeit eines Solarmoduls.
Entscheidend ist das Verhalten unter den
vielfältigen Wetterbedingungen in der Praxis, was sich im Labor kaum simulieren
lässt. Leider gibt es bisher für Solarmodule noch keinen praxisorientierten Ver-
gleichsmaßstab wie den „Europäischen
Wirkungsgrad" bei Netzeinspeisegeräten.
■ Schwachlicht- und Temperaturverhal-
ten: Mindestens so interessant wie die
Nennleistung sind Angaben über das Leis-
tungsverhalten bei schwächerem Licht

BILD Die Serienfertigung von Solarmodulen geschieht heute in teilweise oder weitgehend automatisierten Produktionsanlagen, auch mit Hilfe von Industrierobotern.

und höherer Solarzellentemperatur, weil Solarmodule meistens unter diesen Bedingungen arbeiten. Rückschlüsse ziehen lassen sich aus den Datenblattangaben. Der Zahlenwert des Temperaturkoeffizienten der MPP-Leistung sollte möglichst klein sein. Er liegt meist zwischen −0,4 und −0,5 Prozent je Grad Celsius (bei Dünnschichtmodulen oft deutlich kleiner). Das bedeutet, dass ein Solarmodul pro Grad Celsius höherer Zelltemperatur beispielsweise 0,5 Prozent weniger Strom liefert. Umgekehrt steigt die Leistung bei sinkenden Temperaturen, also beispielsweise im Winter bei Eiseskälte und Sonnenschein. Der NOCT-Wert für die Zelltemperatur bei typischen Betriebsbedingungen sollte möglichst niedrig sein. Der Wirkungsgrad bei geringerer Einstrahlung sollte sich möglichst wenig verringern. Typische Werte für kristalline Module sind vier bis fünf Prozent Abnahme bzw. 95 bis 96 Prozent Wirkungsgrad bei 200 Watt Einstrahlungsstärke und 25 Grad Zelltemperatur.

■ **Testergebnisse**: Es gibt zwei Möglichkeiten, Fertigungsqualität und Leistungsfähigkeit der Module zu überprüfen: Messungen unter Standardtestbedingungen im Labor oder unter realen Bedingungen im Feldversuch. Im Labor lässt sich gut überprüfen, ob die Angaben des Herstellers auch mit den wirklichen Produkteigenschaften übereinstimmen, zum Beispiel, ob die Modulleistung auch der Herstellerangabe entspricht und die Fertigungstoleranzen eingehalten wurden.

Für den Anwender ist aber der tatsächliche Ertrag der Anlage entscheidend. Aussagekräftiger als Laborergebnisse sind deshalb Vergleiche von realen Modulerträgen, wie sie beispielsweise die Fachzeitschrift Photon durchführt. Hilfreich sind auch Vergleiche von Anlagenerträgen bereits gebauter Anlagen. Fragen Sie nach solchen Daten bei Beratungsstellen, Installateuren oder Anlagenbetreibern.

■ Ist auf die Rückseite eine **Anschlussdose** geklebt, sollte sie und insbesondere ihre Haftstelle, möglichst klein sein, da andernfalls die Zellen, die von der Anschlussdose bedeckt sind, wärmer als die anderen Zellen des Moduls werden. Solche heißeren Zellen verringern unter Umständen als schwächstes Glied die Gesamtleistung des Moduls.

■ **Der Modulrahmen** bildet meistens eine Kante, an der sich Schmutz ansammelt. Sie behindert auch das Abrutschen von Schnee. Auch deshalb sollte der Abstand zwischen Solarzellen und Modulrahmen ausreichend groß sein. Rahmenlose Module verschmutzen weniger und sind durch die etwas bessere Hinterlüftung besser gekühlt.

■ Module mit **weißer Hintergrundfolie** erzielen gegenüber den (schöneren) Modulen mit dunkler Folie einen kleinen Ertragsgewinn, da die weiße Folie Lichtreflexionen im Laminat erzeugt (höhere Lichtausbeute) und der dunkle Hintergrund die Temperatur im Modul erhöht (geringere elektrische Leistung).

NETZEINSPEISEGERÄT UND WECHSELRICHTER

Das Netzeinspeisegerät (NEG) verbindet den Solargenerator mit dem Stromnetz. Es ist „Herz und Hirn" der netzgekoppelten Solarstromanlage. Die Leistungsfähigkeit und Qualität der Solarmodule ist zwar die theoretische Voraussetzung für einen hohen Energieertrag. Doch nur, wenn das NEG das Maximum aus dem Solargenerator herausholt und den Strom höchst effizient umwandelt, gelangt auch tatsächlich so viel Solarstrom wie möglich ins Netz. Verglichen mit einem Auto entspräche der Solargenerator dem Motor und der Wechselrichter dem Getriebe, das die Motorkraft erst auf die Straße bringt.

Gewohnheitsmäßig nennen selbst Fachleute (und auch dieses Buch) das NEG oft „Wechselrichter". Das ist eigentlich nicht korrekt, weil das Umrichten des Solarstroms in Wechselstrom nur eine Teilaufgabe dieses Gerätes beschreibt. Genau genommen ist der Begriff Wechselrichter nur für solche Geräte richtig, die in netzunabhängigen Inselanlagen zum Einsatz kommen. Die Aufgaben des Netzeinspeisegeräts gehen weit darüber hinaus:

■ Für einen größtmöglichen Ertrag regelt die Elektronik laufend Spannung und Strom des Solargenerators so, dass dieser die maximal mögliche Leistung liefert (MPP-Regelung).

■ Der Wechselrichter im NEG wandelt den Gleichstrom des Solargenerators in haushaltsüblichen Wechselstrom. Zugleich steuert das Gerät diese Umwandlung synchron zur Spannung und Frequenz im öffentlichen Stromnetz. Das ist Voraussetzung für die Einspeisung.

■ Das NEG überwacht den Netzanschluss und schaltet die Solarstromanlage aus Sicherheitsgründen in Sekundenbruchteilen ab, falls das öffentliche Netz ausfällt oder abgeschaltet wurde oder Spannung und Frequenz im Netz bestimmte Bereiche verlassen.

■ Damit Betreiber und Servicepersonal Funktion und Erträge kontrollieren können, erfasst und speichert es Betriebsdaten und Fehlermeldungen. Viele Geräte sind dafür mit Textanzeigen und Bedientasten ausgerüstet, manche auch mit Datenspeichern für PC-Anschluss oder Fern-

BILD Das Netzeinspeisegerät (NEG) wandelt den Solarstrom in Netzstrom um und ist als zentrales Steuer- und Regelgerät das zweitwichtigste Bauteil nach den Solarmodulen.

abfrage über Telefonleitungen und neuerdings kabelloser Funkübertragung per „Bluetooth".

Etwa vierzig Hersteller weltweit bieten mehrere hundert verschiedene Geräte an, die meisten davon im Leistungsbereich bis zehn Kilowatt, der für Hausanlagen interessant ist. Selbst für den Fachmann ist die richtige Auswahl nicht leicht, zumal sich die Netzeinspeisegeräte nicht nur äußerlich und im Umfang ihrer Ausstattung unterscheiden, sondern auch in ihrer elektrotechnischen Architektur. Die Hauptmerkmale sind,

- für welche Leistungsklasse sie gebaut sind (von Kilowatt bis Megawatt).
- nach welcher Konzeption die Solarmodule miteinander verschaltet werden (in Einzelsträngen, parallelen Strängen oder gar nicht).
- der technische Aufbau des Wechselrichters (mit oder ohne Trafo).
- einphasige oder dreiphasige Stromeinspeisung.
- wie der Schutz vor Umwelteinflüssen ausgeführt ist (Installation im Haus oder im Freien) und
- welche Möglichkeiten es zur Funktionsüberwachung und Ertragskontrolle gibt.

Anlagenkonzepte

Der Solargenerator einer Photovoltaikanlage besteht aus vielen Solarmodulen, eine 5-Kilowatt-Anlage beispielsweise, die auf den meisten Wohnhausdächern leicht Platz hätte, aus zwanzig bis dreißig Stück.

Zum Anschluss an das NEG werden nun mehrere Module elektrisch in Reihe geschaltet zu einem oder mehreren Modul-Strängen („Strings"). Wie viele Module in Reihe und wie viele Stränge es in Summe ergibt, hängt vom Anlagenkonzept ab, das der Gerätehersteller umgesetzt hat.

Dazu noch einmal der Hinweis: Bei der Reihenschaltung sollten die Stromstärken der Module möglichst gleich sein. Abweichungen führen zu Einbußen. Die tatsächliche Leistung des Solargenerators ist dann kleiner als die rechnerische Gesamtleistung aller Module. Eine Vorsortierung der Module, soweit nicht schon vom Hersteller erledigt, kann sich lohnen.

MPP-ANPASSUNG FÜR MAXIMALE LEISTUNG

Wir sind es gewohnt, Stromquellen zu benutzen, die eine recht konstante Spannung abgeben (Steckdose mit 230 Volt Wechselspannung, Autobatterie mit 12 Volt Gleichspannung). Schließen wir Geräte an, fließt verbrauchsabhängig ein großer oder kleiner Strom oder sich verändernder Strom, aber die Spannung bleibt nahezu gleich. Solarzellen verhalten sich ganz anders. Die aktuelle Spannung, bei der ein Solargenerator die maximale Leistung liefert, ändert sich nämlich ständig durch wechselnde Sonneneinstrahlung und Solarzellentemperatur. Ein fest eingestellter Wechselrichter würde deshalb nur einen Teil des möglichen Solarertrags gewinnen. Stattdessen braucht es einen MPP-Regler, der Spannung und Strom von den Solar-

BILD Die drei typischen Konzepte von Photovoltaikanlagen: Zentrales Netzeinspeisegerät (NEG) mit Generatoranschlusskasten (GAK) und mehreren Modulsträngen (links), Strangwechselrichter (Mitte) und Modulwechselrichter (rechts).

modulen permanent so verändert und einstellt, dass der Solargenerator immer im Optimum betrieben wird. Weil es sich hier im technischen Sinn um einen Arbeitspunkt auf der elektrischen Kennlinie handelt, heißt der Fachbegriff „Maximum Power Point" (Arbeitspunkt mit maximaler Leistung). In der Regel gelingt es den Geräten heute zu fast hundert Prozent, den richtigen Arbeitspunkt zu finden – jedenfalls, solange Module mit möglichst gleichem elektrischen Verhalten angeschlossen sind und solange kein Schatten auf die Solarzellen fällt.

Zentralwechselrichter

Ein Zentralwechselrichter setzt voraus, dass sehr viele Solarmodule an ein einzelnes Netzeinspeisegerät angeschlossen werden. Dazu werden zunächst viele Module elektrisch in Reihe geschaltet. Viele solcher Reihenstränge werden dann in einem oder mehreren Anschlusskästen zusammengeführt und von dort mit dem Wechselrichter verbunden. Auf der Gleichstromseite findet also eine Kombination von Modul-Reihenschaltung und Parallelschaltung dieser Einzelstränge statt, bevor der Solargenerator mit dem Netzeinspeisegerät verbunden wird.

Aufgrund der aufwändigen Gleichstromverkabelung wird dieses Konzept nur noch bei größeren Anlagen eingesetzt, auch weil beim Ausfall des Wechselrichters die ganze Anlage stillsteht und das Servicemanagement bei großen Anlagen auf schnelle Wartungseinsätze vorbereitet ist.

Das Anlagenkonzept eignet sich nur bei gleichmäßiger, verschattungsfreier Sonneneinstrahlung auf die Module.

Kleinere Zentralwechselrichter arbeiten im Leistungsbereich von zehn bis hundert Kilowatt, die größeren im „Kraftwerksbereich" bis zu ein Megawatt, mit Spitzenwirkungsgraden bis 98 Prozent. Solche schrankgroßen Geräte stehen in eigenen Räumen von der Größe einer Garage.

Modulwechselrichter

Jedem Solarmodul sein eigener Wechselrichter, am besten integriert in die Anschlussdose auf der Modulrückseite – viele Probleme und elektrotechnische Optimierungsaufgaben ließen sich mit diesem Konzept lösen oder einfach umgehen: Die aufwändige und fehleranfällige Gleichstromverkabelung zwischen Modulen und zum Wechselrichter entfiele ebenso wie die genaue planerische Anpassung der elektrischen Eigenschaften des Solargenerators an den Wechselrichter. Verluste durch verschieden leistungsfähige Module aufgrund der Fertigungstoleranzen gäbe es ebenso wenig wie Verluste durch Fehlanpassung des MPP bei Verschattung. Problemlos ließen sich auch völlig unterschiedliche Module in einer Anlage einbauen und nach Jahren defekte Module durch neue Fabrikate ersetzen. Der Ausfall eines Moduls oder Wechselrichters würde sich dabei nicht einmal auf den Rest der Anlage auswirken. Notwendig wäre allerdings eine einfache Möglichkeit, das fehlerhafte Wechselstrommodul zu orten.

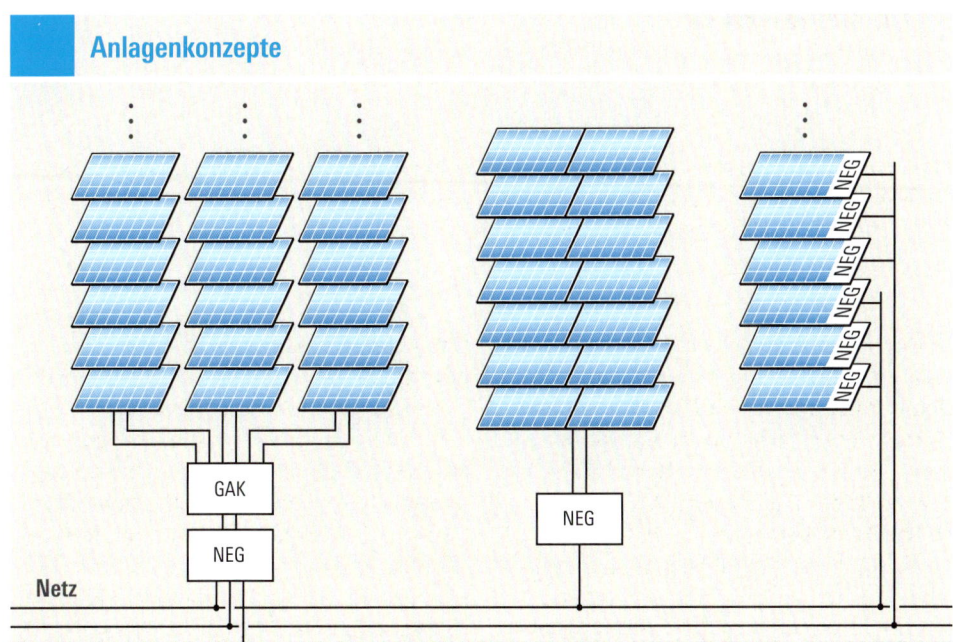

Das lässt sich allerdings leichter umsetzen als die Fehlersuche nach einem schadhaften Solarmodul in einer herkömmlichen Anlage. Neben weiteren technischen Vorteilen wären Wechselstrommodule auch für Elektriker und Feuerwehrleute einfacher und ungefährlicher zu handhaben. Von den Solarmodulen führen nur noch Wechselstromleitungen zum Netzanschluss: Jedes Modul eine eigene netzgekoppelte Solarstromanlage.

Immer wieder brachten und bringen einzelne Hersteller solche Geräte auf den Markt. Von allen zusammen dürften bislang einige hunderttausend Stück installiert sein. Aber durchsetzen konnte sich dieses Konzept auf dem Markt bisher trotzdem nicht, weil die Entwickler seit fast zwanzig Jahren an der Lösung des wichtigsten Problems dieser Geräte arbeiten: Wie baut man eine Elektronik, die genauso lange funktioniert wie das Solarmodul, also zwanzig bis dreißig Jahre? Lange Zeit gelang es auch nicht, ähnlich hohe Wirkungsgrade wie bei größeren

Wechselrichtern zu erzielen. Zwei US-Hersteller wollen mit neu entwickelten Geräten nun das Gegenteil beweisen. Nicht nur aus Effizienzgründen wäre das wichtig, sondern auch, weil Verluste in der Praxis Abwärme bedeutet. Die lässt sich bei modulintegrierten Wechselrichtern schlecht abführen und kann die Lebensdauer der Elektronik auf wenige Jahre verkürzen. Um zu größeren Geräten vergleichbare Herstellkosten zu erreichen, wären sehr hohe Stückzahlen erforderlich.

Und auch in Sachen Elektrosmog hat die heute übliche Gleichstromverkabelung ihre Vorteile.

Als modulnahe Wechselrichter gelten auch die wenigen noch erhältlichen Netzeinspeisegeräte kleinerer Leistung, die es erlauben, nur wenige in Reihe oder sogar parallel geschaltete Solarmodule bei niedriger Systemspannung auf der Gleichstromseite (bis etwa 120 Volt) ans Netz zu bringen. Sie eignen sich gut bei Solargeneratoren, die mit teilweiser und häufiger Verschattung zu rechnen haben.

Modulwechselrichter und modulnahe Geräte wurden bisher im Leistungsbereich von 100 bis 500 Watt angeboten und erreichten bisher Wirkungsgrade von 89 bis 95 Prozent.

Strangwechselrichter

Zwischen den beiden Extremen – zentraler oder Modulwechselrichter – bewegt sich diese dritte Variante. Das Grundprinzip besteht darin, lediglich eine einzige Reihenschaltung von Solarmodulen (einen Strang) direkt an den Wechselrichter anzuschließen. Das reduziert die Gleichstromverkabelung auf ein Minimum. Fehlanpassungen durch Fertigungstoleranzen der Module werden reduziert, und der Wechselrichter betreibt den jeweiligen Strang in seinem optimalen Leistungsbereich. Teilweise Verschattungen wirken sich nur auf den betroffenen Strang aus, ebenso Wechselrichterausfälle oder andere Defekte. Strangwechselrichter vereinfachen die Planung und Installation wie auch die Erweiterung einer bestehenden Anlage.

Standardisierung und ständige Weiterentwicklung haben zu rasanten Kostensenkungen geführt. Deshalb hat sich dieser Gerätetyp bei den zahlenmäßig häufigsten kleinen und mittleren Solarstromanlagen von ein bis 30 Kilowatt durchgesetzt. Die Geräte werden mit Leistungen von etwa ein bis rund zehn Kilowatt angeboten. Die Wirkungsgrade bis 97 Prozent sind vergleichbar mit denen der Zentralwechselrichter.

Mischformen

In der Wechselrichterarchitektur der Hersteller verschwimmen die Grenzen dieser klaren Einteilung. So sind die anfangs eher leistungsschwachen Strangwechselrichter in Leistungsklassen vorgedrungen, die vormals den klassischen Zentralwechselrichtern vorbehalten waren. Selbst kleine Anlagen bis 5 Kilowatt Leistung haben heute oft nur einen einzigen Strangwechselrichter, an den dann ein bis vier Stränge angeschlossen werden können. Den dabei auftretenden typischen Nachteilen des Zentralwechselrichterkonzepts wird dabei durch verschiedene technische Ansätze begegnet. Wenn der Wechselrichter statt einem einzigen mehrere MPP-Regler für die einzelnen Stränge betreibt, nennt man das „Multistring". Angeboten werden neuerdings auch separate MPP-Regler für einzelne Module oder Stränge, eine Mischung aus modularer MPP-Anpassung und zentralem Wechselrichter, die besonders bei wechselnder Verschattung kleinere Einbußen bringen sollen.

Wissenswertes

Auch wenn sich die Diskussion oft um Wechselrichter-Wirkungsgrade dreht, sollte nicht vergessen werden, dass im NEG noch andere wichtige Baugruppen zu finden sind, die sicherheitsrelevante oder für den Ertrag entscheidende Aufgaben übernehmen. Hier folgt ein kurzer Überblick, was Sie noch wissen sollten.

☀ UMGANG MIT VERSCHATTUNG

Nichts beeinflusst den Ertrag einer Solar-stromanlage so sehr wie Schatten auf dem Solargenerator. Der einfache Grund: Solarzellen und Solarmodule werden fast immer in Reihe geschaltet, um brauch-bare Betriebsspannungen zu haben und die Stromverluste in Leitungen und Elek-tronik zu minimieren. Der Nachteil: Bei der Reihenschaltung bestimmt das schwächs-te Glied die Leistung der gesamten Kette. Deckt man eine Solarzelle ab, so wirkt das, als würde man einen Gartenschlauch abknicken. Der ganze Zellen- und Modul-strang fällt aus. Um das zu verhindern, führen ins Modul eingebaute Bypass-dioden die volle Leistung des restlichen Stranges um die betroffenen Solarzellen herum.

Dadurch verändert sich allerdings das elektrische Verhalten des gesamten Stran-ges. Für das Netzeinspeisegerät wird es nun schwieriger, den neuen maximalen Leistungspunkt zu finden. Vielen Geräten gelingt das nicht, und dem Betreiber kön-nen so bis zu 20 Prozent des trotz Ver-schattung eigentlich möglichen Energie-ertrags verloren gehen. Ein Hersteller hat darauf nun mit einer softwaremäßigen Optimierung seiner Geräte reagiert. Bei kleineren Schattenverursachern wie Dach-gauben oder Schornsteinen lässt sich so der Verlust auf wenige Prozent verringern. Einige Hersteller setzen auf technische Lösungen, indem sie eigene MPP-Regler für jedes Modul oder für jeden Strang ein-

setzen. Unabhängige Anbieter werben seit kurzem für sogenannte Leistungsopti-mierer, eine kleine Elektronik, die am Mo-dul oder im Strang Verluste reduzieren soll. Doch diese Geräte verbrauchen selbst Energie, sind nicht ganz billig und können die Module ganz lahmlegen, wenn sie defekt sind. Eine Aus- oder Nachrüstung von Photovoltaikanlagen dürfte sich also vorerst nur in besonders schwerwiegen-den Einzelfällen lohnen.

Betroffen vom Verschattungsproblem sind vor allem die meistverwendeten kristalli-nen Solarzellen. So kann ein Antennen-mast, dessen Schatten nur fünf Prozent der Fläche bedeckt, schon zwanzig Pro-zent der Leistung kosten. Bei Dünnschicht-Solarmodulen wirken sich aufgrund der Geometrie der Solarzellenflächen teilweise Abschattungen weniger stark aus.

Wirkungsgrad

In allen Geräten geht ein Teil des Solar-stroms bei der Energieumwandlung und für die Eigenversorgung verloren. Durch ausgefeilte Optimierung haben die Her-steller inzwischen diese Verluste auf weni-ger als 10 Prozent reduziert. Dabei ent-spricht jedes Prozent über zwanzig Jahre Betrieb einer Vergütungssumme von 60 bis 70 Euro pro Kilowatt Anlagenleistung.

Ähnlich wie bei den Solarmodulen schwankt der Wirkungsgrad abhängig von der Auslastung. Die maximalen Wirkungs-grade liegen heute serienmäßig in einem Bereich von 93 bis 98 Prozent. Diese auch auf Datenblättern angegebenen Spitzenwirkungsgrade treten jedoch nur bei einer ganz bestimmten Augenblicksleistung des Solargenerators auf. Bei jedem Gerätetyp ist das ein anderer. Weil die Sonneneinstrahlung aber schwankt, arbeiten die Geräte nie an diesem Punkt, sondern im gesamten Leistungsbereich von 0 bis 100 Prozent ihrer Nennleistung. Anhand des Spitzenwirkungsgrads lässt sich also weder ein Vergleich zwischen den Geräten ziehen, noch eine Aussage für die Gesamteffizienz des jeweiligen NEG treffen. Entscheidend ist deshalb nicht der Spitzenwirkungsgrad, sondern der Verlauf des Wirkungsgrads über den gesamten Leistungsbereich.

Ein einfacher Vergleichswert für die Effizienz im realen Betrieb ist der sogenannte „Europäische Wirkungsgrad". Auch er findet sich in vielen Datenblättern. Dabei wird der Wirkungsgrad bei 5, 10, 20, 30, 50 und 100 Prozent der Nennleistung mit den in Mitteleuropa (Standort Trier) jeweils üblichen Einstrahlungs-Energiemengen gewichtet, um eine Art durchschnittlichen Wirkungsgrad zu berechnen.

Die Fachzeitschrift Photon veröffentlicht seit einigen Jahren detaillierte Wechselrichtertests und hat einen eigenen, sehr viel detaillierteren Vergleichswirkungsgrad entwickelt. Dieser berücksichtigt, dass die Effizienz auch noch abhängig ist von der Spannung, die der Solargenerator im realen Betrieb liefert. Das Ergebnis ist so komplex, dass es sich nicht mehr als einfache Zahl angeben lässt, sondern nur noch als Diagramm. Für den Anlagenpla-

ner gibt es jedoch realistische Hinweise auf die tatsächliche Leistungsfähigkeit der jeweiligen Kombination von Solargenerator und Netzeinspeisegerät. Als Beispiel ergab ein Gerät mit 95,5 Prozent Spitzenwirkungsgrad und einem europäischen Wirkungsgrad von 94,5 Prozent im Test einen Photon-Wirkungsgrad von 93,6 Prozent – ein Abschlag also von rund zwei Prozent. Übrigens zählt das Gerät im Beispiel nicht zu den besten, sehr gute Geräte schaffen mit über 96 Prozent gut drei Prozentpunkte mehr.

Master-Slave-Betrieb

Dieses Stichwort taucht immer da auf, wo mehrere Wechselrichter einer Anlage miteinander gekoppelt werden. Ist die Sonneneinstrahlung gering – morgens, abends oder bei schlechtem Wetter, arbeiten alle Geräte im unteren Teillastbereich mit schlechtem Wirkungsgrad. Wenn der Solargenerator nur einen Teil seiner Spitzenleistung liefert, sorgt die Master-Slave-Kopplung (auch „Teamkonzept") dafür, dass der Solarstrom nur auf so viele Geräte verteilt wird, dass diese effizient arbeiten, anstatt den wenigen Solarstrom auf alle Wechselrichter zu verteilen. Das Konzept kann ansatzweise auch innerhalb eines Netzeinspeisegeräts realisiert werden, durch die Aufteilung der Leistungsendstufe der Wechselrichterelektronik.

Der Ertrag lässt sich durch diese Betriebsweise um etwa zwei Prozent erhöhen, vor allem bei nicht optimal ausgerichteten Solargeneratoren. Auch Totalausfälle einzelner Wechselrichter können damit zeitweilig überbrückt werden, und die Lebensdauer der Geräte kann sich erhöhen, weil die gerade nicht genutzten Geräte ausgeschaltet bleiben. Anwenden lässt sich der Master-Slave-Betrieb allerdings nur, wenn alle Teilgeneratoren in ihren elektrischen Nenndaten identisch sind und in die gleiche Himmelsrichtung zeigen, oder wenn die MPP-Regelung innerhalb des Solargenerators stattfindet, vor der Master-Slave-Kopplung der Wechselrichter.

Trafo oder trafolos

Die Anpassung der Solarspannung an die Netzspannung geschieht entweder mit einer elektronischen Schaltung (trafolos) oder zusätzlich mit einem Transformator. Ein Trafo besteht im Prinzip aus Kupferspulen, die um einen Eisenkern gewickelt sind. Deshalb sind solche Wechselrichter verhältnismäßig schwer. Ein Wechselrichter mit Trafo bietet sicherheitstechnische Vorteile, da dieser gleichzeitig die Gleich- und Wechselstromseite elektrisch entkoppelt („galvanische" Trennung). Dennoch geht der Trend wegen vieler Vorteile seit Jahren zu den trafolosen Geräten: Höhere Wirkungsgrade und damit weniger Abwärme, kleineres Gewicht und Volumen sowie günstigere Herstellkosten gerade bei höheren Stückzahlen.

Aufgrund der fehlenden galvanischen Trennung müssen trafolose Geräte mit einer speziellen Sicherheitsschaltung ausgerüstet sein („allstromsensitiver Fehler-

stromschutzschalter FI"), oder der Hersteller muss nachweisen, dass die Sicherheit durch Besonderheiten der Wechselrichterschaltung in gleicher Weise sichergestellt ist.

Einige Solarzellentypen vertragen sich nicht mit trafolosen Wechselrichtern beziehungsweise nur, wenn bestimmte technische Vorsorgemaßnahmen getroffen werden. Betroffen sind vor allem amorphe und mikromorphe Dünnschichtmodule und einzelne kristalline Solarzellen (unter anderen Sun-Power Hochleistungszellen und Evergreen „String-Ribbon"). Der Planer und Installateur sollten prüfen und dokumentieren, ob und wie das für die jeweilige Anlage erfolgt ist.

Wechselstrom oder Drehstrom

Die meisten Netzeinspeisegeräte im kleinen Leistungsbereich erzeugen 230-Volt-Wechselstrom, wie man ihn von jeder Haushaltssteckdose kennt. Angeschlossen ist hier nur eine Leitung, der Fachmann sagt „Phase", des Stromnetzes. Das besteht aber aus drei Phasen – deshalb auch Dreiphasenwechselstrom (Drehstrom) oder umgangssprachlich „Starkstrom". Das einzige Haushaltsgerät mit einem Starkstromanschluss ist heute noch der Elektroherd in der Küche, wo je zwei Kochplatten und der Backofen an jeweils eine einzelne Phase geklemmt werden. Aber auch die verschiedenen Stromkreise im Haus werden auf die drei Phasen verteilt.

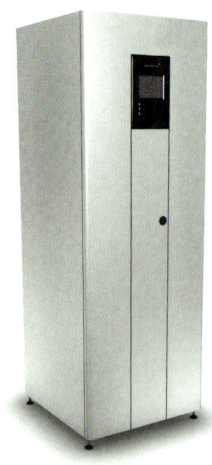

Genauso ist das mit den Solarwechsel-
richtern. Bei mehreren Geräten müssen
sie an verschiedene Phasen angeschlossen werden. Die elegantere Lösung sind
Wechselrichter, die schon dreiphasigen
Wechselstrom erzeugen. Sie sind technisch eher einfacher zu bauen und haben
Vorteile wie beispielsweise einen hohen
Wirkungsgrad. Waren sie bei Großanlagen
schon bisher üblich, gibt es jetzt solche
Geräte auch für kleinere Photovoltaikanlagen.

Wechselrichter für Dünnschichtmodule

Da kristalline Solarmodule den Markt
noch dominieren, sind die üblicherweise
angebotenen Wechselrichter dafür ausgelegt. Für Dünnschichtmodule mit ihren
etwas anderen elektrischen Eigenschaften
sollten deshalb nur Geräte eingesetzt werden, die vom Hersteller dafür empfohlen
und freigegeben werden. Nicht immer
handelt es sich dabei um völlig andere Geräte. Oft reichen eine veränderte Software
für die MPP-Regelung und spezielle Vorgaben für die Modulverschaltung aus. Der
Installateur muss dies sicherstellen, wenn
Dünnschichtmodule eingesetzt werden
sollen.

Inselbetrieb bei Stromausfall und Eigenverbrauch

Bei den üblichen Netzeinspeiseanlagen
schaltet sich der Wechselrichter ab, wenn
das Netz ausfällt oder wegen Wartungsarbeiten abgeschaltet wird. Das ist eigentlich schade, denn tagsüber könnte der
Solargenerator bei einem Netzausfall die
Notstromversorgung übernehmen. Dafür
und um den Eigenverbrauch von Solarstrom erhöhen zu können, gibt es Zusatzgeräte und Batteriesysteme, mit denen die
netzgekoppelte Solarstromanlage auch
zur kombinierten Selbstversorgung und
unterbrechungsfreien Stromversorgung fit
gemacht wird.

Die Entwicklung dieser Systeme steht
erst am Anfang, und über den derzeitigen
wirtschaftlichen Nutzen dieser Ergänzun-
gen lässt sich noch wenig sagen. Wirklich
rechnen dürften sie sich erst, wenn die
Solarstromkosten einschließlich Speicher-
system unter die Bezugskosten für Strom
aus dem Netz gefallen sind. Mancher mag
aber durchaus bereit sein, für eine hundertprozentig sichere Stromversorgung
und die Freude an mehr Unabhängigkeit
vom Versorger einiges Geld extra zu investieren.

BILD Für die Speicherung von Solarstrom benötigt man zusätzlich Akkumulatoren und Regel-elektronik, die hier in einem kompakten Gerät untergebracht sind.

Wenn es nur darum geht, den Eigenverbrauch von Solarstrom zu erhöhen, beispielsweise um den Vergütungsbonus zu nutzen, bieten auch manche Netzeinspeisegeräte die Möglichkeit, gezielt einzelne Verbraucher im Haushalt anzusteuern.

Anpassung und Dimensionierung
Das ideale Netzeinspeisegerät gibt es nicht. Die Kunst besteht darin, für den jeweiligen Fall, den maximalen Ertrag zu erzielen. Der hängt nicht nur von den technischen Eigenschaften des NEG selbst ab, sondern genauso davon, wie gut Solargenerator und NEG aufeinander abgestimmt sind. Das hängt mit dem unterschiedlichen Betriebsverhalten dieser beiden Hauptbestandteile einer Solarstromanlage zusammen.

Einerseits muss der Wechselrichter den maximalen Strom des Solargenerators problemlos umsetzen können. Andererseits muss der Betriebsspannungsbereich des Solargenerators zum Arbeitsbereich des Wechselrichters kompatibel sein. Der Betriebsspannungsbereich des Solargenerators bewegt sich von der MPP-Spannung bei Minusgraden bis zur MPP-Spannung der Solarmodule an einem heißen Sommertag. Bei einer Reihenschaltung von zehn Solarmodulen kann diese beispielsweise zwischen 290 und 420 Volt schwanken. Auf der anderen Seite erfüllt der MPP-Regler des Netzeinspeisegeräts seine Funktion ebenfalls nur in einem begrenzten Bereich. Dieser muss mindestens den Schwankungsbereich des Solargenerators umfassen. Besser ist es, wenn nach unten noch Spielraum bleibt. Ideal wäre, wenn der Schwankungsbereich des Solargenerators im oberen MPP-Regelungsbereich des Wechselrichters liegt.

Noch immer kursiert eine alte Faustregel, nach der der Solargenerator um bis zu zwanzig Prozent leistungsstärker sein solle als das Netzeinspeisegerät. In dieser pauschalen Form ist die Regel überholt. Der Standort des Solargenerators spielt dabei eine ebenso große Rolle wie der Montageort des Wechselrichters. An einem Südhang in Bayern mit hoher Sonneneinstrahlung und optimaler Ausrichtung des Solargenerators muss der Wechselrichter natürlich mehr Leistung umsetzen als bei einer Anlage auf einem Westdach in Norddeutschland. Ein Wechselrichter im kühlen Keller ist belastbarer als im sommerheißen Dachboden, wo das Gerät ausgerechnet bei höchster Einstrahlung die Leistung wegen Temperaturüberlastung abregelt.

Generell sollte bei einem Solargenerator mit optimaler Südausrichtung und üblicher Dachneigung die Spitzenleistung des Solargenerators zwischen der Wechselstrom-Nennleistung und der Gleichstrom-Nennleistung des Wechselrichters liegen. Wie man inzwischen weiß, können so auch Einstrahlungsspitzen gewinnbringend genutzt werden.

Nur wenn klar ist, dass der Solargenerator so gut wie nie seine Spitzenleistung liefert, kann das Netzeinspeisegerät auch

BILD Spezielle Solarstecker und Anschlusskabel für den Photovoltaikgenerator: Die Kabel müssen zweifach isoliert und besonders witterungsbeständig sein.

etwas kleiner ausgelegt werden. Umgekehrt sollte der Wechselrichter leistungsstärker sein, wenn die Umgebungstemperaturen die Kühlung des Netzeinspeisegeräts erschweren oder besonders hohe Einstrahlungswerte zu erwarten sind.

Auch die Lebensdauer der Bauteile und damit die Zuverlässigkeit des Wechselrichters leiden unter hohen Temperaturen. Geräte mit Ventilator sind hier zwar im Vorteil, aber nur, solange der Lüfter funktioniert.

Montageort

Im Keller möglichst nah bei Zählerschrank und Sicherungskasten, herrschen für diese elektronischen Geräte die besten Umgebungsbedingungen: gleichbleibend kühle Temperaturen (gute Wärmeabfuhr), stabile Luftfeuchtigkeit, staubfreie Umgebungsluft. Außerdem sind hier die im NEG integrierten Mess- und Überwachungseinrichtungen für den Betreiber gut zugänglich, was die regelmäßige Betriebskontrolle erleichtert.

Einige Geräte, vor allem Strangwechselrichter, werden genauso auch zur Montage im Freien empfohlen, was die Gleichstromverkabelung und Anlageninstallation bei größeren Anlagen vereinfachen kann. Auch dort sollten die Wechselrichter aber vor direkter Sonneneinstrahlung und vor direktem Regen geschützt werden. Die ungünstigen Bedingungen, denen die Geräte im Freien ausgesetzt sind, lassen kürzere Lebensdauern erwarten (zum Beispiel durch starke Temperaturschwankungen, unter den Taupunkt fallende Temperaturen

im Winter, schlechtere Kühlung durch geschlossenes Gehäuse und hohe Temperaturen im Sommer, wechselnde und hohe Luftfeuchtigkeit und Verschmutzung).

Herstellerservice

Für den Anwender können nicht alleine die technische Ausstattung und Qualität des Gerätes für die Auswahl entscheidend sein. Netzeinspeisegeräte arbeiten heute sehr zuverlässig und sollen laut Herstelleraussage über zwanzig Jahre laufen. Trotzdem gehen immer wieder Geräte kaputt, und dann ist eine schnelle Reparatur oder ein schneller Tausch wichtig, damit die Anlage nicht lange stillsteht. Wichtig ist es, kompetente Ansprechpartner direkt erreichen zu können und zuverlässige Servicetechniker zu finden.

Sorgfältig prüfen

Möglicherweise wird Ihnen Ihr Installateur nicht immer das Anlagenkonzept vorschlagen, das für Ihren Anwendungsfall optimal ist. Das kann mit seiner Bindung an bestimmte Hersteller oder der persönlichen Neigung für ein Anlagenkonzept zu tun haben. Vielleicht hat er sich zur Vereinfachung für bestimmte Komponenten und Systeme entschieden, oder er hat einfach nicht die Zeit oder die technische Qualifikation, auf jeden Spezialfall detailliert einzugehen. Weil Sie sich aber vielleicht nur ein Mal eine solche Anlage zulegen werden, können Sie ganz unvoreingenommen prüfen, ob das, was Ihnen angeboten wird, auch das Beste für Sie ist.

SICHERE KABEL UND ZUBEHÖR

Vom Solargenerator zum Netzeinspeise-gerät fließt Gleichstrom mit hoher Leistung. Der ist nicht vergleichbar mit der ungefährlichen Gleichstromversorgung einer Spielzeugeisenbahn. Auch Elektriker werden sonst kaum mit Gleichstrom hoher Spannungen konfrontiert, sondern sind es gewohnt, routiniert an Wechselstrom-Installationen zu arbeiten. Gleichstrom und speziell die Photovoltaik stellen jedoch zum Teil andere Sicherheitsanforderungen, da Solarmodule elektrotechnisch eine eher ungewöhnliche Charakteristik aufweisen. Zur Sicherheit der Anlage und zum Schutz des Gebäudes vor Brandgefahren über viele Jahre und Jahrzehnte darf deshalb nur geeignetes Installationsmaterial auf die richtige Weise eingesetzt werden.

Mindestens so wichtig wie technische Sicherheitsaspekte ist die fachliche Ausführung der Installation, denn schlampige Arbeit macht die bestens geplante Sicherheitstechnik wirkungslos. Deshalb ist die Wahl des Installateurs immer auch eine Vertrauenssache.

 SOLARSTROM UND SICHERHEIT

Solarstrom ist Gleichstrom. Elektrotechnisch verhält sich Gleichstrom anders als der Wechselstrom aus der Steckdose. Gleichstrom einer ausreichend hohen Spannung erzeugt einen Lichtbogen, wenn man den Stromkreis „unter Last" öffnet. Der Strom fließt aufgrund des Lichtbogens „durch die Luft" weiter. Ein solcher Lichtbogen kann auch entstehen bei beschädigter Isolierung von nebeneinander liegenden Plus- und Minusleitungen eines Gleichstromkreises. Was ein solcher Lichtbogen im Dachstuhl eines Hauses anrichten kann, ist leicht vorstellbar.

Ein Elektriker verhindert solche Risiken üblicherweise durch eine Sicherung im Stromkreis. Der Kurzschluss, der den Lichtbogen verursacht, würde nach kurzer Zeit die Sicherung auslösen und der Stromkreis damit unterbrochen. Bei Photovoltaik ist diese Lösung jedoch nicht möglich: Solarmodule liefern keinen ausreichend hohen Kurzschlussstrom, um Sicherungen

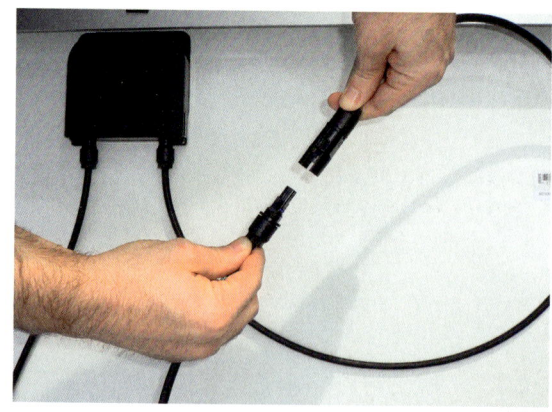

auslösen zu können. Außerdem ist der Betriebsstrom abhängig von der Einstrahlung. So erreicht der Solargenerator in der Praxis selten auch nur seinen vollen Nennstrom.

Die Sicherheit kann also nur dadurch erreicht werden, dass Kurzschlüsse verhindert werden, indem der Installateur das richtige Material einsetzt, seine Arbeit sehr sorgfältig erledigt und dabei alle Vorschriften und Empfehlungen einhält. Eine technische Überprüfung bei der Inbetriebnahme ist deshalb unerlässlich.

Neben technischen Sicherheitsaspekten geht es aber auch um den Schutz von Leib und Leben. Einzelne Solarmodule haben ungefährliche Spannungen von 30 bis 60 Volt. Mit der Verschaltung zum Solargenerator liegen aber oft Spannungen bis 1 000 Volt an den Kabelenden – von morgens bis abends, auch bei bedecktem Himmel. Das Berühren dieser Solarspannung ist keinesfalls harmlos, sondern mindestens so lebensgefährlich wie Strom aus der Steckdose. Berührungssichere Steckverbinder an den Modulleitungen schützen davor.

Werden nur geeignete Bauteile verwendet, sorgfältig installiert sowie alle Vorschriften und Normen beachtet, ist eine Photovoltaikanlage auch rundum sicher, vor allem wenn sie regelmäßig gewartet und kontrolliert wird.

Geprüfte Solarkabel

Die Anforderungen an Solarleitungen (Kabel) sind hoch. Besonders, wenn der Solargenerator von außen auf das Dach montiert wird, sind die Leitungen Wind und Wetter, Frost und Hitze ausgesetzt. Auch das UV-Licht der Sonne lässt die Kunststoffisolierungen der Kabel schneller altern. Dabei soll der Solargenerator im besten Fall dreißig Jahre und länger unangetastet auf dem Dach bleiben.

Schäden an der Verkabelung sind nur schwer zu orten und der Austausch oft mit hohem Aufwand und entsprechenden Kosten verbunden. Und auch die Sicherheit der Anlage und des Wartungspersonals hängt an der Zuverlässigkeit der Stromleitungen. Das Beste ist an dieser Stelle also gerade gut genug, zumal der Kostenanteil im Verhältnis zur Gesamtanlage minimal ist.

Spezielle Solarkabel mit der Kennzeichnung „PV1-F" erfüllen die Anforderungen am besten. Die Kabel sind doppelt isoliert und haben nur eine stromführende Ader (Litze). Auf Nummer sicher geht man mit TÜV- oder VDE-geprüften Solarkabeln. Standardware wie „H07RN-F" ist für Solaranlagen nicht geeignet.

Tests haben gezeigt, dass Kabel mit einer Umhüllung aus vernetzten Polymeren beständiger sind als solche mit Gummimantel. Die Kupferlitze im Inneren muss

BILD An den Solarmodulen vormontierte Steckverbinder verkürzen die Installation und verringern die Fehlermöglichkeiten.

verzinnt sein, und bei der Installation dürfen nur Steckverbinder verwendet werden, die vom Kabelhersteller ausdrücklich freigegeben wurden.

Eine Fehlerquelle lässt sich allerdings auch durch das beste Produkt nicht ausschließen: Marder haben selbst bei Photovoltaikanlagen auf Dächern schon Kabel angebissen. Verhindern lässt sich das nur durch konsequente Kabelverlegung in Kanälen, Schläuchen oder durch integrierte Verlegung der Solarmodule. Eine Integration ins Dach schützt die Kabel zusätzlich auch vor Witterungseinflüssen.

Dimensionierung der Leiter

Eine möglichst kurze Verbindung zwischen Solarmodulen und Netzeinspeisegerät minimiert die Energieverluste in den Kabeln.

Die Querschnitte der Leitungen sollten so dimensioniert werden, dass die Energieverluste weniger als ein Prozent betragen. Bestimmend dafür sind die Kabellänge und die Höhe des darin fließenden Stromes. Üblich ist ein Kabelquerschnitt von 4 Quadratmillimetern (mm²). Hier nur 2,5 mm² dünne Leitungen einzusetzen, lohnt sich nicht. Fließen hohe Ströme (abhängig vom Modultyp) oder sind die Leitungen vom Solargenerator zum Wechselrichter besonders lang, sollten 6 mm² eingesetzt werden.

Anschlusstechnik

Kurze Anschlusskabel mit Steckverbindern an den Solarmodulen sind heute Standard. Damit lassen sich die Solarmodule bei der Montage mit einem Handgriff elektrisch in Reihe schalten. Berührungssichere Steckverbinder gibt es in mehreren Versionen von verschiedenen Herstellern. Wichtig ist, dass es speziell für Photovoltaikanlagen entwickelte Produkte sein müssen.

Wie in anderen technischen Bereichen, gibt es auch bei Solarsteckern billige Nachbauten. Tests haben dabei erhebliche Mängel gezeigt, vor allem dürfen nicht Nachbauten mit Originalen kombiniert werden. Aber auch nicht jedes Originalprodukt erfüllt alle Anforderungen (Berührungssicherheit und Wasserdichtigkeit) optimal. Hier lohnt sich ein Blick aufs Detail und die Nachfrage nach unabhängigen Testergebnissen.

Die Anschlusskabel zum Wechselrichter – zwei Stück pro Strang – werden von den Installateuren meistens auf der Baustelle abgelängt und mit Steckern versehen. Das ist sehr sorgfältig zu erledigen, damit an dieser Stelle keine Schwachstelle entsteht, die die Anlagensicherheit oder Funktionssicherheit beeinträchtigt. Fehler bei der Verkabelung machen sich oft erst nach Jahren bemerkbar, sind schwer zu orten und kostspielig zu beseitigen.

BILD 1

BILD 2

Steckverbinder sind nicht geeignet, den Solargenerator im Betrieb vom Netzeinspeisegerät zu trennen. Bevor die Steckverbinder getrennt werden dürfen, muss immer zuerst der Stromfluss unterbrochen werden – durch einen geeigneten Schalter und das Abschalten des Netzeinspeisegeräts. Sonst entstehen Lichtbögen, die den Steckverbinder beschädigen oder zerstören. In einem solchen Fall sind die Stecker auszutauschen.

Leitungsführung

Liegt der Solargenerator in einem Gestell auf dem Dach, hängen die Kabel oft zwischen Modulen und Dachziegeln herunter. Es besteht die Gefahr, dass Kabel durch abrutschenden Schnee abgerissen oder beschädigt werden und dass durch Windbewegung die Kabelisolierung an den Dachziegeln abgerieben wird. Fachgerecht wäre eine Verlegung der Kabel in den Montageschienen, separaten Kabelkanälen, Installationsrohren und Kabelhaltern oder zumindest die Befestigung mit speziellen Kabelhaltern an den Montageschienen. Die oft angewandte Befestigung mit Kabelbindern ist eine fragwürdige Lösung, weil die Kabel dabei zu stark gequetscht werden können und selbst die schwarzen UV-beständigen Kabelbinder wahrscheinlich nicht so lange halten werden wie die Anlage laufen soll.

Die Durchführung der Kabel durch das Dach und die Verlegung im Dachstuhl muss so erfolgen, dass in dieser feuergefährdeten Umgebung von den Photovoltaikkabeln keine Gefahr ausgeht. Das bedeutet vor allem, dass die Plus- und Minusleitungen in Kabelkanälen, Rohren oder Schläuchen immer getrennt verlegt werden. Das konsequent durchzuhalten und gleichzeitig die Vorgaben des Blitz-Überspannungschutzes (siehe Seite 57) einzuhalten, bedeutet für den Installateur oft einen gewissen Mehraufwand. Sie sollten als Bauherr aber darauf bestehen, damit Ihre Anlage über Jahrzehnte sicher und zuverlässig hohe Erträge liefern kann und nur geringe Wartungskosten verursacht.

Meistens werden der Generator auf dem Dach und der Wechselrichter im Keller installiert. Dann ist die Frage, wie die Leitungen möglichst einfach und unauffällig verlegt werden können. Oft wird ein vorhandener Versorgungsschacht, unbenutzter Kamin oder vorhandene Leerrohre (getrennt für Plus- und Minusleitungen) verwendet. Ist eine einfache Leitungsführung im Haus nicht möglich, werden die Leitungen an der Außenwand des Gebäudes verlegt, beispielsweise in einem Kabelkanal, der hinter einem Regenrohr versteckt angebracht wird. Dann müssen im Haus keine Wände aufgeschlagen

BILD 1 Der Generatoranschlusskasten führt mehrere Modulstränge zusammen. Hier können auch Strangsicherungen, Überspannungsschutz und Gleichstromschalter untergebracht sein.
BILD 2 Zusätzlicher Gleichstromhauptschalter im Netzeinspeisegerät

werden. Für den Blitzschutz des Gebäudeinneren kann die Außenverlegung vorteilhaft sein.

Hängen die Leitungen mehrere Meter senkrecht herab, zum Beispiel in Kabelschächten, muss eine Zugentlastung eingebaut werden, sonst kann das Eigengewicht der Kabel die Leitung beschädigen.

Je nachdem, wo das Netzeinspeisegerät an das Stromnetz angeschlossen werden soll, ist vom Wechselrichter zum Zählerplatz oder Stromkreisverteiler (Sicherungskasten) ebenfalls eine Leitung zu verlegen. Da es sich dabei um normalen Wechselstrom handelt, gelten hier wieder die gewohnten Regeln, und es sind keine besonderen Kabel notwendig. Kann der Wechselrichter nicht in unmittelbarer Nähe des Zählerkastens montiert werden, ist auch diese Leitung ausreichend zu dimensionieren – jedoch nicht wie in der Wechselstromtechnik üblich nach der Wärmebelastbarkeit, sondern für möglichst kleine Verluste: auch hier kleiner 1 Prozent der Nennleistung.

Gleichstromschalter

Da sich die Sonne nicht abschalten lässt und Solarmodule bei Lichteinfall immer Spannung erzeugen, muss zwischen Generator und Netzeinspeisegerät ein für Gleichstrom geeigneter Schalter installiert werden.

Viele Netzeinspeisegeräte haben für Wartungszwecke integrierte Gleichstromschalter. Einfache Federdrahtbrücken oder Steckverbinder in den Zuleitungen sind für

diesen Zweck ungeeignet, weil sie nicht unter Stromfluss getrennt werden dürfen.

Der Gleichstromschalter („DC-Hauptschalter") muss für den Einsatz in Photovoltaikanlagen geeignet sein. Empfehlenswert wäre beispielsweise ein Gleichstromhauptschalter mit integrierten Überspannungsableitern, der in der Nähe des Solargenerators, aber dennoch leicht zugänglich installiert wird.

Generatoranschlusskasten

Bei kleinen Photovoltaikanlagen inzwischen selten geworden, sammelt dieses Bauteil viele Stränge eines Solargenerators, um diesen mit dem Wechselrichter zu verbinden. Der Generatoranschlusskasten (GAK) befindet sich in der Nähe der Module und schließt die Stränge parallel, sodass zum Wechselrichter nur noch je eine Plus- und Minusleitung verlegt werden muss. Der GAK kann darüber hinaus weitere sicherheitstechnische Funktionen erfüllen:

■ **Strangsicherungen:** Verlustarme, richtig dimensionierte und für den Solarstrom geeignete Feinsicherungen (Typ „gPV") schützen im Fall einer Fehlfunktion die Strangleitungen und Solarmodule vor Überlastung.

■ **Überspannungsableiter** leiten Überspannungen durch Blitzeinschläge in der Umgebung aus dem Solarstromkreis ab und bewahren so die Solarmodule und das Netzeinspeisegerät vor Schäden.

■ **Gleichstromschalter:** Falls dieser nicht im Wechselrichter integriert ist oder in

Wechselrichternähe montiert werden muss, kann er auch kostensparend im GAK integriert sein.

Ein Generatoranschlusskasten sollte zur Kontrolle und Wartung ähnlich gut zugänglich sein wie der Wechselrichter. Die aktiven Sicherheitsbauteile wie Strangsicherungen und Überspannungsableiter, die im Fehlerfall ihren Dienst beenden, sollten elektronisch überwacht sein oder wenigstens durch Leuchtdioden anzeigen, wenn der Austausch ansteht. Sonst fehlt ein Teil der Anlagenleistung oder der Schutz ist nicht gewährleistet.

Früher waren bei netzgekoppelten Anlagen (ohne Akku) in manchen Generatoranschlusskästen auch Strangdioden untergebracht. Diese sind überflüssig. Im Gegenteil stellen sie sogar eine unnötige Fehlerquelle dar und verringern den Anlagenertrag. In älteren Anlagen sollten diese Dioden deshalb besser fachgerecht entfernt werden.

Strangsicherungen aus älteren Anschlusskästen müssen durch PV-geeignete neuere Sicherungstypen ersetzt werden, da die Standardversionen überhitzen können.

SCHUTZ VOR BLITZ UND ÜBERSPANNUNG

Fachleute sind sich einig, dass eine Photovoltaikanlage die Wahrscheinlichkeit eines Blitzeinschlags nicht erhöht. Die Installation einer Blitzschutzanlage ist deshalb nicht vorgeschrieben.

Nicht fachgerecht installiert kann die PV-Anlage aber die Wahrscheinlichkeit von Schäden durch Überspannung im Haus erhöhen. Und schließlich ist der Wert der Anlage selbst ein ausreichender Grund für die notwendigen Schutzvorkehrungen. Die Versicherer empfehlen einen umfangreichen Schutz erst bei Anlagen ab 10 Kilowatt. Einzelne Versicherungen gewähren für Blitzschutzmaßnahmen Prämienrabatte bei der Anlagenversicherung, weil Überspannungen zu den häufigsten Schadensursachen zählen.

Blitzschutz ist ein eigenes anspruchsvolles Fachgebiet der Elektrotechnik. Nicht speziell geschulte Installateure haben darüber oft nur oberflächliche oder überholte Kenntnisse. Fragen Sie deshalb im Zweifel einen ausgewiesenen Planer oder Installateur für Blitzschutzanlagen.

Mögliche Gefahren durch Blitze

Statistisch droht ein direkter Blitzeinschlag bei einem Stadthaus nur alle tausend Jahre. Dabei ist die Gefahr im Südwesten bis zu viermal so groß wie in Norddeutschland. Nur Gebäude in exponierter Lage wie auf einer Bergkuppe müssen schon innerhalb dreißig Jahren mit einem Einschlag rechnen. Fachleute empfehlen deshalb, den aufwendigen Schutz vor direkten

Blitztreffern nur bei freistehenden Häusern in Betracht zu ziehen oder wenn dies aufgrund von Gesetzen wie für öffentliche oder öffentlich zugängliche Gebäude vorgeschrieben ist (jeweils in der Landesbauordnung).

Viel häufiger und deshalb bei der Anlagenplanung auf jeden Fall zu berücksichtigen sind die indirekten Folgen von Einschlägen in der Umgebung. Noch in einem Umkreis von einem Kilometer niedergehende Blitze können auf den Solargenerator einwirken. Innerhalb von dreißig Jahren Betriebszeit ist damit mehrfach zu rechnen. Der Effekt entsteht so: Beim Blitzschlag bauen sich in der Atmosphäre starke elektrische Felder sehr schnell auf und sehr schnell wieder ab. Diese „blitzschnelle" Feldänderung kann im Solargenerator Spannungen erzeugen, die ein Vielfaches höher sind als die Betriebsspannung (induktive und kapazitive Einkopplung). Je größer die Anzahl der in Reihe geschalteten Module, umso größer kann die Spannung sein. Blechdächer verstärken den Effekt, metallische Modulrahmen und Montagegestelle schwächen ihn ab.

Ohne Schutz vor den Folgen dieser Überspannungen drohen Schäden in Solarmodulen, Anschlusskästen und Netzeinspeisegeräten. Nicht selten sind die Bypassdioden der Solarmodule die ersten Opfer der Überspannung, was zunächst unbemerkt bleiben kann. Die Folge sind dann entweder Ertragseinbußen oder der fehlende Schutz der Solarmodule wegen defekter Bypassdioden – oder beides.

Gestaffelter Schutz

Welchen Aufwand die Betreiber zum Schutz ihrer Photovoltaikanlage treiben sollen, lässt sich nicht pauschal beantworten. Blitze bleiben immer unberechenbar, ein absoluter Schutz ist deshalb nicht möglich. Umso wichtiger ist es daher, die Folgen eines möglichen Schadensfalls zumindest finanziell abzusichern. Wie viel Schutz sich lohnt, hängt auch vom Umfang des Versicherungsschutzes ab. Manche Versicherungsgesellschaften gewähren für bestimmte Blitzschutzmaßnahmen Prämienrabatte. Für kleine Anlagen gibt es aber auch Minimallösungen, die sich ohne großen Aufwand realisieren lassen.

Richtige Leitungsverlegung

Der einfachste und wichtigste Schutz vor Überspannungen im Solarstromkreis durch Blitzeinschläge in der Umgebung ist die richtige Verlegung der Strangleitungen. Jeder Stromkreis eines Modulstrangs bildet mit seinen Kabeln eine Leiterschleife. Je größer deren Fläche ist, umso höher wird die vom Blitz verursachte Spannung. Damit die Leiterschleife klein bleibt, sollten die Strangleitungen (Plus und Minus) möglichst nah beieinander verlegt werden (siehe Bild Seite 58). Diese einfache Maßnahme wird bei der Installation leider oft ignoriert, denn die konsequente Umsetzung führt zu etwas längeren Leitungen und etwas höherem Montageaufwand. Sie sollten das aber zugunsten eines wirksamen Überspannungsschutzes unbedingt einfordern.

Die Empfehlung, Plus- und Minusleitungen eines Stranges nah zusammen zu verlegen, widerspricht ein wenig der Sicherheitsvorgabe, für die kurzschlusssichere Verlegung Plus- und Minusleitungen getrennt zu führen. Ein sinnvoller Kompromiss besteht darin, die jeweiligen Strangleitungen innerhalb des Solargenerators zusammen zu führen und mit der Durchdringung des Daches in getrennten, aber unmittelbar nebeneinander montierten Kabelkanälen zu verlegen. Plus- und Minusleitungen sollten beim Befestigen keinesfalls mit Kabelbindern zusammengequetscht werden (Beschädigung der Isolierung!), sondern allenfalls locker nebeneinander geführt werden.

Schutzumfang

Blitze können auf zwei Arten Schäden anrichten:

■ Ein **direkter Blitzeinschlag** in den Solargenerator oder die Leitungen würde bis zum Wechselrichter oder sogar den Netzanschluss vordringen. Er kann die Photovoltaikanlage stark beschädigen oder zerstören und weitere Schäden in der häuslichen Elektroinstallation anrichten.

■ Indirekte Schäden entstehen einerseits durch **Überspannungen**, die in den Modulsträngen des Solargenerators induziert werden und Solarmodule oder Netzeinspeisegerät beschädigen können. Die Folgen bleiben in der Regel auf die Photovoltaikanlage begrenzt. Andererseits können Überspannungen auch aus dem Stromnetz ins Haus gelangen und den Wechselrichter beschädigen, so, wie man das von eingesteckten Haushaltsgeräten kennt.

Für die beiden Schadensarten gibt es zwei sich ergänzende Schutzstrategien, den „inneren" und „äußeren" Blitzschutz:

■ Der **äußere Blitzschutz** sind die am Gebäude von außen sichtbaren Fang- und Ableiteinrichtungen und ihre fachgerechte Erdung beispielsweise über den Fundamenterder. Die antennenförmigen Blitzfangeinrichtungen müssen immer so montiert werden, dass sie die Solarmodule möglichst nicht beschatten.

■ Der **innere Blitzschutz** befindet sich im Hausstromverteiler und besteht aus Überspannungs- und Überstromableitern. Weitere Ableiter innerhalb der Photovoltaikanlage vervollständigen den Schutz.

BILD Bei der Modulverkabelung sollten keine großflächigen Schleifen gelegt werden, da die von Blitzeinschlägen in der Umgebung erzeugte Überspannung mit der Größe der Schleifenfläche zunimmt.

Schutzmaßnahmen gegen Überspannung sind auch ohne einen äußeren Blitzschutz wirksam. Ein äußerer Blitzschutz muss immer um den inneren Blitzschutz ergänzt werden. Gerade bei älteren Blitzschutzanlagen fehlt dieser aber oft. Schlägt dann der Blitz ein, breiten sich Überspannungen über die Erdung des äußeren Blitzschutzes und den Potenzialausgleich in die Stromleitungen im Inneren des Gebäudes aus. Alle Geräte, deren Stecker zu diesem Zeitpunkt gerade in der Steckdose stecken, sind dann gefährdet. Wenn Sie also ein Gebäude mit äußerer Blitzschutzanlage haben, sollte der innere Blitzschutz in jedem Fall ergänzt werden – spätestens beim Einbau der Solarstromanlage. Sowohl das Gebäude wie auch die Anlage sind dann optimal geschützt.

Gebäude ohne Blitzschutzanlage

Hat das Gebäude keinen äußeren Blitzschutz, wird empfohlen, das Montagegestell des Solargenerators mit einer Erdungsleitung (Kupfer, Querschnitt 6 mm²) zu erden, die gemeinsam mit den Strangleitungen in den Keller geführt und dort an die Haupterdungsschiene (Potenzialausgleichsschiene, PAS) angeklemmt wird.

Einige Fachleute sehen diese Art der Erdung kritisch und empfehlen, diese möglichst zu vermeiden, wenn in der Elektroinstallation des Gebäudes kein innerer Blitzschutz vorhanden ist. Eine Erdung des Gestells könne Überspannungen ins Haus schleppen und Elektrogeräte beschädigen. Generell notwendig ist diese

Erdung aber bei trafolosen Wechselrichtern, die eine Wechselspannung auf die Gleichstromseite übertragen. In der Installationsbroschüre des Netzeinspeisegeräts finden sich dazu nähere Angaben.

In der Regel haben die Wechselrichter schon eine Grundausstattung für den Überspannungsschutz. Der Solargenerator und seine Verkabelung sind aber oft viele Meter davon entfernt und deshalb nicht geschützt. Wer den Schutz verbessern will, kann zusätzlich in unmittelbarer Nähe des Solargenerators geeignete Überspannungsableiter ("SPD Typ 2") installieren lassen (beispielsweise im Generatoranschlusskasten), weitere auch noch unmittelbar vor und nach dem Netzeinspeisegerät. Geschirmte Gleichstromleitungen (mit Erdung des Schirms) oder die Verlegung in geerdetem Metallrohr erhöhen den Schutz weiter, werden aber besonders bei kleinen Anlagen selten ausgeführt.

Ragt der Solargenerator beispielsweise bei Flachdächern deutlich aus der Dachfläche heraus, sollte ein Fachmann prüfen, ob darüber hinaus ein äußerer Blitzschutz notwendig ist.

Gebäude mit Blitzschutzanlage

Hat das Haus eine Blitzschutzanlage, sollte der Solargenerator mit ausreichendem Sicherheitsabstand von den Blitzfangstangen, Blitzableitern und anderen geerdeten Metallteilen (Dachrinnen, Dachfensterrahmen, Solarkollektoren) montiert werden. Der Abstand lässt sich für den Einzelfall

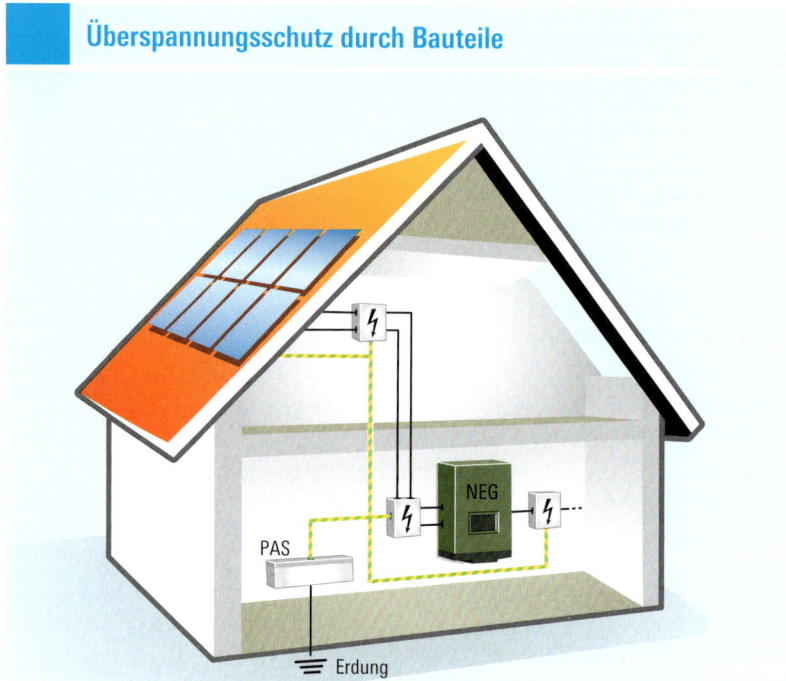

errechnen und beträgt mindestens ein halber bis ein Meter. Falls unter dem Dach des Solargenerators Elektroleitungen mit Erdung verlaufen, muss der Abstand auch zu diesen Leitungen groß genug sein. Entspricht die vorhandene Blitzschutzanlage nicht dem neuesten Stand, muss sie mit der Photovoltaik-Installation modernisiert (oder entfernt) werden.

Sicherheitsabstand wird eingehalten

Ist es möglich, den Sicherheitsabstand einzuhalten, befindet sich der Solargenerator im Schutzbereich der Blitzschutzanlage, was die Sache vereinfacht. Obligatorisch sollte dann aber der Überspannungsschutz beim Solargenerator, vor und nach dem Wechselrichter sein, wie in „Gebäude ohne Blitzschutzanlage" (siehe Seite 59) beschrieben. Auch die Gleichstromleitungen des Solargenerators müssen so verlegt werden, dass der Sicherheitsabstand überall eingehalten wird. Für die Erdung des Generatorgestells gilt das gleiche wie bei Gebäuden ohne Blitzschutzanlage.

Sicherheitsabstand wird unterschritten

Kann der Sicherheitsabstand nicht eingehalten werden, zum Beispiel bei einem Metalldach, muss das Gestell mit dem Blitzableiter verbunden werden, am besten so, dass der Blitzstrom nicht über das gesamte Gestell nach unten fließt. Solarstromkabel sollten auch hier nie in unmittelbarer Nähe von Blitzableitern verlegt werden.

Es gelten besondere Anforderungen für die Einbindung der Solarstromanlage in den Blitz- und Überspannungsschutz, die immer im Einzelfall geprüft und umgesetzt werden müssen. Die zusätzlichen Blitzstrom- und Blitzspannungsableiter sind dann obligatorisch, und zwar in der Ausführung „Typ 1" für höhere Belastbarkeit. Die Gleichstromleitungen sollten in diesem Fall nicht innen, sondern außen am Gebäude zum Keller geführt werden.

BILD Typischer Schutz der Solarmodule und des Netzeinspeisgeräts (NEG) vor Blitz-Überspannung durch Überspannungsableiter. Die Ableiter müssen mit der Potenzialausgleichsschiene (PAS) verbunden werden.

ÜBERSPANNUNGS-ABLEITER

Überspannungsableiter (Varistoren) sind elektronische Schalter, die Strom fließen lassen, wenn die anliegende Spannung eine bestimmte Schwelle überschreitet. Deshalb werden sie als Schutz vor zu hoher Spannung verwendet. Sie können altern und je nach auftretender Spannungshöhe nach dem Erfüllen ihrer Schutzfunktion zerstört sein; sie müssen dann ausgetauscht werden. Ihr Installateur sollte Ihnen zeigen, wie Sie das selbst erkennen können.

Zeigt das Netzeinspeisegerät einen „Isolationsfehler", kann auch das auf die Zerstörung eines Überspannungsableiters hinweisen.

Einfache Varistoren können durch Alterung auch teilweise durchlässig werden. Die dann auftretenden permanenten Fehlerströme können zu Energieverlusten führen und die Überspannungsableiter gefährlich aufheizen. Deshalb gibt es neuere Überspannungsableiter speziell für Photovoltaikanlagen. Diese sollten vorzugsweise verwendet werden und Standardtypen in bestehenden Anlagen überprüft und gegebenenfalls ausgetauscht werden. Überspannungsableiter sind aktive Bauelemente und müssen regelmäßig überprüft werden, am besten durch eine elektronische Kontrolleinrichtung mit Warnmeldung. Sie sollten zur Kontrolle und Wartung an Orten installiert werden, die leicht zugänglich sind.

NETZANSCHLUSS UND EINSPEISUNG

Für die elektrische Versorgung aus dem öffentlichen Stromnetz verfügt jedes Haus über einen Anschluss. An der Stelle, wo das Kabel ins Gebäude geführt wird, befindet sich ein durch Plomben versiegelter brauner, schwarzer oder grauer Kasten mit den Hauptsicherungen.

Von dort führt die Leitung zum Zählerschrank, in dem die Abrechnungszähler für den Stromversorger (genauer „Versorgungsnetzbetreiber", VNB) untergebracht sind. Die juristische Eigentumsgrenze zwischen Stromversorger und Stromkunde befindet sich schon direkt zwischen dem

Anschluss- und dem Zählerkasten. Lediglich die Zähler selbst gehören üblicherweise dem Stromnetzbetreiber.

Die Stromverteilung des Hauses beginnt am Ausgang des Zählers. Jeder Stromkreis ist jeweils durch eigene Sicherungen (Schmelzsicherungen oder Schaltsicherungen) geschützt, die in einem oder mehreren im Gebäude installierten Sicherungskästen (Verteiler) untergebracht sind.

Photovoltaikanlagen können auf zwei verschiedene Arten mit dem Stromnetz gekoppelt werden:

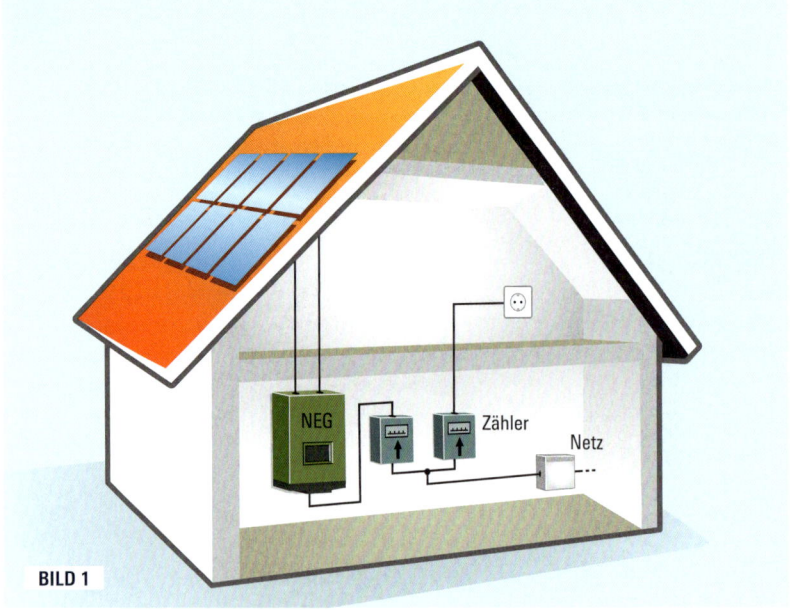

BILD 1

BILD 1 Bei Volleinspeisung ist die Anlage über einen eigenen Zähler direkt mit dem Stromnetz verbunden.

■ **Volleinspeisung:** Einspeisung des gesamten erzeugten Solarstroms ins Netz und Bezug des im Haushalt benötigten Stroms unabhängig davon vollständig aus dem Netz des Versorgers.

■ **Überschusseinspeisung:** Einspeisung des Solarstroms ins Hausnetz zum Eigenverbrauch. Was im Haus nicht direkt verbraucht wird, fließt als Überschuss ins öffentliche Netz.

Volleinspeisung ins Netz

Gesetzlich geregelt ist die Netzeinspeisung seit 1990. Eine lukrative Vergütung dafür regelt seit dem Jahr 2000 das Erneuerbare-Energien-Gesetz (EEG). Seitdem war es üblich, den Solarstrom vollständig an den Netzbetreiber zu verkaufen. Dazu wird ein separater Einspeisezähler eingebaut. Die Solarstromanlage ist damit so angeschlossen, als ob sie verrechnungstechnisch nicht zur häuslichen

Stromversorgung gehören würde und nutzt sozusagen nur „zufällig" den bereits vorhandenen Netzanschluss des Gebäudes.

Abgerechnet werden Einspeisung und Verbrauch getrennt, und es gilt für den eingespeisten Solarstrom ein anderer Preis als für den aus dem Netz bezogenen Strom für den Haushalt. Tagsüber drehen sich sowohl der Einspeisezähler wie auch der Bezugszähler unabhängig voneinander.

Dem möglichen Einwand, wie man denn kontrollieren könne, ob der Solaranlagenbetreiber keinen billigeren Netzstrom bezieht und ihn, „als Solarstrom veredelt", wieder vom Haus ins Netz einspeist, kann man leicht begegnen: Weil bekannt ist, wie viel Energie eine Solarstromanlage in Mitteleuropa maximal erzeugen kann, würde ein solcher strafbarer Betrug leicht auffallen.

BILD 2

BILD 2 Bei Überschusseinspeisung fließt der Solarstrom zunächst ins Hausnetz und nur der Überschuss ins öffentliche Netz.

Überschusseinspeisung mit Direktverbrauch

Der Solarstrom fließt hier direkt in die Stromverteilung des Hauses. Verbrauchen die eingeschalteten Geräte zusammen weniger Energie, als die Photovoltaikanlage gerade produziert, fließt der Überschuss ins öffentliche Netz und wird an den Netzbetreiber verkauft. Der Bezugszähler steht in diesem Fall still, der Einspeisezähler misst den Überschuss.

Erzeugt die Anlage weniger als verbraucht wird, fließt der zusätzliche Bedarf aus dem öffentlichen Netz ins Hausnetz, so wie es auch ohne Solarstromanlage der Fall wäre. Der Einspeisezähler steht still und der Bezugszähler misst den Zusatzbedarf, der von der Anlage nicht gedeckt wird.

Der Anteil des Solarstroms, der sofort im Haus verbraucht wird, muss nicht aus dem Netz bezogen werden und vermin-

dert so den Stromeinkauf vom Energieversorger.

Würde die Photovoltaikanlage zufällig exakt so viel Strom erzeugen, wie gerade im Haus verbraucht wird, stünden beide Zähler still. Drehen sich beide Zähler gleichzeitig, ist einer der beiden defekt, oder der Installateur hat falsche Zähler ohne Rücklaufsperre eingebaut.

Damit die Menge des selbst verbrauchten Solarstroms ermittelt werden kann, ist ein dritter Zähler notwendig, der die gesamte erzeugte Energie misst, angeschlossen zwischen Netzeinspeisegerät(en) und Stromverteiler. Direkt messen lässt sich der Eigenverbrauch nicht, sondern nur indirekt ausrechnen. Der Eigenverbrauch an Solarstrom ergibt sich als Differenz von Gesamterzeugung und ins öffentliche Netz eingespeistem Überschuss: Eigenverbrauch = Gesamterzeugung – Einspeisung.

BILD 1 Zwischenzähler für Hutschienenmontage, der die Gesamterzeugung der Photo-
voltaikanlage misst
BILD 2 Zwischen Netzeinspeisegerät und Netzanschluss befinden sich diese Sicherungen.
In dem Kasten lässt sich auch der in Bild 1 gezeigte Zähler unterbringen.

Besondere Vergütung für Eigenverbrauch

Der Eigenverbrauch (auch „Direktverbrauch" bezeichnet) von Solarstrom lohnt
sich wirtschaftlich nur dann, wenn die
Einsparung beim Strombezug höher ist,
als die Vergütung für verkauften Solarstrom. Das ist bei den derzeitigen Solar-
strom-Erzeugungskosten von um die 30
Cent und mehr zwar noch nicht der Fall.
Für Anlagen, die ab Januar 2009 in Betrieb genommen wurden, fördert das EEG
aber den Eigenverbrauch von Solarstrom
durch eine spezielle Vergütung, so dass es
sich bei durchschnittlichen Stromein-
kaufspreisen sowohl für Privathaushalte
wie Gewerbebetriebe rechnen kann.

Diese Regelung galt zunächst nur für
Anlagen bis 30 Kilowatt, inzwischen aber
auch für ab Juli 2010 in Betrieb genom-
mene Anlagen bis 500 Kilowatt. Diese
Regelung ist zunächst für Anlagen der
Baujahre 2009 bis 2011 befristet.

Für die Jahre ab 2012 steht eine Novelle
des EEG an. Aufgrund des Zwecks der
Eigenverbrauchsvergütung lässt sich vermuten, dass diese auch danach fortbeste-
hen wird. Für existierende Anlagen gilt die
bisherige Regelung in jedem Fall weiter.
Und dabei muss sich der Betreiber nicht
einmal festlegen. Eine Umstellung zur
Volleinspeisung und zurück ist jederzeit
zulässig.

Durchleitung durch Hausnetze

Steht die Photovoltaikanlage auf einem
großen Grundstück oder Gebäude weit
weg vom Netzanschluss, muss der Solarstrom nicht mit einer eigenen Leitung bis
zum Grundstücksanschluss geführt werden. Er kann auch an einer geeigneten
Verteilerstelle im Hausnetz eingespeist
und dort gezählt werden. Je nachdem, ob
eine Überschuss- oder Volleinspeisung
gewünscht wird, müssen die jeweiligen

TIPP **Wann sich der Eigenverbrauch von Solarstrom rechnet**

Bei kleinen Anlagen lohnt sich der Eigenverbrauch in der Regel – vor allem
auch, weil der Vergütungssatz der Anlage für die gesamte EEG-Laufzeit von
rund 21 Jahren fest ist, die Strompreise
aber eher steigen werden. Technisch
ist die spätere Umstellung vom Eigenverbrauch auf Volleinspeisung einfacher als umgekehrt: Beim erstmaligen
Anschließen der Anlage also besser die
Eigenverbrauchsvariante wählen.

Zum EEG-geförderten Eigenverbrauch
zählt übrigens auch die Lieferung an
einen Nachbarn, ob im Haus oder auf
dem Nachbargrundstück. Technisch
und organisatorisch ist diese Art des
Direktverbrauchs jedoch aufwändiger
und lohnt sich nur in Einzelfällen (Details dazu im Text „Solarstrom-Eigen-
verbrauch im Mehrfamilienhaus" auf
der Internetseite des Solarenergie-
Fördervereins www.sfv.de.

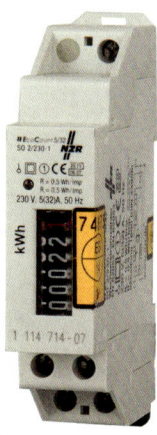
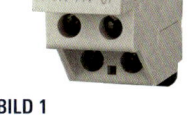
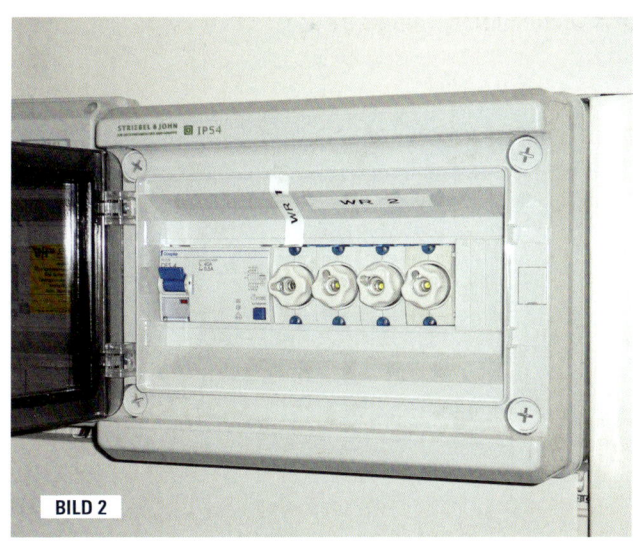

BILD 1   **BILD 2**

Strommengen daraus errechnet werden. Bei Volleinspeisung ergäbe sich der Strombezug dann aus dem Bezugszähler plus Solarstromerzeugung abzüglich Überschusseinspeisung.

Bis zu den bereits genannten Anlagengrößen kann der Betreiber bei der Abrechnung zwischen Volleinspeisung und Überschusseinspeisung jederzeit wechseln, in diesem Fall auch ohne technische Änderungen an der Anlage.

Notwendige Zähler

Die in Netzeinspeisegeräte integrierten Messeinrichtungen haben keine hohe Genauigkeit und sind nicht geeicht, also für offizielle Abrechnungen nicht geeignet.

Im Zählerschrank des Hausanschlusses ist ein **Bezugszähler** vorhanden, bei mehreren Abrechnungskreisen (mehrere Wohnungen, Gemeinstrom) können es auch mehrere Zähler sein. Oft ist noch ein unbenutztes Zählerfeld vorhanden, meist als Reserve für eine Tarifschaltuhr für „Nachtstrom". Dieses Zählerfeld kann für den **Einspeisezähler** verwendet werden. Ist schon eine Tarifschaltuhr vorhanden oder soll diese später installiert werden, kann sie auch „huckepack" auf den zugehöri-

gen Zählerplatz gesetzt werden oder eine elektronische Zählervariante eingesetzt werden.

Bei **Eigenverbrauch mit Überschusseinspeisung** kann auch statt des bisherigen Bezugszählers ein Zweirichtungszähler eingesetzt werden. Dieser hat zwei getrennte Zählwerke für Bezug und Einspeisung. Ein zusätzliches Zählerfeld wird dann nicht benötigt. Der Zähler darf die beiden Zählrichtungen nicht saldieren, sondern muss sie getrennt erfassen. Einspeise- und Bezugszähler müssen also eine Rücklaufsperre haben. Gebraucht wird bei Überschusseinspeisung zusätzlich ein geeichter Zähler für die Messung der gesamten Solarstromerzeugung (**Erzeugungszähler**). Dieser muss nicht im zentralen Zählerschrank untergebracht sein, sondern kann auch als Hutschienenzähler beim Netzeinspeisegerät installiert werden, wenn er dort leicht zugänglich ist.

Alle benötigten Zähler können, soweit sie im Zählerschrank untergebracht sind, beim Netzbetreiber gemietet werden. Betreiber von Photovoltaikanlagen können die für Erzeugung und Einspeisung nötigen Zähler auch selbst anschaffen und

BILD Nicht von der Photovoltaikanlage ausgelöster Brand in einem Wohnhaus. Die Feuerwehr muss wissen, wie beim Löschen vorzugehen ist.

sparen dann Zählergebühren. Allerdings müssen sie die eigenen Zähler regelmäßig eichen lassen (elektromechanische Zähler alle 16 Jahre und elektronische Zähler alle 8 Jahre) und sind für deren Funktion voll verantwortlich. Wer Wartungsaufwand sparen will, sollte das dem Netzbetreiber überlassen und allenfalls um die Zählergebühr verhandeln.

Alle Zähler, die für offizielle Abrechnungen verwendet werden, müssen amtlich geeicht sein und regelmäßig nachgeeicht (oder getauscht) werden. Bei Zählern, die nur der Anlagenkontrolle und Information des Betreibers dienen, ist das nicht erforderlich.

Elektronische Zähler haben einen geringeren Eigenverbrauch als elektromechanische Zähler. Außerdem beginnen sie ihre Messung auch schon bei kleineren Strömen. Bei Photovoltaikanlagen ist das vorteilhaft.

Sicherheitseinrichtungen

Wird das Stromnetz für Wartungsarbeiten abgeschaltet oder im Fehlerfall durch eine Sicherung getrennt, muss sich die Photovoltaikanlage ebenfalls selbsttätig vom Netz trennen. Eine spezielle Schutzschaltung, meist ins NEG integriert, stellt dies sicher. Die meisten Geräte nutzen die sogenannte „ENS", es gibt aber auch andere Schutzschaltungen mit gleicher Wirkung. Wenn die Netz-Trenneinrichtung nicht im Wechselrichter integriert ist, kann sie auch als separates Gerät zwischen NEG und Netzanschluss installiert werden.

Wie in jedem Stromkreis werden auch zwischen Netzeinspeisegerät und Netzanschluss Sicherungen installiert, meistens Sicherungsschalter („Leitungsschutzschalter") oder auch Schmelzsicherungen mit Schraubfassung; dazu oft auch ein Fehlerstromschutzschalter („FI"). Dieser erübrigt sich, wenn im trafolosen NEG bereits ein allstromsensitiver FI eingebaut ist.

Phasendifferenz begrenzen: Die meisten Netzeinspeisegeräte speisen jeweils in eine Phase des dreiphasigen Stromnetzes ein. Dies ist bis zu einer Wechselstromleistung von 4,6 Kilowatt (genauer „kVA") zulässig. Bei größeren Anlagenleistungen müssen die einspeisenden Netzeinspeisegeräte so auf die drei Phasen verteilt werden, dass zwischen den einzelnen Phasen nie mehr als 4,6 kVA Leistungsdifferenz besteht. Einfachste Lösung dafür ist die Verwendung dreiphasiger Netzeinspeisegeräte, die es inzwischen auch für den Leistungsbereich bis 10 Kilowatt gibt.

Feuerwehr und Photovoltaik

Die Versicherer sind sich einig, dass Photovoltaikanlagen für Gebäude keine zusätzliche Gefährdung darstellen. Bisher ist kein Fall bekannt geworden, in dem eine Solarstromanlage Brandursache gewesen wäre. Doch allein aufgrund der zunehmenden Verbreitung von Photovoltaikanlagen treffen die Feuerwehren bei ihren Einsätzen immer häufiger auf solche Anlagen.

Bei gewöhnlichen Löscheinsätzen lässt sich der Strom zentral abschalten. Auch für die Feuerwehrleute ist neu: Bei Photo-

voltaikanlagen schaltet dann zwar der Wechselrichter ab, auf der Gleichstromseite liefern die Module aber weiterhin Energie, solange es taghell ist. Bei den heute üblichen Systemspannungen von mehreren hundert Volt ist ein Berühren beschädigter Kabel oder Module im ungünstigsten Fall lebensgefährlich.

Einige Schalterhersteller bieten bereits spezielle Schalter an, mit denen im Brandfall die Leitungen vom Solargenerator durchs Haus gefahrlos geschaltet werden. Auch elektrische Abschalter in den Modulanschlussdosen werden in der Branche diskutiert. Fachleute halten diese Angebote derzeit für wenig praktikabel, weil das Problem allenfalls teilweise gelöst werde. Sie sehen darin eher neue Fehlerquellen für die Zuverlässigkeit der Photovoltaikanlagen und raten ab.

Zwar können Photovoltaikanlagen, die das ganze Dach bedecken, manchmal die Löscharbeiten behindern. „Kontrolliert abbrennen lassen", wie ein Feuerwehrmann

zitiert wird, muss man ein Haus mit Solarstromanlage aber nicht. In den Feuerwehrschulen lernen die Brandbekämpfer schon immer, wie mit spannungführenden Elektroanlagen umzugehen ist. So darf nicht mit Schaum gelöscht werden, und Sicherheitsabstände müssen eingehalten werden. Photovoltaikanlagen erhöhen also die prinzipiellen Gefahren bei Feuerwehreinsätzen nicht, die Feuerwehrleute müssen aber für diesen Fall geschult werden.

Eine spezielle Broschüre des deutschen Feuerwehrverbands „Einsatz an Photovoltaikanlagen" informiert über das, was Brandbekämpfer, Installateure und Anlagenbetreiber wissen müssen. Diese und weitere Informationen zum Thema finden Sie unter www.solarwirtschaft.de/brand vorbeugung.

Daraus die wichtigsten **Tipps für Anlagenbetreiber:**

■ Ein Hinweisschild (in der Broschüre abgebildet) weist die Einsatzkräfte auf die PV-Anlage hin. Dieses Schild soll am

Hausanschlusskasten sowie bei der Hauptverteilung angebracht werden.

■ Ein Installationsplan der Photovoltaikanlage (Beispiel im Anhang der Broschüre) hilft den Einsatzkräften. Darin ist schnell erkennbar dokumentiert, wo sich im Gebäude spannungführende Teile befinden. Der Übersichtsplan sollte in einem wettergeschützten Bereich in der Hausverteilung oder am Einspeisepunkt gut zugänglich aufbewahrt werden.

■ Auch PV-Anlagen müssen die baurechtlichen Bestimmungen des vorbeugenden Brand- und Gefahrenschutzes einhalten. Beispielsweise darf die Schutzwirkung von Brandschutzmauern durch Kabeldurchführungen nicht beeinträchtigt werden. Ist das Gebäude in Brandabschnitte unterteilt (zum Beispiel bei Reihenhäusern), müssen auch Photovoltaikanlagen voneinander getrennt installiert werden.

FUNKTION UND ERTRAG ÜBERWACHEN

Jeder Tag Stillstand bedeutet an Sommertagen schon bei einer 5-Kilowatt-Anlage Verluste von 5 bis 10 Euro. Es genügt, dass eine Netzsicherung zwischen NEG und Einspeisezähler durch eine unbedeutende Störung aussetzt, um die Anlage lahmzulegen. Wenn solche einfach zu behebende Fehler nicht entdeckt werden, summiert sich der wirtschaftliche Schaden. Unverständlich ist es deshalb, dass die Wechselrichterhersteller die automatische Anlagenüberwachung oft aufwendig und kompliziert machen. Ein Alarmton für den Fall, dass die Sonne scheint, die Anlage aber nicht einspeisen kann, wird selten serienmäßig integriert, sondern muss extra eingebaut werden. Kaum ein Installateur bietet das den Kunden von sich aus an.

Wer seine Solarstromanlage nicht täglich kontrollieren möchte und trotzdem vor bösen Überraschungen geschützt sein will, muss zusätzliche Überwachungsgeräte oder Warneinrichtungen installieren.

Manuelle Kontrolle

Ohne zusätzlichen technischen Aufwand lässt sich der zuverlässige Betrieb der Anlage einfach dadurch kontrollieren, dass man möglichst häufig – entweder täglich oder alle zwei, drei Tage – den Erzeugungszähler abliest und die Werte in eine Tabelle einträgt. Produziert die Anlage trotz ausreichend Tageslicht keinen Strom, ist etwas nicht in Ordnung. Die Fehlersuche beginnt (siehe Seiten 152 ff.).

Da es nur wenige Tage im Jahr gibt, an denen eine Photovoltaikanlage gar nicht läuft (außer der Solargenerator ist von Schnee bedeckt), ist das eine sehr zuverlässige Möglichkeit, die Funktion zu überwachen. Es empfiehlt sich dazu, die

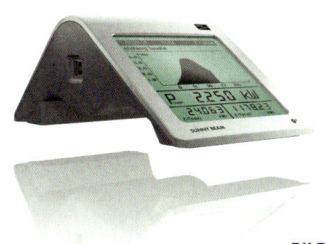

BILD 1 **BILD 2**

Messwerte der geeichten Zähler zu verwenden (Erzeugungszähler, Einspeisezähler). Wer beispielsweise die Erträge verschiedener Anlagenteile mit jeweils eigenen Wechselrichtern exakt vergleichen möchte, sollte dafür separate elektronische Zähler für Hutschienenmontage verwenden. Die sind selbst in der nicht geeichten Version genauer als die in Netzeinspeisegeräten integrierten Messeinrichtungen.

Umständlicher ist es dann schon, anhand der abgelesenen Daten zu prüfen, ob die Erträge auch dem entsprechen, was die Anlage aufgrund der Einstrahlung leisten sollte. Solche Vergleiche lassen sich ohne zusätzliche Messeinrichtungen erst im Vergleich mit ähnlichen Anlagen aus der Region ziehen. Wer andere Anlagenbetreiber kennt, trifft sich zum Solarstammtisch. Oder man tippt die eigenen Anlagendaten in öffentliche Ertragsdatenbanken wie der des Solarenergie-Förderverein in Aachen (www.pv-ertraege.de). Hier kann man seine Monatserträge mit über 13 000 Anlagen aus dem Bundesgebiet vergleichen.

Anstatt eines Vergleichs mit anderen Anlagen gibt es noch eine weitere Vergleichsmöglichkeit: nämlich den Stromertrag der Anlage mit der Sonneneinstrahlung ins Verhältnis zu setzen, also die Effizienz zu berechnen (Details hierzu ab

Seite 141). Dazu braucht man die aktuellen Einstrahlungsdaten von einer lokalen Wetterstation oder die hochgerechneten Satellitendaten aus veröffentlichten Solarstrahlungskarten. Diese Karten werden zum Beispiel in mehreren Solar-Fachzeitschriften (siehe „Service" Seite 198) monatlich veröffentlicht, allerdings immer mit einigen Monaten Verspätung.

Genauer und bis zu tagesaktuell ist eine eigene Messeinrichtung in unmittelbarer Nähe des Solargenerators. Doch diese lässt sich besser gleich in eine elektronische Überwachung für die ganze Photovoltaikanlage integrieren.

Automatische Überwachung

Photovoltaikanlagen laufen normalerweise über Monate und Jahre zuverlässig und störungsfrei. Den meisten Betreibern wird das regelmäßige Zählerständeaufschreiben lästig und die Abstände zwischen den Kontrollgängen werden immer länger. Außerdem soll die Anlage ja für den Betreiber arbeiten und nicht umgekehrt. Und wenn man schon viel Geld in modernste Stromerzeugungstechnik investiert, sollte sich das Kraftwerk eigentlich selbst überwachen und dem Betreiber mitteilen, wenn etwas nicht stimmt. Dafür gibt es zwei technische Varianten: innerhalb der Anlage oder über eine Internetdatenbank. Beide Lösungen haben den Vorteil, dass

BILD 1

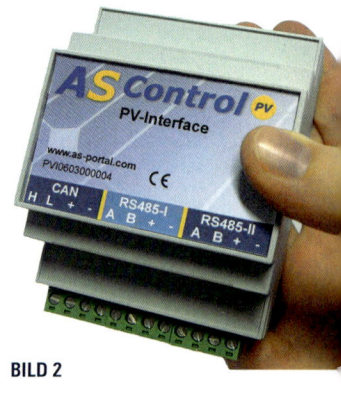

BILD 2

sie die Betriebsdaten der Anlage über längere Zeit speichern und im Fehlerfall die Diagnose der Ursache vereinfachen können.

Anlagenlösung

Viele Netzeinspeisegeräte haben bereits serienmäßig Datenspeicher für die Betriebsdaten und Störungsmeldungen, die mit einem PC ausgelesen werden können. Vom Kabel bis Bluetooth gibt es heute viele Möglichkeiten, diese Daten auszulesen. Es gibt auch externe Datenanzeigen mit Funkübertragung, die man im Wohnbereich installieren oder aufstellen kann und mit denen man jederzeit mit schnellem Blick die Anlage kontrollieren kann. Bei mehreren Wechselrichtern sollte ein solches Kontrollsystem die ganze Anlage überwachen.

Ob der Ertrag plausibel ist, die Anlage also effizient arbeitet, kann ein solches System nur feststellen, wenn es mehrere Wechselrichter einer Anlage gemeinsam erfasst und die Erträge miteinander vergleicht oder wenn ein Solarstrahlungssensor am Solargenerator installiert ist und so ein Vergleich mit der Einstrahlung möglich ist. Sensoren mit hoher Genauigkeit sind teuer, günstige Sensoren liefern aber oft nur ungefähre Werte.

Solche Systeme werden als Zubehör von den Wechselrichterherstellern ange-

boten oder als separate Zusatzgeräte von unabhängigen Anbietern.

Internetdatenbank

Noch weiter automatisieren lässt sich die Überwachung durch internetbasierte Kontrollsysteme. Dabei werden die Ertragsdaten ein- oder mehrmals täglich per Telefonleitung an eine zentrale Datenbank (Internetportal) geschickt und dort mit Wetterdaten verglichen. So wird nicht nur kontrolliert, ob die Anlage funktioniert, sondern auch, ob die Erträge plausiblen Erwartungen entsprechen.

Weiterer Vorteil dieser Systeme ist, dass man die Daten nicht nur vor Ort bei der Anlage einsehen kann, sondern mit seinen persönlichen Zugangsdaten von jedem internetfähigen PC aus zugreifen kann. Im Fehlerfall bekommt man per E-Mail, Fax oder SMS eine Warnmeldung, wahlweise auch der Installateur, der sich dann um die Beseitigung der Störung kümmern kann.

Die Datenübertragung von der Anlage zum Internetportal geschieht über einen vorhandenen Telefonanschluss, ob analog, ISDN oder DSL. Am einfachsten zu installieren ist es wohl über einen vorhandenen DSL-Router mit WLAN. Wenn kein Telefonanschluss nutzbar ist, kann auch ein GSM-Mobilfunksender verwendet werden.

BILD 1 + 2: Datengerät für die automatische Anlagenüberwachung mit Anbindung an ein Internet-portal. Möglich werden dadurch auch der Soll-Ist-Vergleich mit Einstrahlungsdaten und die laufende Fernüberwachung durch den Installateur.

Angeboten werden solche Systeme von Wechselrichterherstellern als Ergänzung zu ihren Geräten. Es gibt aber auch mehrere unabhängige Anbieter, die universell einsetzbare Systeme für die Installation auch in bestehenden Anlagen liefern. Dazu ist ein kleines Zusatzkästchen zwischen Wechselrichter und Netz anzuschließen, zusammen mit einem elektronischen Zähler, der die Daten liefert – die einfachste Variante, die beispielsweise von der Fachzeitschrift Photon für Abonnenten angeboten wird. Ansonsten muss man für die Überwachungssysteme je nach Ausführung mindestens einige hundert Euro investieren. Hinzu kommen je nach System Nutzungsgebühren ab etwa 30 Euro jährlich.

Viele der Überwachungsgeräte werden direkt mit dem Netzeinspeisegerät verbunden und können so mehr Informationen liefern als nur Leistung und Summe des Energieertrags der Anlage. Voraussetzung ist, dass das NEG über einen Datenlogger (Datenspeicher) verfügt, was meist extra kostet. Es gibt Systeme mit und ohne Einstrahlungssensor für die Messung beim Solargenerator.

PLATZIERUNG UND MONTAGE DES SOLARGENERATORS

Solarmodule können an vielen Orten angebracht werden: auf dem Dach, an der Fassade, als Sonnenschutz, im Wintergarten, an Balkonbrüstungen oder auf dem Flachdach einer Garage, im Garten sowie an Masten, dort auch mit Sonnennachführung. Es werden sogar spezielle Photovoltaik-Carports angeboten.

Schatten vermeiden

Vermeiden Sie in der Umgebung des Solargenerators alles, was die Modulfläche verdunkeln oder beschatten könnte wie Bäume, Stromleitungen, Sat-Antennen, Kamine und andere Dachaufbauten. Bei allen Solarmodulen verringert Schatten den Energieertrag. Bei den heute überwiegend eingesetzten kristallinen Solarzellen können sich sogar kleine Schatten oder punktuelle Verschmutzungen wie durch Blätter oder Vogelkot deutlich auf den Ertrag der Anlage auswirken.

Bauen Sie die Solaranlage im Garten nicht direkt an die Grundstücksgrenze, wenn nicht klar ist, ob Ihr Nachbar dort in absehbarer Zeit Bäume pflanzen oder ein Haus bauen wird. Denken Sie dabei auch an das künftige Wachstum der umliegenden Vegetation: Bäume wachsen zwar nicht in den Himmel, aber jeder kleine Baum könnte irgendwann zum „solaren Störfall" werden. Im eigenen Garten sollten Sie hoch wachsende Pflanzen und rankenden Efeu rechtzeitig stutzen, damit diese eher in die Breite als in die Höhe wachsen.

Überlegen Sie bei der Planung des Solargenerators auch, wo die Nutzung des ausgewählten Standortes künftig mit Ihren anderen Wünschen kollidieren könnte. Bevor Sie beispielsweise das Süddach mit Solarmodulen bedecken, schließen Sie aus, dass Sie dort noch Dachflächenfenster einbauen wollen. Vielleicht wollen Sie ja auch noch einen Solarkollektor zur Trinkwassererwärmung auf das Dach montieren und lassen dafür ausreichend Platz frei? Lesen Sie dazu auch den Praxistipp „Montageorte …" auf Seite 73.

Höher ist besser

Da ein großer Teil der Globalstrahlung als diffuses Licht auftrifft, erhält die Solaranlage umso mehr Licht, je höher der Solargenerator über dem Boden installiert wird und über den Horizont hinausragt. Auch die sogenannte Horizontverschattung ist dann geringer.

Besonders Sichtbarrieren in West- und Ostrichtung behindern das von dort kommende Sonnenlicht morgens und abends, wenn die Sonne tiefer steht, aber noch viel Energie liefert. Wenn Sie die Wahl haben, nehmen Sie also besser den höher gelegenen Montageort.

Dach prüfen

Prüfen Sie, ob das Dach noch wetterfest ist und auch noch mindestens 20 Jahre bleiben wird. Bestehen Zweifel, sollten Mängel vor der Montage des Solargenerators behoben werden. Sind ohnehin Sanierungsarbeiten am Dach notwendig, empfiehlt sich eine Dachintegration der Solarmodule, die in diesem Fall auch kostengünstiger sein kann.

Flachdächer sind besonders reparaturanfällig und müssen besonders sorgfältig behandelt werden. Achten Sie bei der Planung und Montage darauf, dass die Anlage spätere Dachreparaturen ermöglicht und der Solargenerator im schlimmsten Fall auch in Teilen demontiert werden kann. Immerhin soll die Anlage mindestens 20 bis 30 Jahre betrieben werden, und in so langen Zeiträumen gibt es bei Flachdächern erfahrungsgemäß immer mal ein Problem. Steht jedoch eine Totalsanierung des Flachdachs an, ist zu überlegen, ob das Dach nicht besser in ein Pultdach mit geringer Neigung umgebaut werden kann.

Damit Staub und Schmutz vom Regen abgewaschen werden und Schnee abrutschen kann, sollte die Neigung des Solar-

BILD Verschattungen des Solargenerators wie in diesem Fall sollten bereits bei der Planung minimiert werden.

generators mindestens 10 bis 20 Grad betragen und die Generatorfläche nicht durch quer verlaufende Kanten unterbrochen sein.

Standortoptimierung

Haben Sie einen geeigneten Standort gewählt, können Sie durch kleine Maßnahmen den Schattenwurf verringern und die Erträge verbessern:

■ Wird die Anlage auf dem Boden oder einem Flachdach aufgestellt, ermitteln Sie die Südrichtung und legen die optimale Neigung fest (siehe Bild auf Seite 75). In der Regel sind dies 30 Grad nach Süden. Bei schattenwerfenden Nachbargebäuden kann auch eine abweichende Richtung günstiger sein. Das lässt sich durch Computersimulation näher bestimmen.

■ Überprüfen Sie, ob schattenwerfende Bäume gekürzt, Antennen von der Südseite auf das nördliche Dach umgesetzt werden können und ob Freileitungen (Strom oder Telefon), die über die zukünftige Generatorfläche führen, demnächst entfernt werden oder anders geführt werden können.

■ Verursachen Hindernisse auf dem Dach (Gauben oder Erker) weitere Verschattungen, sollten die Module mit ausreichend Abstand montiert werden. Eine Verschaltung der Module entsprechend dem Schattenverlauf kann ebenfalls die Auswirkungen mindern.

■ In kniffligen Fällen und bei Horizontverschattung durch Gebäude, hohe Bäume und nahe Wälder empfiehlt sich eine Verschattungsanalyse per Computer durch den Planer der Anlage. Dazu wird der Horizont vom künftigen Standort des Solargenerators aus rundherum fotografiert. Ein Simulationsprogramm errechnet anhand der Bilder die Auswirkungen auf den Anlagenertrag entsprechend dem Bahnverlauf der Sonne zu verschiedenen Jahreszeiten.

TIPP **Montageorte für Solarstrom und Solarwärme**

Für den Solargenerator sind eher flache Dachneigungen sehr gut geeignet, weil im Sommerhalbjahr bei hoch stehender Sonne ein Großteil der Einstrahlung ankommt. Das Dach ist also meist der beste Ort, und selbst Ost- und Westdächer sind oft noch besser als eine Südfassade.

Dagegen ist beim Solarkollektor zur Wärmegewinnung eher ein steiler Winkel zu empfehlen. Die Ausbeute im Frühjahr, Herbst und Winter lässt sich damit steigern, und der Wärmeüberschuss im Sommer lässt sich reduzieren. Kollektoren für Warmwasser müssen also nicht unbedingt aufs Dach, sondern können auch an der Südfassade installiert werden, und das Dach steht für die Photovoltaikanlage zur Verfügung.

BILD Abhängigkeit des Ertrags von der Ausrichtung und Neigung des Solargenerators.

Anlagengröße

Da netzgekoppelte Solarstromanlagen im Gegensatz zu Inselsystemen nicht die alleinige Versorgungssicherheit gewährleisten müssen, können Sie die Größe Ihres Solargenerators nach verschiedenen Kriterien auswählen:

- **Nutzbare Fläche:** Bei den üblichen kristallinen Solarmodulen benötigen Sie etwa 8 bis 10 Quadratmeter Fläche pro Kilowatt Spitzenleistung (1 kWp). Bei Dünnschichtsolarmodulen ist die benötigte Fläche etwa um die Hälfte größer.

- **Investitionsbudget:** Je nach Anlagengröße, Technik, Qualität und Ausstattung kostete ein Kilowatt installierter Photovoltaikleistung Ende 2010 zwischen 2 500 und 3 500 Euro (jeweils fertig installiert, zuzüglich Umsatzsteuer).

- **Gewünschter Energieertrag:** In Deutschland können Sie bei guter Lage mit 860 bis 970 Kilowattstunden Solarstrom pro Kilowatt Anlagenleistung rechnen. Übliche Anlagen im privaten Bereich haben Leistungen zwischen 2 und 10 kWp, im landwirtschaftlichen und gewerblichen Bereich etwa 10 bis 100 kWp. Darüber hinaus handelt es sich meist um Großanlagen, die von mehreren Betreibern oder Betreibergesellschaften betrieben werden.

Ausrichtung und Neigung

Beschattungen beeinträchtigen die Leistung eines Solargenerators erheblich. Dagegen spielen Neigung und Ausrichtung der Fläche eine geringere Rolle als oft vermutet wird. Dafür gibt es vor allem folgende zwei Gründe:

- Erstens steht die Sonne nicht still am Himmel, sondern zieht eine weite Bahn, die sich zwischen den Jahreszeiten sehr stark verändert. Im Sommer geht sie beispielsweise schon weit im Nordosten auf und erst im Nordwesten unter. Deshalb gibt es nicht nur einen kleinen optimalen Ausrichtungspunkt, sondern einen weiten Bereich mit sehr guten Einstrahlungsverhältnissen.

- Zweitens gibt es in Mitteleuropa einen hohen Anteil diffuser Sonneneinstrahlung: Für diesen Energieanteil gibt es keine optimale Ausrichtung, der Solargenerator muss einfach nach oben blicken.

Die höchste Jahressumme an Einstrahlung und Energieertrag bringt hierzulande ein Solargenerator mit einem Neigungswinkel von etwa 30 Grad (gegenüber einer ebenen Fläche), der nach Süden zeigt. Im Winter würde ein steiler Winkel den Ertrag steigern, im Sommer ein flacher – das würde aber das Verschmutzungsrisiko erhöhen.

Im Bild auf Seite 75 ist veranschaulicht, wie viel Ertragseinbuße Sie in Kauf nehmen müssen, wenn Sie den Solargenerator nicht optimal aufstellen können. Dem können Sie beispielsweise entnehmen, dass eine flachere Neigung günstig ist, wenn der Solargenerator nicht genau nach Süden zeigt. So bringt eine Solarstromanlage mit 30 Grad Neigung selbst bei 45 Grad Südwestausrichtung noch

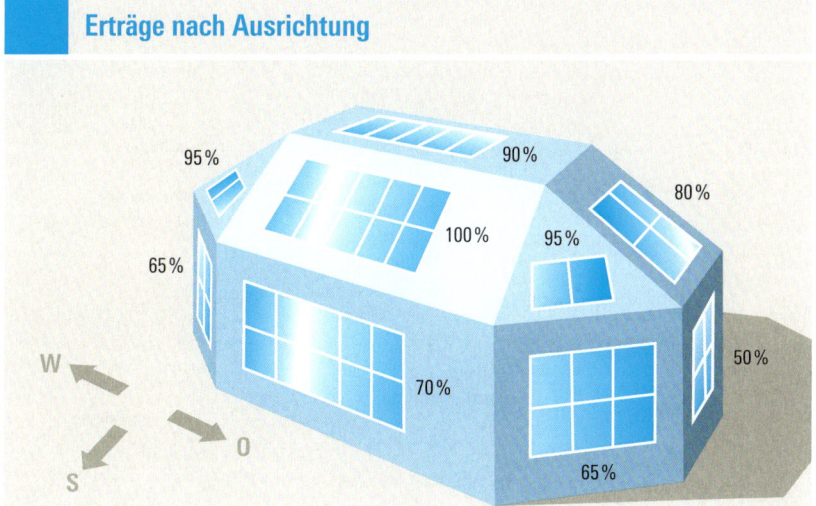

knapp 95 Prozent des optimalen Ertrags. Und selbst bei Ost- oder Westausrichtung können Sie bei einer Dachneigung zwischen 25 und 40 Grad noch mit 80 Prozent rechnen. Eine an der Südfassade senkrecht montierte Anlage bringt dagegen nur etwa 65 Prozent des Maximalertrags. Erstaunlich: Selbst an der Nordfassade würde ein Solarkraftwerk noch bis zu 30 Prozent Ertrag bringen – vor allem im Sommerhalbjahr früh und abends und aus dem hohen Anteil diffuser Strahlung.

Verschieden ausgerichtete Teilgeneratoren
Besteht der Solargenerator aus mehreren Teilflächen, die unterschiedlich geneigt oder ausgerichtet sind, müssen Sie die elektrische Verschaltung der Solarmodule beachten:
- Sind die Teilgeneratoren in gleicher Ausrichtung nur unterschiedlich geneigt (siehe Bild), sollten nur Module des jeweiligen Anlagenteils miteinander zu Strängen verbunden werden – keine Stränge über die Teilgeneratoren hinweg.
- Zeigen die Teilgeneratoren auch noch in verschiedene Richtungen, muss jeder Teil ein eigenes Netzeinspeisegerät bekommen oder der Wechselrichter ge-

trennte Solareingänge mit jeweils eigenem MPP-Regler haben („Multistring").

Sonnennachführung
Die Frage ist naheliegend: Wenn schon die Sonne pausenlos über den Himmel wandert, sollte der Solargenerator dann nicht nachgeführt werden? Tatsächlich gibt es viele verschiedene Systeme, die Solarmodule bewegen, um höhere Einstrahlungssummen zu erhalten. Man unterscheidet zwischen
- **einachsiger Nachführung**, die Solarmodule tagsüber von Ost nach West der Sonne folgend dreht. Solche Systeme gibt es auch für Dachanlagen.
- **zweiachsiger Nachführung**, die Solarmodule sowohl in Richtung wie auch in Neigung der Sonne nachführt. Diese Systeme lassen sich nur auf freistehenden Masten oder Drehgestellen realisieren.

Die Praxis zeigt im deutschen Klima Mehrerträge von etwa 20 bis 30 Prozent. Das ist nicht viel, angesichts des technischen Aufwands, der betrieben werden muss. Der Grund ist wieder der hohe Anteil diffuser Strahlung, für dessen Nutzung die Nachführung nichts bringt. Fragwürdig ist

BILD 1

BILD 2

auch die Kopplung des nahezu wartungs-
freien Solargenerators mit einem wartungs-
intensiven Nachführsystem.

Einziger technischer Vorteil ist die
gleichmäßigere Leistungsabgabe der
Photovoltaikanlage von morgens bis nach-
mittags an sonnigen Tagen. Andererseits
steigt die Differenz zwischen Sommer-
und Winterertrag, weil eine Nachführung
die Ausbeute vor allem in Zeiten hoher
Sonneneinstrahlung verbessert, also im
Sommerhalbjahr.

Abgesehen davon ist es meist billiger,
eine fest ausgerichtete Generatorfläche so
weit zu vergrößern, dass der Anlagenertrag entsprechend höher ist. Das gilt umso mehr bei künftig sinkenden Preisen für
Solarmodule.

Befestigungsarten und Montagesysteme

Die meisten Photovoltaikanlagen werden
mit einem Metallgestell auf die vorhandene Dacheindeckung aus Ziegel oder Be-
tondachsteinen gesetzt. Immer häufiger
sieht man sie aber auch als Ersatz für konventionelle Dach- und Fassadenelemente,
integriert in die Gebäudehülle oder Wintergärten. Für jeden möglichen Montage-

ort und alle Dacheindeckungen, ob Ziegel,
Dachstein oder Blechdach, finden sich
passende Befestigungssysteme. Alle
Montagebauteile sollten aus rostfreien
Materialien wie Aluminium oder Edelstahl
hergestellt sein.

Vor der Montage ist allerdings zu prüfen, ob der Zustand des Daches eine langfristig sichere Befestigung der Module ermöglicht. Morsche, feuchte oder pilzbe-
fallene Balken müssen ausgetauscht werden. Absehbar sanierungsfällige Dächer
sollten zuerst erneuert werden, auch um
den teuren Solargenerator nicht zu gefährden.

Betondachsteine sind im Gegensatz
zu Tonziegeln nicht wasserdicht. Deshalb
haben sie eine Beschichtung, die nach
Jahrzehnten ihre Dichtheit verliert. Auf
sehr alten Dachsteinen sollten Solarmodule deshalb erst dann montiert werden,
wenn die Dachsteine ausgetauscht oder
ihre Beschichtung erneuert wurde. In solchen Fällen kann auch eine Dachintegration der Photovoltaikanlagen die bessere
Lösung sein.

BILD 1 Der Solargenerator wird mit einem Gestell auf ein konventionelles Dach mit Dachsteinen gesetzt.
BILD 2 Dachhaken sollten zum Ausgleich von Unebenheiten höhenverstellbar sein und müssen so konstruiert und eingebaut werden, dass sie die darunter liegenden Dachpfannen auch bei Belastungen durch Sturm und Schneebelag nicht beschädigen.

Gestell auf Schrägdach

Metallgestelle halten die Solarmodule mit einem Abstand von 10 bis 15 Zentimetern über den Dachsteinen. Der Vorteil dieser Methode besteht darin, dass sich der Solargenerator unabhängig von der Art der jeweiligen Dacheindeckung sehr einfach auf bestehende Dächer montieren lässt. Die Montage lässt sich gut standardisieren und ist deshalb kostengünstig. Ein weiterer Vorteil der Aufständerung des Solargenerators ist die gute Hinterlüftung und damit Kühlung der Solarmodule durch die Außenluft.

In der Regel werden die Gestelle auf dem Dach montiert und dann die Module einzeln eingelegt und verschraubt und dabei per Steckverbinder elektrisch verschaltet. Als Unterkonstruktion für die Gestelle werden entsprechend geformte Metallbügel („Dachhaken") mit den Sparren des Dachstuhls verschraubt.

Für die Durchführung der Metallbügel müssen zwischen den Dachsteinen Aussparungen geschaffen werden. Die Dachhaken dürfen auf den Dachsteinen nicht aufliegen oder durch Biegelasten (Schnee, Wind) Druck ausüben.

Ein Höhenausgleich der Montagepunkte auf der Ebene der Montageschienen ist wichtig, damit trotz Unebenheiten des Daches eine ebene Generatorfläche entsteht. Sonst können problematische mechanische Verspannungen entstehen und ungleichmäßige Modulabstände.

Risiko für dichte Dächer: Bei Montagefehlern oder einer falschen Konstruktion der Dachhaken können starke Windkräfte und Schneelasten einzelne Dachsteine beschädigen – das Dach ist dann nicht mehr wasserdicht. Teurer, aber sicherer sind deshalb spezielle Befestigungsziegel aus Kunststoff oder Metall, die für alle gängigen Ziegel- und Pfannentypen (und -farben) erhältlich sind. Der Befestigungsziegel wird einfach anstelle eines herkömmlichen Dachsteins in die Lattung eingehängt und mit dem Dachstuhl verschraubt.

Für die Sturmsicherheit müssen ausreichend viele Dachhaken eingesetzt und Mindestabstände zu den Dachkanten eingehalten werden. Das entfällt bei der Integration ins Dach.

Dachintegration

Über die Ästhetik von Solarstromanlagen lässt sich streiten. Die schönere Variante ist die Dachintegration. Beim Neubau oder bei einer Dachsanierung kann diese Montage sogar kostengünstiger sein als die aufgeständerte Variante. Der Wind hat kaum Angriffsmöglichkeiten und die Dichtheit ist besser gewährleistet als bei einer Aufdachmontage, weil die Dachhaut nicht durchdrungen werden muss: Die Photovoltaikanlage selbst bildet die Dachhaut. Das Unterdach sollte dabei mit einer dichtenden Bahn („Unterspannbahn") ausgeführt sein, um Kondenswasser abzuführen.

Bei Sonnenschein können dachintegrierte Solarmodule stärker aufgeheizt werden, was die Leistung schmälert. Eine

BILD 1 Stromerzeugende Solarfolien (amorphes Silizium) wurden hier auf Folien-Dachbahnen geklebt. Das Ergebnis: ausrollbare Solarmodule.

gute Belüftung des Unterdachs (Konterlattung, Zuluftöffnungen an der Traufe, Entlüftungsfirst oder zusätzliche Lüfterziegel) und die sorgfältige Montage reduzieren diese Einbußen auf ein Minimum. Messungen haben gezeigt, dass dachintegrierte Anlagen mit sorgfältig ausgeführter Hinterlüftung fast die gleichen Energieerträge wie bei Aufdachmontage erreichen. Grund dafür ist, dass nur ein Teil der in den Solarzellen entstehenden Wärme zur Rückseite hin abgeleitet wird und ein großer Teil nach vorn durch das Glas abstrahlt. Außerdem schützt die Integration Anschlüsse, Kabel und Modulrückseite vor Witterung und Umwelteinflüssen, was sich positiv auf einen störungsfreien Anlagenbetrieb über lange Zeit auswirkt.

Als Standard für die Dachintegration werden zwei verschiedene Lösungen angeboten:

- Standardsolarmodule, die mit einem speziellen Montagesystem für Dachintegration installiert werden.
- Speziell gerahmte Solarmodule, die ähnlich wie Dachziegel verlegt werden (Dachziegelmodule).

Daneben werden auch noch ganze „Energiedächer" angeboten sowie Montagesysteme, die eigentlich keine Dachintegration sind, sondern aus einer großflächigen dachdichtenden Unterkonstruktion aus Kunststoff bestehen, mit integrierten Halterungen für die Aufdachmontage. Die Module bilden dabei aber nicht die wasserführende Dachhaut.

Anders ist das bei den Produkten einiger Hersteller, die konventionelle Baumaterialien (Stahlverkleidungen für Dächer oder Fassaden sowie Flachdachfolien) mit Photovoltaikfolien ausstatten. Diese Systeme kommen den Gewohnheiten und Anforderungen des Fachhandwerks genauso entgegen wie die Dachziegelmodule und lassen sich besonders rationell und kostengünstig montieren.

Indachsysteme: Auf die Dachlattung werden Halteschienen geschraubt, darauf die Module gelegt und die Modulflächen dann mit Gummiprofilen oder Verschraubungselementen fixiert und abgedichtet. Je nach System liegen die Module dabei schindelartig übereinander, so dass Regen abfließen und Schnee abrutschen kann –

BILD 2 + 3 Solarmodule können Dachsteine ersetzen – rahmenlose Standardmodule mit einem speziellen Montagesystem (links) oder Module mit besonderem Rahmen (rechts).

oder der Solargenerator bildet eine ebene Fläche. Dann ist jedoch die Abdichtung der Querstöße eine besondere Herausforderung.

Verwendet werden meist rahmenlose Module, der Materialverbrauch für die Befestigung ist deutlich geringer als bei der Aufdachmontage: auch ökologisch ein Pluspunkt.

Dachziegelmodule: Ähnliches gilt für die zweite Variante. Anstatt eines Standard-Aluminiumrahmens erhält das Modullaminat einen Rahmen aus Metall oder Kunststoff, der so geformt ist, dass die Module wie Dachziegel überlappend verlegt werden können. Das Dach ist genauso dicht wie mit herkömmlichen Dachsteinen.

Der Anschluss an Dachränder wird mit individuellen Anschlussblechen ausgeführt, ähnlich wie bei Dachflächenfenstern. Von Dachziegelherstellern entwickelte Dachziegelmodule lassen sich auch direkt mit den passenden Dachsteinen kombinieren, ohne zusätzliche Abdichtung.

Im Gegensatz zu Dachziegeln sind Solarflächen nicht begehbar, außer der Hersteller lässt es zu. Solarmodule sollte man generell aber nicht betreten, da sie sehr rutschig sind, aber auch, um Kratzer und Solarzellenbruch zu vermeiden.

Montage auf Flachdächern

Dachdurchdringungen sind bei Flachdächern immer kritisch und sollten möglichst vermieden werden. Die Solarmodule werden deshalb mit speziellen Bauteilen (Kunststoffwannen oder Metallblechen) auf das Dach aufgesetzt und mit Betonplatten oder Kies so beschwert, dass auch Stürme die Anlage nicht vom Dach wehen. Sogar für Gründächer gibt es entsprechende Elemente mit ausragenden Haltebügeln für Module.

Kann die Dachkonstruktion das notwendige Gewicht nicht tragen, muss der Solargenerator stattdessen mit der Dachkonstruktion verbunden werden, durch die Dachhaut hindurch. Eine solche Montage sollte nur vom Fachmann ausgeführt werden, weil Dachdurchbrüche auf Flachdächern ein großes Risiko für dauernde Undichtigkeiten sind. Andererseits ist die Sturmsicherheit bei dieser Befestigung deutlich höher.

Gar keine Windprobleme ergeben sich bei der Verwendung von Dachbahnen mit Photovoltaikfolie, die den Solargenerator mit der Dachhaut verschmelzen. Bei Dächern ohne Neigung muss man hier allerdings mit Ertragseinbußen durch Verschmutzung rechnen – oder die Anlage von Zeit zu Zeit reinigen.

BILD 1

BILD 1 Auf Flachdächern sollten Solarmodule dem Wind wenig Angriffsfläche bieten und ohne Dachdurchdringung montiert werden. Dieses System wurde aerodynamisch optimiert und ist trotz wenig Zusatzgewichts sturmsicher.

Um die Angriffsfläche für den Wind möglichst klein zu halten, sollten die Module quer und nicht übereinander montiert werden. Dafür und um die Fläche besser zu nutzen, lässt sich der Anstellwinkel der Modulreihen auf bis zu 20 Grad verringern. Dann reduzieren sich die gegenseitigen Verschattungen. Um diese klein zu halten, müssen die Modulreihen auch mit ausreichend großen Abständen gesetzt werden. Der Abstand zwischen zwei Modulreihen sollte mindestens 4 bis 6 Mal der Höhe der Modulreihen entsprechen.

Freiaufstellung am Boden

Die Verankerung im Erdboden gestaltet sich wesentlich einfacher als auf dem Dach. Der Solargenerator wird einfach auf ein Betonfundament geschraubt oder an in den Boden geschraubten Ankern befestigt. Den Ertrag mindert aber die stärkere Horizontverschattung vor allem morgens und abends, besonders in bebauter Umgebung und hügeligem Gelände.

Die Montage geht schneller und ist einfacher als in schwindelnder Höhe, und die Module bleiben zugänglich, was Wartung und Reinigung erleichtert. Wichtig ist ein ausreichend großer Abstand der untersten Modulreihe zum Boden, damit keine Pflanzen die unteren Module beschatten.

Die leichte Zugänglichkeit ist zugleich aber auch der größte Nachteil dieser Variante: Das Risiko von Vandalismus und Diebstahl ist viel höher – gerade an unbeaufsichtigten Standorten. Durch eine diebstahlhemmende Konstruktion des Montagegestells kann das Schadenrisiko gemindert werden.

Fassadenintegration und Wintergarten

Die Fassadenintegration von Solarmodulen ist im Privathaus seltener zu finden als bei Solarfassaden an Büro- und Industriegebäuden, die eine entsprechend große elektrische Leistung erbringen. Fassadenhersteller liefern solche Solarkraftwerke zusammen mit der gesamten Fassadenkonstruktion „schlüsselfertig".

Interessante Anwendungsfälle für die Gebäudeintegration von Solarmodulen auch im Privathaus sind Verglasungen für

BILD 2 Solarmodule können auch als Teilverschattung für Wintergärten und Terrassen-überdachungen dienen.
BILD 3 Fachgerechte Leitungseinführung durch das Dach

Wintergärten. Einige Modulhersteller bieten dafür sogar maßgeschneiderte Solarmodule in Isolierglasausführung an – natürlich nicht zum Preis von Standardmodulen.

Statik
Ein Solargenerator bringt ein zusätzliches Gewicht von etwa 15 Kilogramm aufs Dach. Bei Schrägdächern ist das meistens unproblematisch. Dagegen sind bei Flachdächern nicht immer ausreichend statische Reserven vorhanden. Zahlreiche Dacheinstürze großer Hallen durch Schneelasten (nicht aufgrund von Photovoltaikanlagen) in den letzten Jahren belegen das. Im Zweifel sollte ein Statiker mit der Prüfung beauftragt werden.

Auch das Montagesystem selbst muss natürlich die statischen Anforderungen erfüllen. Wie stark Schneelasten, Windsog und Winddruck auf den Solargenerator einwirken, lässt sich mit Hilfe der Wind- und Schneelastzonen entsprechender Karten ermitteln. Der Installateur sollte nachweisen und schriftlich bestätigen, dass Module, Montagesystem und Befestigungselemente den örtlichen Bedingungen entsprechend ausgewählt und ausreichend dimensioniert sind.

Fachgerechte Kabeldurchführung
Bei der Kabelverlegung unter das Dach müssen Durchführungen genutzt werden, durch die die Kabel nicht gequetscht, geknickt oder anderweitig beschädigt werden. Lüfterziegel beispielsweise eignen sich dafür. Gleichzeitig ist dafür zu sorgen, dass kein Wasser eindringt, beispielsweise durch äußere Kabelschlaufen. Durchbrüche durch Dämmstoffe müssen so ausgeführt werden, dass keine Wärmebrücken entstehen, kein Wasser eindringt und sich kein Kondenswasser bilden kann.

Wartung
Das Vertrauen der Anbieter in ihre Photovoltaikanlagen scheint grenzenlos. Jedenfalls denkt kaum ein Installateur bei der Planung und Montage der Anlage an die Möglichkeit, in späteren Jahren einzelne Solarmodule austauschen zu müssen. Es ist zwar richtig, dass Solarmodule in der Regel jahrzehntelang störungsfrei arbeiten, aber Probleme durch Blitz-Überspannung oder Produktionsfehler sind nicht auszuschließen, wie die Praxis zeigt.

Durchgehende große Modulflächen sehen natürlich schöner aus, erschweren aber die Fehlersuche und Demontage einzelner Module. Eine Aufteilung des Solargenerators in Teilflächen mit Abständen hat deshalb handfeste Vorteile, wenigstens bei Aufdachanlagen.

Bei dachintegrierten Anlagen erscheint es in den meisten Fällen noch schwieriger, einzelne Module aus der Generatorfläche auszubauen. Hier sind die Hersteller gefordert, noch bessere Lösungen zu entwickeln.

Diebstahlsicherung

Solarmodule sind aufgrund ihres hohen Wertes noch immer ein lohnendes Diebesgut. Gefährdet sind insbesondere die auf der Baustelle bereitstehenden Paletten mit den Modulen sowie Photovoltaikanlagen auf freiem Feld und auf abgelegenen, unbewohnten Häusern. Angelieferte Solarmodule sollten deshalb nie im Freien stehen, sondern in einer Garage oder einem anderen abschließbaren Raum eingeschlossen werden. Zum Schutz ermöglichen einige Montagesysteme eine wenigstens diebstahlhemmende Montage.

Wer besonders günstige Module aus zwielichtiger Quelle angeboten bekommt, kann mit Hilfe der Modul-Seriennummern zum Beispiel auf den Internetseiten des Solarenergie-Fördervereins (www.sfv.de) und der Zeitschrift Photon (www.photon.de) kontrollieren, ob es sich um Diebesgut handelt.

VORSORGEN BEIM HAUSBAU

Wer beim Neubau oder Umbau seines Hauses nicht gleich eine Photovoltaikanlage installieren will, kann mit einfachen und kostengünstigen Vorkehrungen die spätere Montage vereinfachen und damit Geld sparen. Noch immer planen zu wenige Architekten diese einfachen Maßnahmen mit ein:

■ **Dach:** Hat man die Wahl, bringt ein Ost-West verlaufender Giebel optimale Südausrichtung der einen Dachhälfte. Aus dem Süddach sollten möglichst keine Aufbauten, Antennen und Entlüftungsrohre herausragen.

■ **Leitungsführung:** Für die Solarleitungen sollten mindestens zwei Leerrohre mit 90 Millimeter Durchmesser vom Keller bis zum Dach verlaufen, zum Beispiel im Technikschacht des Hauses.

■ **Keller:** Der Zählerschrank sollte mindestens einen freien Platz für die Photovoltaikanlage vorsehen. Daneben sollte an der Wand ausreichend Platz sein für die Montage mehrerer Netzeinspeisegeräte. Die in der Norm empfohlene Mindestgröße für einen Haustechnikraum (1,80 mal 2 Meter Grundfläche) ist oft zu klein: Besser etwas größer planen.

CHECKLISTE ANLAGENPLANUNG

1 Montageorte

Geeigneten Montageort für den Solargenerator wählen:

- Möglichst verschattungsfreie Lage, ausreichend Abstand von Dachaufbauten (Kamin, Gauben)
- Ausrichtung südwest bis südost; bei Abweichung eher flache Neigung
- Soll nur ein Teil des Daches genutzt werden, den Solargenerator möglichst hoch Richtung Dachfirst montieren (weniger Verschattung, mehr Gesamtstrahlung).
- Dachzustand prüfen: Reparaturen oder Sanierung notwendig?
- Statik des Daches prüfen
- Anlagengröße festlegen

Montageort für Netzeinspeisegerät: im Keller oder ähnlich gut geeignetem Raum

Leitungsverlegung im Haus (Versorgungsschacht, stillgelegter und verschlossener Kamin) oder außen am Gebäude

Installationsorte für Zusatzeinrichtungen wie Generatoranschlusskasten, Überspannungsschutzeinrichtungen, Feuerwehrschalter, Geräte für Betriebsüberwachung und Internetanbindung festlegen.

2 Solarmodule

Module mit kristallinen Solarzellen oder Dünnschicht-Solarmodule:

- Kristalline Technik bringt höhere Leistung pro Fläche.
- Dünnschichttechnik ist verschattungstoleranter.

Kombinationen von Solarwärme und Solarstrom in einem Kollektor bringen nur in speziellen Einzelfällen eine gute Leistung.

Solarzellen- und Modultechnik mit langjähriger Erfahrung bevorzugen.

Für Dachintegration gibt es spezielle Module oder (meist kostengünstigere) rahmenlose Standardmodule.

Rahmenkanten sollten dünn auf dem Glas aufliegen oder abgeschrägt sein, damit Schmutz und Schnee abrutschen.

Ausreichend Abstand zwischen Zellen und Modulkante, damit Schmutzansammlungen wenig verschatten.

Elektrische Kennwerte:

- Leistungsangaben mit möglichst geringen Toleranzen (keine Minustoleranz) und hoher garantierter Mindestleistung: für den Vergleich nur die Mindestleistung nach Abzug der Fertigungstoleranzen verwenden.
- Kleiner Leistungsrückgang bei Temperaturzunahme (Temperaturkoeffizient)
- Hoher Wirkungsgrad bei schwachem Licht (geringe Abnahme)
- Hohe Spannungsfestigkeit (erkennbar an der möglichen Systemspannung, sollte nicht unter 1 000 Volt liegen)
- Messprotokolle der beim Hersteller gemessenen Kennwerte sollten mitgeliefert werden.

Hagelfestigkeit (ablesbar an der Größe und Aufprallgeschwindigkeit der Testkugeln)

Die standardisierten Prüfprozeduren sollten durch echte Zertifikate nachgewiesen sein. Angaben wie „hergestellt gemäß…" sind nicht belastbar.

Ökologisch vorteilhaft sind Module ohne Aluminiumrahmen.

In der Landwirtschaft wichtig: Beständigkeit gegen Ammoniakgase

3 Netzeinspeisegerät

Schutzart des Geräts vor Feuchtigkeit und Temperaturschwankungen (sowie Umgebungsluft wie Ammoniakdämpfe in landwirtschaftlichen Ställen) muss an die Umgebung angepasst sein.

Anlagenkonzept entsprechend den Verschattungsbedingungen und der Anlagengröße auswählen:
- Zentraler Wechselrichter oder unabhängige Einzelstränge mit eigener MPP-Regelung oder separaten Wechselrichtern
- Schaltungskonzept mit Trafo oder trafolos
- Wechselstromeinspeisung (einphasig) oder Drehstromeinspeisung (dreiphasig)

Bei Dünnschichtmodulen nur geeignete und regelungstechnisch (MPP) angepasste Geräte einsetzen.

Auf optimale Anpassung von Solargenerator und Netzeinspeisegerät achten:
- Passendes Verhältnis von Solargenerator-Spitzenleistung und Nennleistung
- MPP-Arbeitsbereich des Solargenerators sollte im oberen Bereich des MPP-Spannungsfensters des Netzeinspeisegeräts liegen.

Möglichst hoher Wirkungsgrad über den gesamten Leistungsbereich, nicht nur hoher Spitzenwirkungsgrad bei einer bestimmten Leistung

Bei Montage im Freien: Erfüllt NEG die erhöhten Anforderungen (feuchtgeschützt, erweiterter Temperaturbereich…)?

Schneller Herstellerservice bei Reparaturen oder Gerätetausch (innerhalb von 48 Stunden)

4 Montagesystem

Entscheidung über Aufdachsystem oder Dachintegration

Bei Aufdachsystemen: Nachweis über statische Sicherheit und Sturmfestigkeit sowie Schneebelastbarkeit entsprechend der örtlichen Schneelastzone

Montagesystem sollte so konstruiert sein, dass Schnee und Schmutz leicht abrutschen können und sich keine Wasseransammlungen durch Regen oder Kondenswasser bilden (Ablauföffnungen in Kabelkanälen vorsehen!).

Aufwand zur Fehlersuche und zum Austausch einzelner Module ermitteln.

Müssen die Solarmodulrahmen geerdet werden, sind spezielle Befestigungselemente zu verwenden, mit denen die Schutzschicht (Eloxierung) der Aluminiumrahmen durchdrungen wird.

Bei Flachdächern zum Schutz vor Sturmschäden Montagesysteme mit niedriger Bauhöhe und geringerer Neigung einsetzen; möglichst keine Dachdurchdringungen.

Bei leicht zugänglichem Solargenerator Diebstahlsicherung vorsehen.

5 Systemtechnik

Kabel:
- Nur spezielle geprüfte Solarkabel einsetzen (Kennzeichnung PV1-F).
- Sicher einrastende Original-Steckverbinder passend zu den Modul-Steckverbindern einsetzen.
- Im Außenbereich geschützte Verlegung in Kabelkanälen, Rohren oder Schutzschläuchen (Marderverbiss)
- Bei Dachdurchdringung und im Innenbereich getrennte Verlegung der Plus- und Minusleitungen

Generatoranschlusskasten:
- Sollte für Wartung und Kontrolle leicht zugänglich sein
- Alle darin enthaltenen Sicherheitsbauteile (Strangsicherungen, Überspannungsableiter, Schalter) müssen für Gleichstrom und die geplante Systemspannung ausgelegt sein.

Blitz- und Überspannungsschutz:
- Leitungsverlegung der Gleichstromverkabelung so ausführen, dass Überspannungseinwirkung minimiert wird.
- Bei vorhandener Blitzschutzanlage die Photovoltaikanlage in den Schutzbereich montieren, Überspannungsschutz der Elektroinstallation prüfen und ggf. vervollständigen.
- Prüfen, ob ein zusätzlicher Überspannungsschutz der Photovoltaikanlage notwendig und sinnvoll ist.

Zähler:
- Entscheidung über Volleinspeisung oder Direktverbrauch mit Überschusseinspeisung
- Bei Volleinspeisung: zusätzlicher Zähler im Zählerschrank für Einspeisung notwendig
- Bei Überschusseinspeisung: geeichter Erzeugungszähler (muss nicht im Zählerschrank sein) und Austausch des Bezugszählers (Zweirichtungszähler) notwendig

Bei einigen Solarmodulen und Wechselrichtern müssen bestimmte Vorkehrungen getroffen werden, um vorzeitige Alterung und Leistungseinbußen zu verhindern.

6 Betriebsüberwachung

Bedienbares Display am Netzeinspeisegerät

Informationsanzeige mit aktuellen Leistungsdaten für den Wohnbereich des Hauses (ähnlich einer Wetterstations-Anzeige)

Datenspeicher im Netzeinspeisegerät, auslesbar über externen PC oder externes Kontrollgerät mit Datenspeicher für alle Netzeinspeisegeräte einer Anlage

Anbindung an Internetdatenbank zum Soll-Ist-Vergleich mit Einstrahlungsdaten oder anderen Anlagen

Automatische Funktionskontrolle mit Warnmeldung per SMS, E-Mail oder Fax im Fehlerfall

FINANZIEREN, BAUEN UND VERSICHERN

Jetzt wissen Sie, wie das funktioniert. Aber Technik ist nicht alles. Für einen reibungslosen Ablauf gibt es auch rechtliche und organisatorische Voraussetzungen. Schlagen Sie nicht beim erstbesten Angebot zu, und sparen Sie mit den richtigen Schritten in der richtigen Reihenfolge Zeit und Geld. Dieses Kapitel gibt Ihnen Investitionssicherheit.

SYSTEMATISCH VORGEHEN

Von der Idee bis zum Auftrag können Wochen oder Monate vergehen. Die Installation der Anlage selbst braucht dagegen nicht so viel Zeit: Auf einem Einfamilienhaus ist sie oft schon nach ein bis zwei Tagen betriebsbereit. Hektik bei Planung und Angebotsvergleich ist also nicht nötig. Sie sollten sich in Ruhe informieren, den richtigen Anbieter wählen und das für Sie beste Angebot finden. Außerdem gibt es schon vor der Auftragsvergabe einige Dinge zu klären.

Welche Schritte Sie wann am besten gehen sollten, zeigt Ihnen unser „Fahrplan" auf den Seiten 88 und 89. Die Verweise dort weisen Ihnen den direkten Weg, wo Sie detailliertere Informationen finden. Weitere Hinweise auf ausführliche Informationsquellen finden Sie im Serviceteil dieses Buches.

Informationsquellen

Bei größeren Anschaffungen ist das Internet neben der persönlichen Beratung inzwischen zur wichtigsten Informationsquelle geworden. Über Photovoltaikanlagen gibt es dort eine unüberschaubare Fülle von Seiten und Portalen. Viele wurden von Privatpersonen aus ideellem Interesse eingerichtet, noch viel mehr aber von Firmen, die für ihre Produkte werben oder die Angebotsportale erstellen, die versprechen, mit wenigen „Klicks" fertige Angebote für die eigene Anlage zu liefern.

Solche Angebote können die notwendige persönliche Vor-Ort-Beratung nicht ersetzen, sondern allenfalls einen ersten Einblick und Überblick geben.

Nur wenige Internetangebote behandeln die Themen in der gebotenen Tiefe, auf dem neuesten Stand und vor allem

FAHRPLAN ZUR ANLAGE

	Schritte:	Quellen, Ansprechpartner:
1 Idee	Aktuelle Informationen beschaffen	Literatur (dieses Buch), Solarzeitschriften, Solarverbände, siehe Serviceteil dieses Buches
2 Planung	Fachliche Beratung	Verbraucherverbände, unabhängige Energieberatungsstellen, Ingenieurbüros, Solarfachhandel
	Bauliche Voraussetzungen prüfen	Seite 72
	Größe und Kostenrahmen festlegen	Seite 74
	Ausstattungskriterien festlegen	
3 Genehmigungen	Baugenehmigung notwendig? Ggf. beantragen	Bauamt Kommunalverwaltung, Seite 91
	Einspeisebedingungen klären, Einspeiseanfrage	Versorgungsnetzbetreiber (VNB), über den Fachbetrieb
	Dachnutzungsbedingungen klären (Fremddächer)	Seite 97
4 Kosten und Finanzierung	Kostenvoranschläge einholen und bewerten	Fachbetrieb, Seite 116
	Finanzierung und Fördermöglichkeiten klären	Hausbank und weitere Banken, Energieberatungsstellen, Fördergeber, Seite 107
	Förderanträge stellen und Bewilligungsbescheide abwarten	Seite 108
5 Auftrag erteilen	Kaufvertrag schließen	Fachbetrieb, Seite 118
	Versicherung klären	Versicherungsbüro, Seite 101
	Anmeldung beim VNB	Fachbetrieb, Seite 61

	Schritte:	Quellen, Ansprechpartner:
6 Installation	Montage des Solargenerators und Gleichstromverkabelung	Fachbetrieb, Seite 51, 71, 128
	Elektroinstallation und Netzanschluss	Fachbetrieb, Seite 61
	Zählerplatzumbau	Fachbetrieb, Seite 65
	Fertigstellungsmeldung beim VNB	Fachbetrieb
7 Inbetrieb-nahme	Prüfung und Qualitätssicherung der Anlage	Fachbetrieb, evtl. VNB, Seite 132
	Einweisung des Betreibers	Fachbetrieb, Seite 135
	Anmeldung beim Anlagenregister	Bundesnetzagentur, Seite 137
8 Betrieb	Funktionskontrolle	Seite 140
	Ertragskontrolle	Seite 141
	Abrechnung mit dem VNB	Seite 114, 169
	Steuerliche Behandlung	Finanzamt, Steuerberater, Seite 158
	Wartung	Fachbetrieb, Seite 147
	Entsorgung	Fachbetrieb, Hersteller, Seite 185

unabhängig von wirtschaftlichen Interessen. Der große Vorteil des kostenlosen Internets ist auch sein größter Nachteil: Journalistische Qualität kostet Geld. Oft finden sich überholte und falsche Empfehlungen.

Der Austausch mit Gleichgesinnten und Betroffenen über konkrete Probleme in Foren kann helfen, Antworten auf einfache Fragen und Lösungsmöglichkeiten zu finden. Den fachkundigen Rat im Einzelfall kann das vorbereiten, aber oft nicht ersetzen, und manchmal ist es auch sehr zeitraubend, sich durch seitenlange Diskussionen mit offenem Ergebnis zu lesen.

Finden sich zu einer konkreten Frage widersprüchliche Antworten, sollte man auf seriöse Informationsquellen zugreifen und bei einem Fachmann rückfragen.

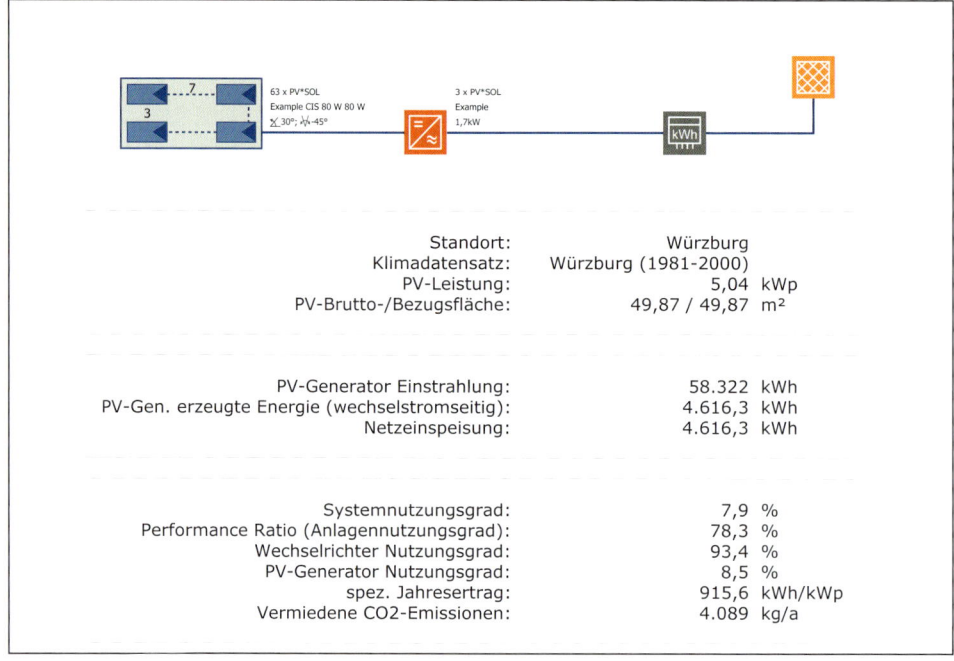

Standort:	Würzburg	
Klimadatensatz:	Würzburg (1981-2000)	
PV-Leistung:	5,04	kWp
PV-Brutto-/Bezugsfläche:	49,87 / 49,87	m²

PV-Generator Einstrahlung:	58.322	kWh
PV-Gen. erzeugte Energie (wechselstromseitig):	4.616,3	kWh
Netzeinspeisung:	4.616,3	kWh

Systemnutzungsgrad:	7,9	%
Performance Ratio (Anlagennutzungsgrad):	78,3	%
Wechselrichter Nutzungsgrad:	93,4	%
PV-Generator Nutzungsgrad:	8,5	%
spez. Jahresertrag:	915,6	kWh/kWp
Vermiedene CO2-Emissionen:	4.089	kg/a

Planung und Simulation
mit Computerprogrammen

Computerprogramme können die Anlagenplanung bei verschiedenen Schritten unterstützen. So bieten viele Hersteller von Netzeinspeisegeräten Rechenprogramme an, die bei der Anpassung der Modulverschaltung an den Wechselrichter helfen. Die Nutzung dieser Programme ist kostenlos, sie werden oft auf den Internetseiten zum Download angeboten.

Umfassender sind Simulationsprogramme, die zusätzlich Einstrahlungsdaten, die Verschattungssituation und weitere Detailangaben benutzen, um den zu erwartenden Ertrag und die Wirtschaftlichkeit der Photovoltaikanlage auszurechnen. Für sinnvolle Berechnungsergebnisse benötigen die Programme Einstrahlungsdaten des geplanten Standorts (langjährige Durchschnittswerte) und Daten über das Betriebsverhalten der verwendeten Anlagenkomponenten (Module und Wechselrichter), entweder aus umfangreichen aktuellen Datenbanken oder manuell eingegeben. Übliche Programme sind PVSOL, Solem, PVSYST, PVS und Greenius.

Einfachste Versionen solcher Programme finden sich auch kostenlos im Internet zum Download oder als Onlineversion. Dabei gilt: Je einfacher die Programme sind, umso weniger genau ist das Ergebnis. Je umfangreicher die einzugebenden Daten, umso genauer kann das Ergebnis sein – umso mehr Sachkenntnis und Routine im Umgang mit den Programmen muss man aber auch haben. Eine präzise Anlagensimulation sollte deshalb immer von einem geübten Fachmann durchgeführt werden.

Auch bei größter Sorgfalt können aber nicht alle realen Einflüsse berücksichtigt werden, besonders die Simulation von Verschattungen ist schwierig und wird von den Programmen unterschiedlich gut umgesetzt. Gerade in solchen Fällen und beim Vergleich unterschiedlicher Montageorte (Ausrichtungen und Neigungen) sind Simulationsrechnungen für die Anlagenplanung aber hilfreich.

BILD Auszug aus dem Bericht einer Simulationsrechnung: Aus den eingegebenen Anlagendaten werden Ertrag und Wirtschaftlichkeit ermittelt, wobei unter anderem die örtliche Einstrahlung und Beschattungen berücksichtigt werden.

BAURECHT UND NETZZUGANG

Prinzipiell unterliegt die Installation von Solaranlagen dem Baurecht. Das bundesweit gültige Baugesetzbuch unterstützt die Nutzung erneuerbarer Energien aus Umweltschutzgründen in seinen Grundsätzen der Bauleitplanung (§ 1 Abs. 6 Nr. 7 f., BauGB). Zuständig für die Umsetzung sind die Bundesländer und Kommunen, die auf dieser Grundlage detaillierte Vorschriften erlassen.

Verantwortlich auch ohne Genehmigungspflicht

Schon frühzeitig haben die Bundesländer in ihren Landesbauordnungen Solaranlagen weitgehend genehmigungsfrei gestellt, vor allem, wenn die Solarmodule (und Kollektoren) parallel zu Dach- oder Fassadenflächen montiert werden. Die Befreiung von einem förmlichen Antragsverfahren darf jedoch nicht mit einer beliebigen Baufreigabe verwechselt werden. Den Bauämtern bleiben alle Eingriffsmöglichkeiten.

Die Vereinfachung entbindet den Bauherrn also nicht, die Vorgaben des Baurechts einzuhalten, sondern im Gegenteil erhöht sich seine Verantwortung, weil die Einhaltung der Bestimmungen nicht in einem formalen Verfahren überprüft wird. Zu beachten sind dabei die Vorgaben eines möglichen Bebauungsplans, weitere örtliche Bauvorschriften wie „Gestaltungssatzungen" sowie Ensemble- und Denkmalschutz. Außerdem sind baurechtlichen

Bestimmungen zu Brandschutz, Statik und Standsicherheit, Verkehrssicherheit und Abstandsflächen einzuhalten. Und schließlich dürfen Solaranlagen Gebäude nicht „verunstalten".

Uneinheitlich ist die Regelung von aufgeständerten Anlagen auf Flachdächern. Auch diese gelten als genehmigungsfrei, obwohl das von Bundesland zu Bundesland und sogar unter den Bauämtern unterschiedlich gehandhabt wird. Eindeutig sind Regelungen wie in Brandenburg, das Modulaufbauten bis zu einer bestimmten Höhe und Größe freistellt.

Einschränkungen nicht hinnehmen

Schränkt ein Bebauungsplan oder eine Gestaltungssatzung die für Solarmodule („Glasflächen") zulässige Fläche ein, sollte man diese Einschränkung nicht einfach hinnehmen. Auch hier lässt sich mit der Förderung erneuerbarer Energien durch das Baugesetzbuch argumentieren, und es sollte eine Zustimmung auch für größere Anlagen zu bekommen sein.

Regelungslücke Nutzungsänderung

Eine Regelungslücke wurde dabei über die Jahre schlicht und einfach übersehen: Photovoltaikanlagen werden in wirtschaftlichem Sinn gewerblich betrieben. Streng formal betrachtet bewirkt das bei privaten oder landwirtschaftlichen Gebäuden eine Nutzungsänderung. Das entsprechende Urteil eines nordrhein-westfälischen Rich-

BILD Das „Schönauer Schöpfungsfenster", hier mit Pfarrer Peter Hasenbrink, war eine der ersten Kirchen mit Photovoltaikanlage.

ters und entsprechende Einzelentscheidungen von Bauämtern sorgten Ende 2010 in der Solarbranche für einige Unruhe. Die Folge wäre nämlich, dass in reinen Wohngebieten (zu unterscheiden von „allgemeinen" Wohngebieten) gar keine Photovoltaikanlagen zulässig wären. Das aber widerspräche nicht nur dem eingangs zitierten Förderauftrag des Bundesbaurechts, sondern kann auch inhaltlich angezweifelt werden. Schließlich sind sich die Gesetzgeber von Bund und Ländern einig, die erneuerbaren Energien möglichst kostengünstig und ökologisch auszubauen, und Solarstromanlagen auf Gebäuden nutzen bereits versiegelte Flächen, sind also zu begrüßen. Außerdem hat die Genehmigungspflicht von Nutzungsänderungen weniger mit der Umgestaltung von Gebäuden zu tun als vielmehr mit der Frage, ob sich eine veränderten Nutzung auf

die Nachbarn auswirkt. Gerade das ist aber bei Photovoltaikanlagen üblicherweise nicht der Fall.

Wenig problematisch scheinen Anlagen zu sein, die nur knapp doppelt so viel Strom liefern, wie im Gebäude insgesamt verbraucht wird. Man unterstellt hier – unabhängig von der Einspeisemenge – eine überwiegende Eigennutzung. Dach- oder fassadenintegrierte Module sollten die juristische Klippe ebenfalls umschiffen, weil diese zum funktionalen Bauteil des Gebäudes selbst werden.

Die zuständigen Minister einiger Bundesländer sehen das Problem zum Teil entspannt. Das nützt dem Betreiber aber wenig, weil im Einzelfall nicht deren Meinung zählt, sondern im Streitfall die Entscheidung eines Richters.

Endgültige Klarheit werden nur die bereits angekündigten Gesetzesänderungen

TIPP **Baugenehmigung**

Fragen Sie vor der Auftragsvergabe beim Bauamt nach, ob die geplante Photovoltaikanlage baurechtlichen Einschränkungen unterliegt oder Anträge zu Errichtung oder Nutzungsänderung bzw. „Befreiung von der Festsetzung des Bebauungsplans" eingereicht werden müssen.
Auf Flachdächern legen Sie die Module am besten in einzelnen Reihen mit eher flacher Neigung und niedriger Bauhöhe auf, statt große Generatorgestelle mit

mehreren übereinander angeordneten Reihen aufzustellen. Abgesehen von der besseren Sturmsicherheit liegt die Anlage unauffälliger auf dem Dach, und eine Baugenehmigung ist – falls nötig – in der Regel problemlos zu bekommen.
Wenn Sie ihre Anlage ohne Genehmigung bereits installiert haben, am besten gar nichts unternehmen. Gibt es später Nachfragen, notfalls nachträglich eine Genehmigung beantragen.

bringen, die eine Genehmigungsfreiheit der Errichtung (und Änderung) von Solaranlagen auch von einer Genehmigung der damit verbundene Nutzungsänderung freistellen – so wie das für andere vergleichbare Fälle (Antennenanlagen) bereits geregelt ist. Bis dahin sollte man beim zuständigen Bauamt immer nachfragen und dabei die genannten Argumente vorbringen.

Genehmigungspflicht

Wird der Solargenerator aufgeständert, um eine bessere Ausrichtung zur Sonne zu erzielen, begrenzen manche Bundesländer die Generatorfläche und Aufbauhöhe, bis zu der auch solche Anlagen genehmigungsfrei sind. Sofern eine Baugenehmigung eingeholt werden muss, kann oft ein „vereinfachtes Verfahren" Anwendung finden.

Auch „Überkopfverglasungen", beispielsweise mit Solarmodulen als Dachelementen für einen Wintergarten, Solar-

markisen und ähnliche Montagevarianten sind genehmigungspflichtig, weil die Bauteile hier besondere Sicherheitsanforderungen erfüllen müssen.

Solarstromanlagen auf Freiflächen im Außenbereich, insbesondere große „Solarparks", sind immer genehmigungspflichtig, weil hier auch die Belange des Natur- und Landschaftsschutzes berücksichtigt werden müssen.

Denkmalschutz

Auf denkmalgeschützten Gebäuden und dort, wo Gebäudeensembles insgesamt dem Denkmalschutzgesetz unterstellt wurden, sind Solaranlagen genehmigungspflichtig. Sie müssen also bei der zuständigen Bauverwaltung einen Plan mit einer Beschreibung Ihres Vorhabens einreichen. Um unnötigen Aufwand zu sparen, sollten Sie in solchen Fällen vorher immer mit dem zuständigen Sachbearbeiter Kontakt aufnehmen. Das empfiehlt sich auch, wenn die Photovoltaikanlage in der Nähe

eines Denkmals errichtet wird und dessen Wahrnehmung durch die geplante Anlage beeinträchtigt werden könnte.

Je ansprechender der Solargenerator in das Gebäude integriert wird, mit umso mehr Verständnis können Sie rechnen, zum Beispiel wenn dachziegelartige Solarmodule in einer zum übrigen Dach abgestimmten Form und Farbe eingesetzt werden oder die Solaranlage nicht von öffentlichen Plätzen und Fußgängerbereichen aus einsehbar ist. In einigen Altstädten ist Letzteres sogar Bedingung für die Genehmigung.

Wertvolle Hinweise für die Argumentation liefert auch ein Urteil „pro Solaranlage" des Verwaltungsgerichts Berlin vom 9. September 2010 (AZ VG 16 K 26.10):
- Das Staatsziel Umweltschutz nach Grundgesetz Artikel 20a ist zu berücksichtigen.
- Ist die Anlage für Betrachter des Denkmals sichtbar?
- Wird die Wirkung des Denkmals erheblich beeinträchtigt?
- Ist der Denkmalcharakter bereits beeinträchtigt durch andere Installationen wie Satellitenschüsseln oder die Umgebung?

Kein Recht auf Sonne

Was können Sie tun, wenn ein Neu- oder Umbau in der Nachbarschaft Ihre Solaranlage plötzlich in den Schatten stellt? Rechtlich sind Ihre Einspruchsmöglichkeiten gering. Sofern der Bau im Einklang mit dem gültigen Bebauungsplan steht, können Sie sich gegen diese Verschattung juristisch nicht wehren.

Sie können dann lediglich versuchen, Ihre Nachbarn bereits in deren Planungsphase von möglichen Änderungen zu überzeugen. Das gleiche gilt, wenn Bäume und Hecken über Jahre immer höher wachsen und es dafür im Bebauungsplan keine Einschränkungen gibt.

Sprechen Sie deshalb während der Planung Ihrer Anlage mit den Nachbarn und versuchen Sie, bei der Standortwahl Ihres Solargenerators mögliche künftige Schattenverursacher schon zu berücksichtigen.

Wird von der Kommune ein neuer Bebauungsplan vorbereitet oder der vorhandene geändert, haben Sie als Bürger Einflussmöglichkeiten und können in diesem Rahmen versuchen, Bestandsschutz geltend zu machen.

BILD Bei guter Abstimmung und Zusammenarbeit mit den Behörden können Photovoltaik-anlagen auch auf denkmalgeschützten Gebäuden errichtet werden.

Rechtsgrundlagen für den Netzanschluss

Zuständig für den Anschluss ist der Versorgungsnetzbetreiber (VNB). Das Erneuerbare-Energien-Gesetz (EEG) regelt den Netzzugang. Demnach muss Strom aus erneuerbaren Energien vorrangig abgenommen werden. Ein formelles Genehmigungsverfahren braucht es deshalb nicht. Es empfiehlt sich aber, dem Netzbetreiber die Photovoltaikanlage frühzeitig anzukündigen. Das übernimmt am besten der beim Netzbetreiber zugelassene Elektroinstallateur, der die Anlage auch ans Netz anschließen soll.

Bei Anlagen bis 30 Kilowatt Leistung gibt es in der Regel keine Probleme, es sei denn, im örtlichen Stromnetz sind bereits sehr viele Photovoltaikanlagen angeschlossen. Selbst dann kann der Netzbetreiber den Anschluss nicht verweigern, weil ihn das EEG zum „unverzüglichen" Netzausbau verpflichtet. Es kann dann aber zu Verzögerungen kommen, die für den Anlagenbetreiber finanzielle Einbußen bedeuten. In solchen Fällen sollte man sich Rat bei einem sachkundigen Anwalt holen und die Anlage – falls bereits installiert – vorläufig in Betrieb nehmen, um sich alle Ansprüche zu sichern. Informationen dazu mit Fallbeispielen bietet auch der Solarenergie-Förderverein Deutschland auf seiner Internetseite.

 **STROMMARKT UND PHOTOVOLTAIK**

Seit der europarechtlichen Strommarktliberalisierung sind die Stromversorger (früher Energieversorgungsunternehmen = EVU) rechtlich in drei formal unabhängige Einheiten getrennt: Stromerzeugung, Stromhandel und Netzbetrieb. Ein Stromkunde, der seinen Versorger nicht wechselt, bekommt davon jedoch praktisch nichts mit.

Selbst beim Wechsel zu einem anderen Stromhändler ändert sich technisch nichts am Anschluss – der Netzbetreiber im jeweiligen Versorgungsgebiet bleibt immer derselbe. Nicht einmal der Stromzähler wird getauscht. Der Netzbetreiber liest jährlich wie gewohnt den Zähler ab und reicht die Daten zu dem Stromhändler weiter, mit dem der Kunde einen Liefervertrag geschlossen hat. Die Rechnung stellt dann der Stromhändler.

Anders als beim Stromverbrauch ist für die Einspeisung des Solarstroms jedoch der Netzbetreiber zuständig. Er muss den Strom abnehmen, so schreibt es das EEG vor, und nach den Vorgaben dieses Gesetzes vergüten – egal, welchen Stromlieferanten der Einspeiser gewählt hat.

Der vom Kunden gewählte Stromhändler rechnet immer nur die Menge ab, die aus dem Netz zum Verbrauch bezogen wurde. Für die Solarstromeinspeisung stellt der Betreiber die Vergütungsrechnung an den Netzbetreiber, oder er beauftragt den Netzbetreiber mit Messung und Abrechnung.

Das EEG unterscheidet außerdem zwischen der Anschluss- und Abnahmeverpflichtung einerseits sowie der Vergütungspflicht andererseits. Selbst bei Anlagen, die eine EEG-Vergütung nicht erhalten würden, ist der Netzbetreiber zum Anschluss verpflichtet, und er muss den Solarstrom aus diesen Anlagen vorrangig abnehmen.

Technische Bedingungen

Für Anlagen bis 30 Kilowatt kann immer der auf dem Grundstück bereits vorhandene Netzanschluss genutzt werden. Verlangt der Netzbetreiber einen anderen Anschlusspunkt für die Photovoltaikanlage, muss er die Mehrkosten tragen. Anlagen über 100 Kilowatt müssen zusätzlich vom Netzbetreiber regelbar sein.

Bei Volleinspeisung werden Anlagen bis 10 Kilowatt häufig über einen einfachen Zähler ohne Rücklaufsperre angeschlossen. Würde der Wechselrichter Strom aus dem Netz beziehen, was in der Praxis – wenn überhaupt – nur in minimalem Umfang geschieht, dreht sich der Einspeisezähler rückwärts, der Verbrauch würde von der Einspeisemenge abgezogen. Ansonsten werden Zweirichtungszähler eingesetzt, die Einspeisung und Eigenverbrauch getrennt erfassen.

Bei Überschusseinspeisung wird die Anlage dagegen mit einem Einrichtungszähler mit Rücklaufsperre ans Hausnetz angeschlossen. Ein möglicher Eigenverbrauch des Wechselrichters würde dabei schon mit dem Netz-Bezugszähler erfasst.

Anmeldung und Inbetriebnahme

Für die Anmeldung beim Netzbetreiber benötigt Ihr Installateur diese Unterlagen:
- Grundstückslageplan
- Übersichtsschaltplan der Solarstromanlage mit Angabe der Einspeisevariante (Volleinspeisung oder Überschuss) und Bedarf an zusätzlichen Zählern
- technische Daten der verwendeten Bauteile (Datenblätter der verwendeten Module, Netzeinspeisegeräte, Zähler)
- Konformitätserklärung des Herstellers für das Netzeinspeisegerät

Die Netzüberwachungen der handelsüblichen Einspeisegeräte sind bauartgeprüft und „eigensicher" und müssen deshalb bei der Inbetriebnahme nicht auf ihre sicherheitstechnische Funktion überprüft werden. Dennoch ist es üblich, dass Photovoltaikanlagen im Beisein eines Vertreters des Netzbetreibers in Betrieb genommen werden. Dabei werden in der Regel die Zähler entsprechend der geplanten Einspeisung gesetzt und vom Netzbetreiber verplombt. Dafür darf der Netzbetreiber ein angemessenes Entgelt verlangen. Eine besondere Gebühr für die Inbetriebnahme der Photovoltaikanlage ist dagegen unüblich und nicht angemessen.

FREMDE DÄCHER NUTZEN

Nicht jeder Dacheigentümer kann oder will eine Photovoltaikanlage bauen. Und nicht jeder, der eine Solarstromanlage bauen möchte, verfügt selbst über ein geeignetes Dach. Manchmal hat ein Betreiber auch schon alle eigenen Dachflächen belegt und möchte weiter investieren. Die Lösung in diesen Fällen: Mieten Sie für Ihre Solarstromanlage ein fremdes Dach.

Viele Kommunen stellen die Dächer öffentlicher Gebäude für Bürgersolarkraftwerke zur Verfügung. Betreibergesellschaften mieten auch Dächer von großen Gewerbegebäuden.

Schriftlicher Vertrag unverzichtbar

Bei jeder Nutzung von fremden Dächern ist es sehr wichtig, alle Fragen von vornherein in einem juristisch einwandfreien Mietvertrag zu klären. In der Praxis, so die Juristen, sei das leider noch immer oft nicht der Fall. Hieb- und stichfest müssen die Vereinbarungen im Hinblick auf Streitfälle sein – da helfen „Schönwettervereinbarungen" nicht weiter. Schließlich kann innerhalb von realistischen 20 bis 30 Jahren Betriebszeit der Photovoltaikanlage der Eigentümer des Daches oder der Solaranlage wechseln. Der jeweilige Anlagenbetreiber kann das Dach jedoch nicht so einfach wechseln.

Im Internet werden zahlreiche Musterverträge angeboten, die oft für bestimmte Anwendungsfälle entwickelt wurden. Einen empfehlenswerten Mustervertrag für den Standardfall bietet der Bundesverband Solarwirtschaft gegen Gebühr auf seiner Internetseite www.solarwirtschaft.de an.

Bei der Nutzung fremder Dächer steht und fällt die Investitionssicherheit für den Anlagenbauer mit der Rechtssicherheit bezüglich der Dachnutzung. Deshalb sollte man den Mustervertrag im individuellen Fall mit einem fachkompetenten Juristen durchgehen und anpassen.

Rechtlich handelt es sich bei der Standortnutzung immer um „Miete", auch wenn oft die Begriffe „Gestattung", „Nutzung" oder „Pacht" verwendet werden. Laut Bürgerlichem Gesetzbuch (BGB) kann ein Mietvertrag maximal über 30 Jahre geschlossen werden. Die Laufzeit des Nutzungsvertrags für die Photovoltaikanlage sollte sich mindestens über die Laufzeit der EEG-Vergütung erstrecken, also 20 Jahre plus Inbetriebnahmejahr. Wenn noch nicht klar ist, ob die Anlage danach weiter betrieben werden soll, weil die Wirtschaftlichkeit einer Photovoltaikanlage nach Ablauf der gesetzlichen Vergütung heute noch nicht einzuschätzen ist, kann man einen Vertrag mit 30 Jahren Laufzeit und einer vorzeitigen Kündigungsmöglichkeit für den Nutzer nach 21 Jahren vereinbaren. Im Vertrag sollten Beginn und Ende der Laufzeit mit konkretem Datum angegeben werden. Ein unbestimmter Vertragsbeginn wie „nach Inbetriebnahme der Anlage" ist nicht eindeutig genug. Neben der Laufzeit sind die zentralen Punkte der Vereinbarung die Mietzahlung, die Sicherung des Eigentums und eine Grunddienstbarkeit.

Wichtig: Auch bei Fremddächern muss natürlich geklärt werden, ob eine Baugenehmigung für die Photovoltaikanlage notwendig ist (siehe vorheriges Kapitel).

Mietzahlung

Die Vergütung für den Dacheigentümer bemisst sich nach den Quadratmetern genutzter Dachfläche, der installierten Photovoltaikleistung oder anteilig am Ertrag. Die Zahlung kann im Voraus (abgezinst) oder jährlich erfolgen. Für den Betreiber am besten ist die jährliche Zahlung einer ertragsabhängigen Mietzahlung, denn hier ist auch der Dacheigentümer selbst daran interessiert, dass die Anlage optimal läuft. Übliche Mietbeträge lagen bisher bei ein bis zwei Euro pro Quadratmeter Fläche pro Jahr oder 0,5 bis 8 Prozent der jährlichen Einspeisevergütung. Die höheren Prozentsätze sind dabei eher Ausnahmen, weil sich so nur wenige Anlagen rentabel betreiben ließen.

Eigentumsverhältnisse

Um klarzustellen, wem die Solarstromanlage und der gewonnene Solarstrom gehören, muss die Nutzung des Gebäudedachs durch den Solaranlagenbetreiber im Grundbuch des Dacheigentümers als „Grunddienstbarkeit" eingetragen werden. Wenn Grundstück und Gebäude verkauft oder vererbt werden, müssten Sie

sich als Solaranlagenbetreiber Ihr Eigentum sonst erst rechtlich erstreiten, weil nach deutschem Rechtsverständnis alle fest mit einem Gebäude verbundenen Objekte Bestandteil dieses Bauwerkes sind.

Es wird sogar empfohlen, die Rangfolge dieser Grunddienstbarkeit im Grundbuch an den „ersten Rang" setzen zu lassen, was zum Teil Rangrücktrittserklärungen anderer Berechtigter (Hypothek) voraussetzt. Im Insolvenzfall des Grundstückseigentümers und bei einer Zwangsversteigerung von Grundstück und Gebäude könnte sonst der Rechtsnachfolger (Käufer) den Vertrag vorzeitig kündigen. Besorgen Sie sich deshalb schon vor Vertragsschluss einen aktuellen Grundbuchauszug des Dachvermieters, damit Sie sich über die dort eingetragenen Rechte Dritter informieren können.

Berücksichtigen Sie bei dem Grundbucheintrag auch ein „Wegerecht" für Sie und die von Ihnen Beauftragten, damit Sie jederzeit Zugang zu Ihrer Anlage haben und notwendige Kontrollen und Wartungsarbeiten durchgeführt werden können.

Haftungsfragen

Wer ist schuld, wenn das Dach undicht wird? Beide Vertragsparteien sollten gleich zu Beginn eine schriftliche Vereinbarung für diesen Ernstfall treffen. Sofern der Schaden auf fehlerhafte Montage zurückzuführen ist, haftet der Dachpächter und kann unter Umständen innerhalb einer Gewährleistungsfrist seine Montagefirma haftbar machen (wenn die Firma

CHECKLISTE VERTRAGSINHALTE FREMDDACHNUTZUNG

1. Vertrags-gegenstand	Nutzung des Daches zur Solarstromerzeugung
	Genaue Grundstücksbezeichnung
	Nutzung des vorhandenen Netzanschlusses
	Genaue Beschreibung der Photovoltaikanlage, Lage, Montageart
2. Eigentums- und Nutzungsrechte	Solarstromanlage und erzeugte Energie sind Eigentum des Nutzers
	Gewährleistungsregeln für den Zustand der Dachfläche
	Den Grundstückseigentümer verpflichten, Beeinträchtigungen der Solarstrom-anlage zu vermeiden
	Übergang der Rechte und Pflichten auf mögliche Rechtsnachfolger (Käufer, Erben)
	Grundbucheintrag ("beschränkt persönliche Dienstbarkeit")
3. Nutzungs-entgelt	Miete für Dachnutzung, Übernahme von Sanierungskosten oder ideeller Nutzen (Anschauungsobjekt für Schulklassen)
4. Bau- und War-tungsarbeiten	Zugangsrecht für den Nutzer und für von ihm Beauftragte
	Haftung für Schäden am Gebäude bei Installation der Solarstromanlage und Dachundichtigkeiten
5. Laufzeit	Befristet oder unbefristet oder Mindestlaufzeit mit Verlängerungsoption
	Nach Ablauf Demontage oder Eigentumsübergang zum Grundstückseigentümer
6. Kündigungs-rechte	des Grundstückseigentümers: falls innerhalb einer Frist keine Anlage gebaut wird oder die Anlage für einen festgelegten Zeitraum außer Betrieb ist
	des Nutzers: falls bauliche oder sonstige Maßnahmen oder Umstände einen wirtschaftlichen Betrieb der Anlage unmöglich machen
7. Wieder-herstellung	Inwieweit muss der Ursprungszustand des Gebäudes wieder hergestellt werden, nach Vertragsablauf, Kündigung, Demontage der Anlage
8. Haftung	Verpflichtung des Nutzers zu einer Haftpflichtversicherung für Drittschäden, auch des Grundstückseigentümers
	Bei Schäden an der Anlage durch Dritte: Ansprüche des Grundstückseigen-tümers an den Nutzer abtreten
9. Regelung bei Dachreparaturen	Zustimmung einer Wiederinstallation nach Reparaturen oder Abriss und Neu-bau des Gebäudes
	Kostenteilung der Anlagen-Demontage und des -Wiederaufbaus bei Dach-reparaturen
10. Widerrufs-belehrung	Im privaten Umfeld geschlossene Verträge (nicht bei Anwalt, Notar oder Bank unterschrieben) müssen eine wirksame Widerrufsbelehrung enthalten
11. Unterschriften	Auf identifizierbare, lesbare Unterschriften achten (ausgeschriebene Namen ergänzen und Ausweiskopie mit gleicher Unterschrift beifügen)

noch existiert). Damit Sie als Betreiber für einen solchen Schaden im Zweifelsfall nicht selbst aufkommen müssen, sollten Sie in jedem Fall eine Haftpflichtversicherung abschließen, die Ihre Verpflichtung zunächst übernimmt und auch greifbare Fremdverursacher haftbar machen kann. Die Versicherung sollte auch „Allmählichkeitsschäden" abdecken, also beispielsweise Folgen von Undichtigkeit, die sich erst nach Jahren bemerkbar machen. Denken Sie daran, dass die Haftpflichtversicherung Fremdschäden von Dritten abdeckt, wenn beispielsweise Anlagenteile herabfallen und Fahrzeuge beschädigen oder gar Personen verletzen würden.

Der Eigentümer des gemieteten Daches muss die Installation der Photovoltaikanlage seinem Gebäudeversicherer schriftlich melden, damit dieser beurteilen kann, ob die Anlage das Versicherungsrisiko erhöht. Hat er keine Kenntnis von der Anlage, kann er im Schadensfall seine Leistung kürzen oder verweigern! Weisen Sie Ihren Vertragspartner darauf hin.

Dachsanierung

Bei einer normalen altersbedingten Dachwartung besteht das Problem, dass die Solarmodule (zumindest teilweise) demontiert werden müssen, was Kosten verursacht und zu Ertragsausfällen führt. Solche Arbeiten sollten also möglichst in der sonnenarmen Jahreszeit durchgeführt werden. Sinnvoll erscheint eine vertragliche Regelung, nach der sich Dachnutzer und Vermieter die Kosten für die Anlagen-demontage und -wiedermontage teilen, zum Beispiel indem der Anlagenbetreiber nur einmal innerhalb einer bestimmten Zeit (zum Beispiel 20 Jahre) die Anlage auf seine Kosten demontieren lassen muss und in weiteren Fällen der Dacheigentümer die Kosten trägt. Diese Regelung bietet dem Betreiber einen gewissen Schutz vor Schikanen, wenn vielleicht einem späteren anderen Dacheigentümer die Solaranlage ein Dorn im Auge ist.

Grundsätzlich sollten Sie nur Dächer mieten, die neu, saniert oder fachlich geprüft und in einwandfreiem Zustand sind, sodass in den nächsten 20 bis 30 Jahren mit keinen alterungsbedingten Reparaturen zu rechnen ist. Flachdächer sind diesbezüglich besonders heikel, weshalb von solchen Dächern im Zweifel eher abzuraten ist. Zumindest sollten Sie ein Montage- und Verkabelungssystem wählen, das den Ab- und Aufbau schnell und einfach ermöglicht und nur auf das Dach gesetzt wird, ohne die Dachhaut zu verletzen.

Möglich ist auch eine Vereinbarung, dass der Dachnutzer die Sanierung auf eigene Kosten übernimmt und der Dacheigentümer dafür auf eine zusätzliche Mietzahlung verzichtet.

Wird die Photovoltaikanlage ins Dach integriert, ist auch zu regeln, ob die Anlage nach Ablauf oder Kündigung des Nutzungsvertrags vom Dacheigentümer zum Restwert gekauft wird. Sonst müsste sie demontiert werden und durch eine andere Dachhaut ersetzt werden, und es ist festzulegen, wer diese Kosten trägt.

PHOTOVOLTAIK VERSICHERN

Sie investieren viel Geld in Ihre Solarstromanlage, um Strom vom Dach zu ernten: Schon Anlagen für Einfamilienhäuser kosten zwischen 10 000 und 40 000 Euro. Da ist eine Versicherung nicht nur sinnvoll, sondern unerlässlich – vor allem, wenn die Anlage den Kredit zu ihrer Finanzierung aus den Stromerlösen tilgen soll.

Neben möglichen Schäden an der Anlage selbst müssen aber auch durch den Betrieb der Anlage verursachte Fremdschaden gedeckt sein.

Haftpflicht für Fremdschäden

Was beim Auto gesetzliche Pflicht ist, sollte für PV-Betreiber ebenso selbstverständlich sein: Egal, ob ein Modul vom Dach fällt oder Schlimmeres passiert, der Anlagenbesitzer haftet für die Folgen. Haftpflichtversicherungen decken die berechtigten Schadenersatzforderungen Dritter und Gutachter- sowie Gerichtskosten ab. Darüber hinaus wehrt der Versicherer unberechtigte Schadenersatzforderungen gegen den Anlagenbetreiber ab.

Ist der Betreiber Eigentümer des Gebäudes, kann die Anlage in eine bestehende Gebäude-Haftpflichtversicherung einbezogen werden. Besteht keine derartige Versicherung, kann der Anlagenbetreiber die Risiken über seine Privat-Haftpflichtpolice abdecken. Das ist bei kleineren Anlagen auch auf Fremddächern möglich. Spielt der eigene Versicherer nicht mit, lohnt sich ein Wechsel. Größere Anlagen auf Fremddächern, Gemeinschaftsanlagen und Solarkraftwerke auf Freiflächen brauchen hingegen eine eigene Betreiber-Haftpflichtversicherung.

Die Versicherung sollte schon vor Lieferung und Montagebeginn abgeschlossen werden, damit auch die Installationsphase vor Inbetriebnahme mitversichert ist. Zwar müssten Installationsfirmen für bestimmte Schäden geradestehen, aber wenn deren Haftung ausfällt, bleibt das Risiko auf jeden Fall beim Bauherren – zum Beispiel wenn ein herabfallendes Modul ein parkendes Auto beschädigt.

Schäden an der Anlage

Über zwanzig Versicherer bieten spezielle Photovoltaikversicherungen an. Bei vergleichbarem Leistungsumfang unterscheiden Sie sich vor allem bei den Mindest-

Versicherte Schäden

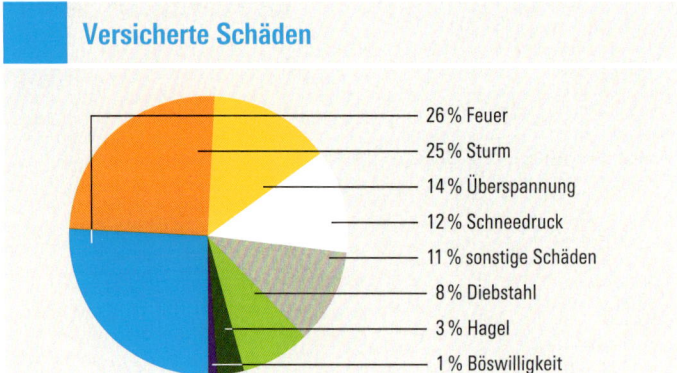

26 % Feuer
25 % Sturm
14 % Überspannung
12 % Schneedruck
11 % sonstige Schäden
8 % Diebstahl
3 % Hagel
1 % Böswilligkeit

prämien, bei der Selbstbeteiligung und in der Laufzeit der Entschädigung für Ertragsausfälle.

Einige Versicherer haben es offenbar nur auf größere Photovoltaikanlagen abgesehen und verlangen deshalb Mindestprämien von bis zu 250 Euro im Jahr. Für den Betreiber einer privaten Fünf-Kilowatt-Dachanlage fallen nach diesem Auswahlkriterium schon einige Anbieter heraus. Wenn eine höhere Selbstbeteiligung mit einer günstigen Prämienangebot einhergeht, kann das bei einer größeren Photovoltaikanlage finanziell interessant sein. Für kleine Anlagen gilt eher: möglichst geringe Mindestprämie und kleine Selbstbeteiligung im Schadensfall.

Vollkasko für Solarkraftwerke

Los geht es mit der „Vollkasko"-Variante für um die 50 Euro Jahresprämie. Gemeint ist damit die Versicherung der Anlage selbst gegen Schäden durch alle denkbaren Einwirkungen von außen. Der Schutz erstreckt sich neben Umwelteinflüssen wie Sturm, Hagel, Brand und Blitzschlag auch auf Diebstahl, Vandalismus, Material- und Konstruktionsfehler. Das ist nämlich das Prinzip dieser „Allgefahrenversicherung" oder auch „Elektronikversicherung": Abgedeckt werden alle Schadenursachen, die nicht explizit im Kleingedruckten ausgeschlossen wurden.

Der Versicherungsumfang geht weit über den Standard der Gebäudeversicherung hinaus: Zusätzliche Risiken wie Diebstahl und Vandalismus sind ebenso enthalten wie Bedienungsfehler, innere Betriebsschäden und Überspannungsschäden sowie die Ertragseinbußen im Schadensfall. Die Allgefahrendeckung sollte folgende Schadenrisiken abdecken:

- Naturgewalten wie Erdbeben, Erdsenkung, Erdrutsch, Hochwasser, Überschwemmung, Sturm, Frost, Hagel,
- Brand, Blitzschlag, Explosion und Löschen bei diesen Ereignissen,
- Leitungswasser, Überspannung (indirekte Blitzeinwirkung), Kurzschluss,
- Konstruktions-, Material- und Ausführungsfehler,
- Bedienungsfehler durch Ungeschicklichkeit und Fahrlässigkeit des Betreibers,
- Diebstahl sowie Böswilligkeit, Sabotage und Vandalismus durch Dritte.
- Ein Blick auf die Ausschlusskriterien der Photovoltaik-Versicherer bleibt unerlässlich: Bei einigen lassen sich Anlagen auf Holzhäusern oder landwirtschaftlichen Gebäuden sowie holzverarbeitenden Betrieben nicht mehr versichern. Oder sie stellen bestimmte Anforderungen an den Diebstahlschutz und bieten Rabatte bei Blitzschutzmaßnahmen oder für die Vorlage von Qualitätsnachweisen wie den „BSW-Anlagenpass".

BILD Ursachen der von den Versicherern im Jahr 2008 regulierten Schäden an Photovoltaikanlagen

Ertragsausfall

Bei der Photovoltaikversicherung ist auch der Ertragsausfall mitversichert, meistens über eine pauschale tägliche Entschädigung pro Kilowatt installierter PV-Leistung. Die in den Policen genannten Beträge liegen oft über dem, was der Betreiber an Vergütung im realen Betrieb zu erwarten hat. Das darf man aber nicht etwa so interpretieren, dass man im Schadensfall mehr bekommen würde, als die Anlage realistischerweise bringt. Wenn es sich nicht nur um Kleinbeträge handelt, rechnen die Versicherer nach und ermitteln eine realistische Ausfallentschädigung. Dazu sind sie nach dem Grundsatz des Bereicherungsverbots versicherungsrechtlich verpflichtet.

Bezahlt wird der Ertragsausfall übrigens nur dann, wenn der Ausfall der Anlage ein Versicherungsfall ist. Muss der Wechselrichter aufgrund einer Garantieleistung des Herstellers getauscht werden, zahlt die Versicherung auch keine Ausfallentschädigung.

Kriterien für die Photovoltaikversicherung

Um die Prämien verschiedener Anbieter zu vergleichen und das günstigste Angebot herauszufinden, sollten Sie folgende Fragen klären:

■ Welche Schadensrisiken sind abgedeckt und welche sind ausgeschlossen? Reicht der Versicherungsumfang für Sie aus?

■ Werden die „Allgemeinen Bedingungen der Elektronikversicherung ABE"

übernommen oder wird davon zuungunsten des Versicherten abgewichen?

■ Werden Auflagen zur Bedingung gemacht wie Blitzschutzeinrichtungen, ein Anlagenpass und ähnliches?

■ Welche Leistungen bezahlt die Versicherung im Schadensfall? Sind zum Beispiel auch sämtliche Montage-, Fahrt- und Frachtkosten mit abgedeckt?

■ Module und Wechselrichter reagieren empfindlich auf Überspannung – technische Vorsorge ist nur begrenzt möglich. Sind auch diese Schäden ausreichend abgesichert?

■ Wird im Totalschadensfall nur der Restwert oder die Wiedererrichtung der Anlage bezahlt?

■ Wie hoch ist die Selbstbeteiligung im Schadensfall?

■ Wie hoch ist das Ausfallgeld im Schadensfall pro Tag, und nach wie vielen Tagen beginnt die Zahlung für wie lange?

■ Besteht der Schutz schon in der Bauphase?

■ Ausgeschlossen sind üblicherweise Schäden durch Krieg, Kernenergie, Verschleiß sowie Vorsatz und grobe Fahrlässigkeit durch den Betreiber.

Einbeziehen in die Wohngebäudeversicherung

Photovoltaikanlagen lassen sich meist problemlos und für einen geringen Aufpreis in eine bestehende Gebäudeversicherung aufnehmen, und einige Versicherer haben Photovoltaikanlagen gemeinsam mit Solarwärmeanlagen zu einem gewissen Umfang bereits in ihre Standardpolicen integriert. Doch ist damit nur ein Teil des Risikos abgedeckt, denn Gebäudeversicherungen funktionieren genau umgekehrt wie die Allgefahrendeckung: Versichert sind nur die ausdrücklich genannten Risiken wie Feuer, Blitzschlag, Leitungswasser, Hagel und Sturm – letzt-genannter sogar erst ab Windstärke „8". Schäden durch Überschwemmung und Schnee lassen sich oft erst durch eine zusätzliche Police für „erweiterte Elementarschäden" absichern. Für die Versicherung von Wohngebäuden hat sich diese Konstruktion bewährt.

CHECKLISTE VERSICHERUNG

1 Welche Schadensrisiken sind abgedeckt und welche sind ausgeschlossen? Typische versicherte Risiken der „Allgefahrendeckung" (Elektronikversicherung) sind:
- Naturgewalten wie Erdbeben, Erdsenkung, Erdrutsch, Hochwasser, Überschwemmung, Sturm, Frost, Hagel
- Brand, Blitzschlag, Explosion und Löschen bei diesen Ereignissen
- Leitungswasser, Überspannung (indirekte Blitzeinwirkung), Kurzschluss
- Konstruktions-, Material- und Ausführungsfehler
- Bedienungsfehler durch Ungeschicklichkeit und Fahrlässigkeit des Betreibers
- Diebstahl sowie Böswilligkeit, Sabotage und Vandalismus durch Dritte

2 Werden die „Allgemeinen Bedingungen der Elektronikversicherung ABE" übernommen oder wird davon zu Lasten des Versicherten abgewichen?

3 Werden Auflagen gemacht wie Blitzschutzeinrichtungen, Anlagenpass, RAL-Gütesiegel?

4 Welche Leistungen bezahlt die Versicherung im Schadensfall? Sind zum Beispiel auch sämtliche Montage-, Fahrt- und Frachtkosten mit abgedeckt?

5 Wird im Totalschadensfall nur der Restwert oder die Wiedererrichtung der Anlage bezahlt?

6 Wie hoch ist die Selbstbeteiligung im Schadensfall?

7 Ausgleichszahlung für Ertragsausfall im versicherten Schadensfall:
- Maximale Höhe pro Tag und pro Schadensfall
- Wie lange wird höchstens bezahlt?

8 Besteht der Schutz schon in der Bauphase?
- Bauherrenhaftpflicht
- Sachversicherung (z. B. Moduldiebstahl von der Baustelle)

Wer aber seine Photovoltaikanlage auf Kredit kauft, steht in vielen möglichen Schadensfällen nicht nur mit einer zerstörten Anlage da, sondern muss dann auch noch Zins und Tilgung aus privater Tasche leisten statt aus Vergütungserlösen für Solarstrom.

Kombiangebote, bei denen zur Gebäudeversicherung ein Photovoltaik-Baustein als Ergänzung angeboten wird, sollte man genau prüfen. Diese Angebote sind nicht standardisiert und bilden einen Mittelweg zwischen dem geringen Schutz einer Gebäudeversicherung und der umfassenden Allgefahrenversicherung. Die Prämien sind geringer als bei der reinen Photovoltaikversicherung, und manche Versicherer gewähren Rabatte für die Hauptversicherung.

Bei **Anlagen auf Fremdgebäuden** ist die Mitversicherung in der Gebäudepolice in Abstimmung mit dem Hauseigentümer zwar auch möglich, aber nicht zu empfehlen, weil der Anlagenbetreiber hier rechtlich in der zweiten Reihe sitzt. Im Schadensfall geht er unter Umständen leer aus, wenn das Gebäude insgesamt unterversichert ist oder die Versicherungsprämie nicht bezahlt wurde.

Restrisiko bleibt

Doch auch mit den besten Policen für Anlage und Haftpflicht gibt es keinen hundertprozentigen Schutz. Läuft Wasser unters Dach, weil der Solargenerator mit ungeeigneten Dachhaken oder nicht fachgerecht auf einem pfannengedeckten Dach montiert wurde, zahlt bei einer Anlage auf dem eigenen Dach keine der Versicherungen. Die Wohngebäudeversicherung leistet nur, wenn Sturm oder Hagel das Dach beschädigen. War Schneelast der Grund, muss eine erweiterte Elementarschadenspolice abgeschlossen sein.

Die Elektronikversicherung deckt nur Schäden an der Anlage selbst ab, und die Haftpflichtversicherung zahlt nur für Schäden an fremdem Eigentum. Da bleibt nur der Versuch, den Installateur regresspflichtig zu machen. Wer selbst montiert hat, bleibt auf allen Kosten sitzen.

Weiteres Beispiel: Lösen sich nach Jahren Module auf, kann das zum teilweisen oder völligen Ausfall der Anlage führen. Obwohl Konstruktions-, Material- und Herstellungsmängel in der Allgefahrendeckung mitversichert sind, muss der Betreiber erst seine Ansprüche aus Gewährleistungen und Garantien geltend machen. Das ist aufgrund der meist mangelhaften Garantiebedingungen der Modulhersteller schwer, und Austauschkosten bleiben am Betreiber hängen, was im Versicherungsfall anders wäre. Im Unterschied zu anderen Versicherungsarten erhält der Anlagenbetreiber hier auch keine Unterstützung vom Versicherer. Nur wenn kein Hersteller haftbar ist und ein normaler Verschleiß ausgeschlossen werden kann, kommt die Elektronikversicherung in Betracht. Das könnte aber eine harte Auseinandersetzung notwendig machen.

Unabhängige Beratung nutzen

Auch wenn's schwerfällt: Lesen Sie sich die Bedingungen zum Vertrag sorgfältig durch, bevor Sie eine Police unterschreiben. Wem bei der Lektüre seitenlanger Versicherungsbedingungen der Kopf schwirrt, der zieht am besten einen spezialisierten, unabhängigen Versicherungsmakler zu Rate. Dieser vertritt nicht die Interessen einzelner Gesellschaften, sondern kann dem Anlagenbetreiber Vor- und Nachteile verschiedener Versicherungs-

angebote erklären und das passende auswählen. Die Entscheidung bleibt am Ende trotzdem beim Betreiber selbst.

Die sogenannte Allgefahrendeckung ist auf jeden Fall für größere Anlagen auf gemieteten Dächern empfehlenswert, auch dann, wenn die Anlage fremdfinanziert wird. Der private Betreiber mit seiner Anlage auf dem eigenen Hausdach sollte seine Solaranlage zumindest in die bestehende Feuer- und Gebäudeversicherung einschließen, was meist nur wenige Euro

TIPP   Praxistipps Versicherung

- Unabhängige Versicherungsmakler finden für den Kunden oft das Angebot mit dem besten Preis-Leistungs-Verhältnis und weisen auf Lücken hin.
- Versicherungsfragen spätestens nach Auftragsvergabe und immer vor der Montage und Installation klären und den Vertrag abschließen, damit die Bauphase mit abgesichert ist.
- Mündliche Absprachen sind wertlos: Die Aufnahme der Anlage in bestehende Verträge (Haftpflicht- und Gebäudeversicherung) immer schriftlich bestätigen lassen.
- Die Installation der Photovoltaikanlage immer der Gebäudeversicherung melden. Manche Versicherer betrachten die Photovoltaikanlage als anzeigepflichtige Gefahrenerhöhung.
- Eine Haftpflichtversicherung – ob in die Privathaftpflicht eingeschlossen

oder als separate Betreiberhaftpflicht – sollte obligatorisch sein.
- Eine Minimalabsicherung der Anlage ist die Einbindung in die Wohngebäudeversicherung. Diese deckt nur einen Teil der möglichen Risiken ab.
- Wer die Anlage fremdfinanziert hat oder auf einem Fremddach installiert hat, sollte zumindest in den Anfangsjahren einen Vollschutz (Allgefahrendeckung) haben.
- Der Versicherungsschutz greift nur, wenn die Prämie rechtzeitig bezahlt wird. Am besten vom Versicherer per Lastschrift einziehen lassen.
- Wer Versicherungsangebote vergleichen und später eventuell wechseln will: bereits mit dem Abschluss in den persönlichen Kalender einige Wochen vor Ablauf der Kündigungsfrist eine Erinnerung eintragen.

pro Jahr kostet. Wenn Sie Ihre Solarstromanlage in eine bestehende Versicherung einbeziehen möchten, sollten Sie sich die versicherten Risiken und den Umfang des Versicherungsschutzes immer schriftlich bestätigen lassen, sonst besteht die Gefahr, dass Sie im Schadensfall trotz Versicherung leer ausgehen.

Gebäudeversicherer immer informieren

Egal, wie und wo die Anlage versichert wird, dem eigenen Gebäudeversicherer sollte man die Photovoltaikanlage auf jeden Fall schriftlich melden, rät der Versicherungsmakler Heinz Liesenberg. Er kennt nämlich einen Fall, bei dem die Photovoltaikanlage einen Brand verursachte und der Gebäudeversicherer die Haftung für den Brandschaden nicht nur an der Anlage, sondern auch am Dachstuhl ablehnte. Wenn der Versicherer die Photovoltaikanlage als Gefahrenerhöhung betrachtet, kann er die Prämie erhöhen oder den bestehenden Vertrag kündigen. Tut er das innerhalb von vier Wochen nicht, bleibt es bei den bisherigen Konditionen. Diese Informationspflicht dem Versicherer gegenüber gilt natürlich auch für den Eigentümer eines Daches, das an einen Anlagenbetreiber vermietet wird.

Umgekehrt sollte man dem **Photovoltaikversicherer mitteilen**, wenn eine Nutzungsänderung des Gebäudes das Risiko für die Anlage erhöht – wenn der Landwirt beispielsweise seine photovoltaikbestückte Gerätehalle in ein Heulager umfunktioniert.

FINANZIERUNG UND VERGÜTUNG

Im Strommarkt ist die Photovoltaik eine junge Technik. Eine konsequente Markteinführung wird von der Politik erst seit zehn Jahren unterstützt, mit verschiedenen Förderinstrumenten, die miteinander kombiniert werden können:

- Als wirkungsvollstes und effizientestes Markteinführungsprogramm erweist sich die **garantierte Einspeisevergütung** über das EEG. Die darin festgeschriebene Anschluss-, Abnahme- und Vergütungspflicht des Stromnetzbetreibers ist die finanzielle Grundlage für die Wirtschaftlich-

keit einer Photovoltaikanlage und damit für die Investitionssicherheit des Betreibers.

- **Sonderdarlehen**, manchmal mit günstigeren Zinssätzen oder vereinfachten Konditionen und Sicherheiten, erleichtern die Finanzierung, verringern den Eigenkapitalbedarf und können dazu beitragen, die Rendite zu verbessern.

- **Investitionszuschüsse** verringern die Baukosten und verbessern die Rendite oder gleichen Mehrkosten für besonders förderungswürdige Anlagen aus.

Einen kompakten Überblick über die aktuellen Förder- und Finanzierungsmöglichkeiten neben dem EEG liefern Solarfachzeitschriften sowie die Internetseiten www.solarfoerderung.de und www.ener giefoerderung.info. Dort werden bei der Eingabe der Postleitzahl auch regionale Förderprogramme angezeigt, die es in einigen Bundesländern oder Kommunen sowie von Energieversorgern oder Banken gibt. Zuschüsse werden oft von besonderen Bedingungen abhängig gemacht, zum Beispiel dass die Anlage ansonsten nicht rentabel zu betreiben wäre oder wenn der Solargenerator in die Fassade integriert wird.

Einen Vergütungszuschlag bieten die Elektrizitätswerke Schönau (EWS) ihren Kunden für neue Photovoltaikanlagen, wenn diese ansonsten nicht wirtschaftlich zu betreiben wären. Voraussetzung ist das Werben weiterer Kunden für den bundesweit agierenden Stromhändler. Der Aufschlag beträgt bis zu 6 Cent je Kilowattstunde für 5 Jahre und bis zu 4 Cent pro Kilowattstunde für 5 weitere Jahre und wird finanziert aus einem „Sonnencent"-Preisaufschlag aller Kunden dieses Stromversorgers. Die EWS sind aus einer Bür-

gerinitiative in der Schwarzwaldgemeinde Schönau hervorgegangen und fühlen sich als genossenschaftlich organisierter unabhängiger Stromversorger der Energiewende besonders verpflichtet.

Photovoltaikkredite

Wenn technisch alles gut geht, sind Solarstromanlagen eine recht sichere Investition. Viele Banken bieten deshalb spezielle Kreditangebote zu vereinfachten Konditionen. Bei kleinen Anlagen werden oft weder besondere Sicherheiten noch Grundbucheinträge verlangt, und es ist die Finanzierung bis zur gesamten Investitionssumme möglich. Die Kreditlaufzeiten reichen von 5 bis 20 Jahren, wobei die Zinsbindung in der Regel bis zu 10 Jahre, bei einzelnen Angeboten auch bis zu 20 Jahre reicht. Nach Ablauf der Zinsbindung wird für die Restlaufzeit der Zinssatz an die Marktverhältnisse angepasst.

Je nach Finanzierungsumfang und Laufzeit kann sich eine Finanzierungslücke ergeben, wenn die Tilgungsraten höher sind als die regelmäßige Einspeisevergütung. Gleichen Sie deshalb die verschiedenen Konditionen mit Ihren eigenen finanziellen Zukunftsplänen ab.

Finanzierungsbanken

Viele regionale Sparkassen und Genossen-schaftsbanken bieten eigene Solarkredite an, zum Teil über ihre Bausparkassen (beispielsweise die LBS nach dem Vorbild der LBS Hessen-Thüringen).

Über die eigene Hausbank kann man bundesweit Kredite der KfW („Erneuerbare Energien – Standard") sowie bei Anlagen auf landwirtschaftlichen Gebäuden der Landwirtschaftlichen Rentenbank („Energie vom Land") in Anspruch nehmen. Als Direktbanken bieten daneben unter anderen die Umweltbank, GLS-Bank und die Ethikbank eigene Solarkredite an.

Die Stiftung Warentest ermittelte Mitte 2010 in einer Umfrage bei 60 Kreditinstituten die Konditionen für einen 10 000-Euro-Kredit mit zehn Jahren Laufzeit. Der Kunde sollte ihn bekommen, ohne sein Haus mit einer Grundschuld zu belasten (Finanztest 8/2010, Seite 40).

Elf Banken schickten passende Angebote mit Effektivzinsen von 3,61 bis 5,79 Prozent. Als Sicherheit reichen den Banken meist die Einnahmen aus der Stromver-gütung. Einige verlangen, dass der Kreditnehmer sein Gehalt an die Bank abtritt für den Fall, dass er die Raten nicht zahlt. Bei manchen Kreditgebern, beispielsweise bei der KfW, ist die Zinshöhe auch davon abhängig, wie die kreditgebende Bank die Kreditwürdigkeit des Kunden einschätzt. Es lohnt sich also, Konditionen und geforderte Sicherheiten der verschiedenen Anbieter zu vergleichen.

Konditionen

Der Kreditantrag erfolgt in der Regel auf der Basis eines Kostenangebots für die Solarstromanlage. Finanziert werden die **Netto-Anlagenkosten ohne Umsatzsteuer**, da der Betreiber diese vom Finanzamt erstatten lassen kann (siehe Seite 159). Einige Finanzinstitute wie die Umweltbank bieten auch eine Zwischenfinanzierung der Umsatzsteuer an.

Die Banken verlangen oft **Gebühren** von 1 bis 4 Prozent, entweder in Form eines Aufschlags oder in Form eines Abschlags von der Kreditsumme, wie beispielsweise bei den 96 Prozent Auszahlung der KfW-Darlehen. Mit Bereitstellung des Darlehens bis zum tatsächlichen Abruf des Geldes werden Bereitstellungszinsen von etwa 0,25 Prozent pro Monat verlangt.

Tilgungsfreie Anlaufjahre: Je nach Bank und Laufzeit sind häufig in den ersten ein bis drei Jahren nur Zinsen zu zahlen, danach beginnt die Tilgung. Abgerechnet wird monatlich oder vierteljährlich.

Vorteilhaft ist die Möglichkeit von **Sondertilgungen** ohne zusätzliche Gebühren. Dann lässt sich zwischenzeitlich die Schuldenlast durch Eigenkapital reduzieren. Das senkt die Finanzierungskosten und man kann die Zinsen selbst einstreichen, anstatt sie an die Bank zu bezahlen. Das erhöht dann die von der Anlage erwirtschafteten und zu versteuernden Gewinne durch die PV-Anlage.

Bausparkassen-Finanzierung

Dieses Darlehensmodell unterscheidet sich von einfachen Bankdarlehen. Besonderheiten sind die Zinssicherheit über den gesamten Zeitraum, und dass Anlagenbetreiber dabei je nach Einkommen auch die Wohnungsbauprämie, vermögenswirksame Leistungen des Arbeitgebers und die Arbeitnehmersparzulage für die Finanzierung ihres Solarkraftwerks nutzen können.

Zunächst wird die Solarstromanlage durch einen Vorfinanzierungskredit bezahlt und dann neben den Zinsen etwa acht bis neun Jahre lang Beiträge in den Bausparvertrag einbezahlt. Danach löst das Bauspardarlehen die Vorfinanzierung ab und wird bis zum Ende des Finanzierungszeitraums getilgt. Die Zahlungen erfolgen in monatlichen Raten.

Zur Vergleichbarkeit mit einem Bankdarlehen sollten sich Kreditnehmer von der Bausparkasse den Gesamteffektivzins nennen lassen. Dieser enthält neben den Zinsen auch die Sparbeiträge und Gebühren für den Bausparvertrag.

Gesetzliche Einspeisevergütung

Jede Finanzierung steht und fällt mit den Erträgen. Bei einer Photovoltaikanlage ist die Grundlage dafür die gesetzlich festgelegte Vergütung. Sie soll die Investitionskosten, Kapitalkosten (Fremd- und Eigenkapitalzinsen) und Betriebskosten decken. Das Erneuerbare-Energien-Gesetz (EEG) schreibt vor, dass Netzbetreiber den Strom aus Solaranlagen abnehmen und vergüten müssen.

Das Gesetz ist seit dem Jahr 2000 in Kraft und wurde seitdem mehrfach geändert (2003, 2004, 2008, 2010 und 2011). Dabei wurden einige Bestimmungen und insbesondere die Vergütungssätze geändert. Die verschiedenen Fassungen des Gesetzes stellt der SFV auf seiner Internetseite zur Verfügung (www.sfv.de).

Das Gesetz regelt für den Photovoltaikbetreiber drei grundlegende Rechte in Form von **Pflichten des Netzbetreibers:**
- die Anschlusspflicht für PV-Anlagen,
- die Abnahmepflicht für den erzeugten Solarstrom,
- die Vergütungspflicht zu einem Mindestpreis.

 HINTERGRUND: ERNEUERBARE-ENERGIEN-GESETZ EEG

Die gesetzliche Einspeisevergütung nach dem Erneuerbare-Energien-Gesetz EEG (wörtlich „Gesetz zum Vorrang erneuerbarer Energien") wird zwar oft als Subvention bezeichnet. Das ist aber weder formal noch inhaltlich zutreffend. Es ist das Instrument des Gesetzgebers, um dem parteiübergreifend anerkannten öffentlichen Interesse an einer Umstellung der Energieversorgung auf erneuerbare Energien Geltung zu verschaffen.

Konkret regelt das Gesetz eine Abnahmepflicht für den erzeugten Strom zu einem Preis, der den wirtschaftlichen Betrieb dieser Anlagen ermöglicht. Der Abnahme- und Vergütungsvorrang des EEG wirkt als marktkorrigierendes Gegengewicht zu den Privilegien der konventionellen Stromer-

VERGÜTUNGSSÄTZE EEG BIS 30 KILOWATT LEISTUNG

Vergütungsbetrag pro Kilowattstunde in Cent bei Inbetriebnahme im Zeitraum	2009	Januar bis Juni 2010	Juli bis September 2010		Oktober bis Dezember 2010		Januar bis Juni 2011	
Netto bei Einspeisung	43,01	39,14	34,05		33,03		28,74	
Netto bei Direktverbrauch	25,01	22,76	17,67	22,05[1]	16,65	21,03[1]	12,36	16,74[1]
Differenz	18,00	16,38	16,38	12,00[1]	16,38	12,00[1]	16,38	12,00[1]
Differenz plus 19 % Umsatzsteuer	21,42	19,49	19,49	14,28	19,49	14,28	19,49	14,28

1) Übersteigt der Direktverbrauch des Solarstroms 30 % des erzeugten Solarstroms, gilt für diesen Anteil die höhere Vergütung (siehe Seite 160 „Einspeisen oder selbst verbrauchen").

zeuger aufgrund deren marktbeherrschender Stellung und über Jahrzehnte erhaltener Subventionen.

Soweit durch die EEG-Vergütung Mehrkosten entstehen, werden diese nicht aus Steuermitteln getragen, sondern durch eine Weiterverrechnung an die Stromverbraucher. Das entspricht auch dem umweltpolitischen Verursacherprinzip: Die Verbraucher tragen die Kosten für die Vermeidung von Umweltschäden aus der Stromerzeugung.

Von allen Markteinführungssystemen für erneuerbare Energien hat die internationale Vereinigung der Industrienationen OECD das deutsche EEG als das weltweit wirkungsvollste und zugleich effizienteste Instrument bewertet. Nicht der Bau von Anlagen, sondern tatsächlich erbrachte Leistung wird belohnt. Der Betreiber hat den Anreiz, die Technik mit besten Erträgen und niedrigsten Betriebskosten einzusetzen und die Anlage möglichst lange zuverlässig zu betreiben.

Das Ziel ist eine Verbilligung der Technik durch Massenproduktion. Dadurch sinken die Anschaffungskosten, und die Höhe der Vergütung wird entsprechend reduziert. Das Gesetz führt auf diese Weise die erneuerbaren Energien an den Strommarkt heran. Innerhalb von zehn Jahren seit Einführung des EEG im Jahr 2000 ist die Grundvergütung für Solarstrom bereits um fast 60 Prozent gesunken. Aufgrund des unerwartet großen Ausbaus der Photovoltaik in Deutschland wurden die Vergütungssätze in den Jahren 2010 und 2011 besonders stark abgesenkt.

Höhe der Vergütung

Die Vergütungshöhe bezieht sich auf das Baujahr, genauer das **Inbetriebnahme-datum** der Photovoltaikanlage. Beginnend mit der Inbetriebnahme gilt für diese Anlage die Vergütung für eine Dauer von zwanzig Kalenderjahren plus dem Inbetriebnahmejahr. Daneben hängt die Vergütung auch ab von Installationsort und Anlagengröße:

■ **Installationsort:** Module auf Dächern, an Fassaden und Lärmschutzwänden, kurz gefasst „auf Gebäuden" im weitesten Sinn, erhalten eine höhere Vergütung als Anlagen auf Freiflächen. Voraussetzung dafür ist, dass ein Gebäude nicht in erster Linie dazu errichtet wurde, die Photovoltaikanlage zu tragen. Für Carports beispielsweise gilt die Gebäudevergütung.

■ **Anlagengröße:** Bei Gebäudeanlagen ist die Vergütungshöhe gestaffelt jeweils für den Anlagenteil bis 30, 100 und 1 000 Kilowatt sowie darüber hinaus. Bei der Berechnung werden alle Solarmodule zusammengefasst, die auf einem Dach, einem Grundstück oder in sonstiger Weise als eine Gesamtanlage anzusehen sind, soweit sie innerhalb eines Zeitraums von zwölf Kalendermonaten in Betrieb genom-

men wurden. Maßgeblich ist die Leistung des Solargenerators (kWp), nicht die Wechselrichterleistung.

Die jährliche Absenkung der Vergütung für Neuanlagen soll einerseits den technischen Fortschritt vorantreiben und gibt andererseits den Anreiz jetzt zu investieren, weil sich Abwarten nicht lohnt. Mit künftig erwarteten Kostensenkungen sinkt nämlich auch die Vergütung entsprechend.

Für bestehende Anlagen kann die Vergütung nachträglich nicht geändert werden, auch nicht durch den Gesetzgeber (Bestandsschutz). Änderungen des Gesetzes und die jährliche (zuletzt auch häufigere) Senkung der Vergütungssätze gelten deshalb immer für künftig neu in Betrieb genommene Anlagen.

Wird eine Anlage mehr als zwölf Kalendermonate später erweitert, gilt für den neuen Teil des Solargenerators die dann aktuell nach EEG zu ermittelnde Vergütung. Einspeisen kann der neue Anlagenteil auch über die vorhandene Zähleranlage. Die Solarstrommenge wird dann entsprechend der Anlagenleistung aufgeteilt. Kompliziert kann es dabei werden, wenn direkt verbrauchter Solarstrom vergütet

BILD Solarmodule können auch im Garten aufgestellt werden. Dann sollte man auf Diebstahl-sicherung achten und muss eine geringere Vergütung („Freiflächen") in Kauf nehmen.

werden soll. Hier ist die Vorgehensweise mit einem Fachmann zu klären.

Mit jeder Gesetzesänderung ist die Berechnung der Vergütung etwas komplizierter geworden und die Variationen an Vergütungssätzen nehmen zu. Die aktuellen Sätze bei Redaktionsschluss dieses Buches finden Sie in der Tabelle auf Seite 111. Die Vergütungssätze für Anlagen ab Juli 2011 werden im Juni 2011 veröffentlicht und sind dann auch unter www.photovoltaikratgeber.info zu finden.

Vergütung für den Direktverbrauch

Für Anlagen, die seit 2009 ans Netz gehen, erhalten die Betreiber auch dann eine EEG-Vergütung, wenn sie den selbst produzierten Solarstrom nicht ins öffentliche Stromnetz einspeisen, sondern ganz oder teilweise direkt verbrauchen. Im Gesetz ist dafür ein spezieller Vergütungssatz festgelegt, der mit der letzten Änderung zum 1. Juli 2010 nochmals differenziert wurde: Wer mehr als 30 Prozent des erzeugten Solarstroms selbst verbraucht, erhält für den über dieser Grenze liegenden Anteil einen etwas höheren Vergütungssatz.

Bei den üblichen Hausanlagen im privaten Bereich ist allerdings schon ein Eigenverbrauch von 30 Prozent schwer zu erreichen, außer bei sehr kleinen Anlagen. Ein großer Teil des Stroms wird im Winterhalbjahr und morgens und abends verbraucht. Ändern ließe sich das durch eine Zwischenspeicherung des Solarstroms oder wenn die Photovoltaikanlage in sonnenreichen Zeiten größere Stromverbrau-

cher einschaltet wie Waschmaschine, Spülmaschine, Kühlgeräte oder das Ladegerät eines Elektrofahrzeugs.

Lukrativ ist der Direktverbrauch dann, wenn der Bezugspreis (ohne Umsatzsteuer) für Strom vom Stromlieferanten gleich oder größer ist als die Differenz der EEG-Vergütungssätze für Einspeisung und Direktverbrauch. Dabei ist zu berücksichtigen, dass die Vergütungssätze für den EEG-Vergütungszeitraum fest sind, der Bezugspreis jedoch absehbar weiter steigen wird – in den letzten Jahren um rund vier Prozent pro Jahr. Schon bei nur zwei Prozent jährlicher Preissteigerung summiert sich der Vorteil im Lauf von zwanzig Jahren auf einige hundert Euro, wenn jährlich tausend Kilowattstunden selbst verbraucht werden. Der Betreiber kann übrigens während der Vergütungsdauer jederzeit zwischen Volleinspeisung und Eigenverbrauch wechseln.

Die Regelung ist zunächst befristet für Anlagen, die in den Jahren 2009 bis 2011 in Betrieb gehen. Zunächst galt sie nur für Anlagen bis 30 Kilowatt Leistung, bei Inbetriebnahme ab Juli 2010 nun auch bis 500 Kilowatt Anlagenleistung. Es ist zu erwarten, dass diese Vergütung für Direktverbrauch auch bei der für 2012 anstehenden EEG-Novelle für künftige Anlagen in ähnlicher Weise fortgesetzt wird. Unabhängig davon können alle Anlagenbetreiber mit Inbetriebnahmejahr 2009 bis 2011 diese Variante während der gesamten Vergütungslaufzeit ohne Einschränkung nutzen und wechseln.

BILD Zählerschrank bei einer Photovoltaikanlage mit Direktverbrauch und Überschusseinspeisung: Der rechte Zähler misst den erzeugten Solarstrom, der linke Zähler den Bezug und die Einspeisung ins öffentliche Netz.

Inbetriebnahmedatum

Das Gesetz definiert beim Recht auf Einspeisevergütung das einzelne Solarmodul als „Anlage". Daraus folgt beispielsweise, dass für die Inbetriebnahme kein Netzeinspeisegerät notwendig ist. Die Inbetriebnahme kann auch durch das Betreiben einer Glühbirne an den Modulanschlusskabeln dokumentiert werden. Das kann notwendig werden, wenn ein Solargenerator noch kurz vor dem Stichtag einer Vergütungsabsenkung in Betrieb genommen werden muss und der Netzbetreiber dies verzögert oder kein Wechselrichter lieferbar ist.

Wird ein Solargenerator demontiert und auf ein anderes Dach installiert, besteht der Vergütungsanspruch für die verbleibende Dauer vom ursprünglichen Inbetriebnahmedatum ausgehend fort. Bei einem Verkauf der Photovoltaikanlage geht der Anspruch für die verbleibende Laufzeit an den neuen Eigentümer über.

Ein Austausch von Modulen oder des ganzen Solargenerators, zum Beispiel bei einem Schadens- oder Garantiefall, führt nicht zu einem Neubeginn oder einer Änderung der Vergütungshöhe.

Einspeisemenge

Die Anzahl oder Gesamtleistung der ans deutsche Stromnetz angeschlossenen Photovoltaikanlagen ist im EEG nicht begrenzt. Auch die Menge des vom einzelnen Einspeiser gelieferten Solarstroms ist

nicht limitiert, und umgekehrt ist man auch nicht zur Lieferung einer verbindlichen Strommenge verpflichtet.

Für Anlagen über 100 Kilowatt verpflichtet das Gesetz den Einspeiser dazu, dem Netzbetreiber eine technische Möglichkeit zur Fernüberwachung und Fernsteuerung der Anlage einzurichten, um beispielsweise bei Netzüberlastung die Photovoltaikanlage abregeln zu können. Entgangene Erlöse müsste der Netzbetreiber dabei ausgleichen. Derzeit ist umstritten, ob diese Vorgabe auch für Photovoltaikanlagen gilt. Vermutlich wird der Gesetzgeber mit der für 2011 anstehenden Novelle des EEG hier Klarheit schaffen.

Unabhängig davon, bei welchem Stromhändler Sie Ihren Verbrauchsstrom einkaufen, liefert die Anlage den Solarstrom immer an den örtlich zuständigen Betreiber des Stromnetzes. Das können die Stadt- oder Gemeindewerke, ein regionaler Stromversorger oder einer der vier großen deutschen Netzbetreiber sein.

Abrechnung und Zahlungen

Als Lieferant von Solarstrom sind zunächst Sie gesetzlich für die Messung und Abrechnung Ihrer Leistung verantwortlich. Sie können also eigene geeichte Zähler anschaffen, diese ablesen und dem Netzbetreiber Rechnungen stellen.

Sie können mit der Messung und Abrechnung auch den Netzbetreiber beauftragen, der das in der Regel für die übli-

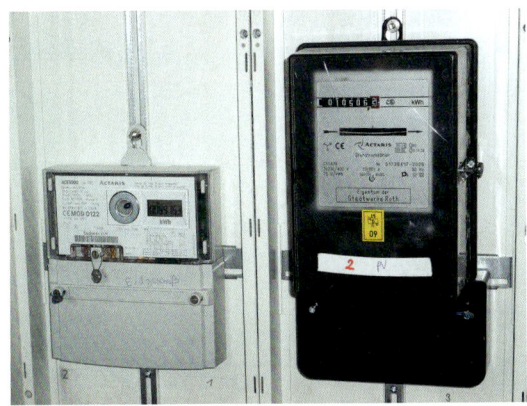

chen Gebühren gern übernimmt. Die Netzbetreiber drängen meistens sogar auf diese Lösung, weil sie die Zahlungen so leichter in ihre Abrechnungsabläufe integrieren können. Für Sie als Betreiber liegt der Vorteil darin, dass Sie nicht für die korrekte Messung verantwortlich sind und sich nicht um das Eichen von Zählern kümmern müssen. Es lohnt sich meist nicht, die Abrechnungsgebühren einsparen zu wollen, indem man eigene Zähler kauft, installiert und betreibt.

Üblich sind wie beim Strombezug monatliche Abschlagszahlungen anteilig zum erwarteten Jahresertrag und eine Abrechnung zum Jahresende. Das EEG schreibt vor, dass der Einspeiser die für die Abrechnung notwendigen Daten (oder die Abrechnung selbst) bis spätestens 28. Februar des Folgejahrs an den Netzbetreiber senden muss.

Fragen zur Finanzierung

■ Klären Sie, ob für Ihre Anlage Zuschüsse in Frage kommen. Örtliche Fachhändler und Beratungsstellen (Energieberatung, Umweltverbände, Verbraucherverbände, Solarvereine) sind dabei oft am besten informiert.
■ Fragen Sie bei Ihrer Hausbank nach Kreditkonditionen für Solarstromanlagen, und lassen Sie sich dabei auch Förderdarlehen wie die der KfW anbieten. Falls Ihre Hausbank keinen Kreditantrag an die KfW stellen will, können Sie den Kredit auch über die Umweltbank und die GLS-Gemeinschaftsbank beantragen.
■ Holen Sie Kreditangebote ein, stellen Sie Förderanträge immer vor der Auftragsvergabe an den Installateur und warten Sie den Bescheid ab, wenn Sie bei der Finanzierung auf die Förderung angewiesen sind.
■ Informieren Sie sich vorab über die für Ihre Anlage gültige EEG-Vergütung. Klären Sie die Höhe der Einspeisevergütung vorab auch mit Ihrem Stromnetzbetreiber.
■ Rechnen Sie nach und entscheiden Sie sich für Volleinspeisung oder Direktverbrauch mit Überschusseinspeisung. In der Regel lohnt sich der Direktverbrauch, besonders wenn man von steigenden Strompreisen ausgeht.
■ Für Streitfälle zwischen Einspeisern und Netzbetreibern über die Auslegung des EEG gibt es als unabhängige Schlichter die „Clearingstelle EEG" in Berlin. Die Verfahren sind zwar nicht rechtsverbindlich, geben aber konkrete fundiertempfehlungen, an denen sich in Streitfällen auch Richter orientieren können: www.clearingstelle-eeg.de.

ANGEBOTE EINHOLEN UND PRÜFEN

Photovoltaikanlagen werden heute nicht nur von Solarfachfirmen und Elektroinstallateuren angeboten, sondern auch von Internethändlern und Handelsvertretern verkauft. Allerdings hat eine wahre Goldgräberstimmung in den letzten Jahren auch unseriöse Anbieter auf den Plan gerufen. Viele nutzen die fehlende Fachkenntnis der Kunden aus, um schnelle Geschäfte zu machen. Die wenigsten Verkäufer sind Gutmenschen, und selbst die sind nicht unfehlbar.

Keine Eile

Lassen Sie sich niemals zu schnellen Entscheidungen drängen. Dafür gibt es selbst dann – oder erst recht – keinen Anlass, wenn ein Vergütungsstichtag unmittelbar bevorsteht. Dann gehen Sie das Projekt lieber mit genügend Abstand und ausreichend Zeit in der neuen Vergütungsperiode an, unter den dann herrschenden neuen Marktkonditionen. Aufgrund des großen Angebots an Photovoltaikprodukten ist für die Zukunft nämlich zu erwarten, dass die Hersteller mit ihren Preisen weitgehend der Entwicklung der Einspeisevergütungen folgen.

Bei kleinen Photovoltaikanlagen auf Hausdächern ist eine professionelle Planung, Ausschreibung und Baubetreuung kaum zu bezahlen. Trotzdem kann man für die Suche nach einem geeigneten Lieferanten und die Auswahl eines guten Angebots klare Empfehlungen geben.

Anbieter finden

Schon die Auswahl des Anlagenlieferanten kann eine wichtige Vorentscheidung darüber sein, wie viel Freude und Ertrag Ihr Solarkraftwerk bringen wird. Denn in der Regel wählt er die Anlagenbauteile aus und stellt das System passend zu Ihrem Haus zusammen. Viele Anbieter greifen dabei auf fertig geschnürte Pakete von Großhändlern und Modulherstellern zurück. Entscheidend ist, dass die vorgeschlagene Lösung in Umfang und Qualität tatsächlich Ihren Vorstellungen entspricht.

Oft gibt der verfügbare Platz auf dem Dach die maximal mögliche Anzahl der Solarmodule vor, darauf sind dann auch Typ und Leistung des Wechselrichters abzustimmen. Standardpakete passen nicht auf jedes Dach und nutzen die vorhandene Fläche nicht optimal aus. Und ein wenig harmonisch soll sich der Solargenerator auch in die Dachlandschaft einfügen. Lassen Sie sich auch mal Fotos von realisierten Anlagen zeigen und eine Skizze oder Fotomontage vorlegen, wie die Photovoltaikanlage auf Ihrem Dach aussehen wird.

Spezialisierte Solarfachbetriebe und Elektroinstallateure, die schon mehrere Jahre mit Photovoltaik-Fachgroßhändlern zusammenarbeiten und in Ihrer Region angesiedelt sind, zählen zu den Lieferanten mit der besten Qualität und dem zuverlässigsten Service. Dass der Installateur einen guten Draht zum Vorlieferanten und

TIPP So bekommen Sie ein gutes Angebot

■ Fragen Sie Solaranlagenbetreiber in der näheren Umgebung nach deren Erfahrungen mit ihren Lieferanten und Installateuren. Weitere Anlagenbauer finden Sie in Firmenverzeichnissen von Solarzeitschriften, bei regionalen Energie- und Umweltinitiativen und in Fachverzeichnissen der regionalen Handwerkskammer und IHK, auf regionalen Verbrauchermessen und bei Energietagen in Rathäusern.

■ Holen Sie mindestens drei verschiedene Kostenvoranschläge ein. Grundlage dafür sollte jeweils der Vor-Ort-Termin eines fachkundigen Beraters am Standort der künftigen Anlage sein.

■ Lassen Sie sich von den Anbietern auch Referenzen (mit Anschrift) nennen, und fragen Sie die Kunden nach ihren Erfahrungen.

■ Besprechen Sie die Kostenvoranschläge mit einem fachkundigen unabhängigen Berater, zum Beispiel von Verbraucherberatungsstellen, Energieberatern oder Solarinitiativen. Es lohnt sich, dafür auch ein wenig Geld auszugeben.

■ Die Mitglieder des größten deutschen Internetforums zum Thema Photovoltaikanlagen (www.photovoltaikforum.com) kommentieren auch dort eingestellte Kostenvoranschläge. Hilfreich sind die Hinweise auf grobe Planungsfehler oder marktferne Preise. Die zum Teil sehr detailreichen Diskussionen zwischen Experten und Laien können aber auch verwirren.

■ Wählen Sie Ihren Lieferanten nicht nur nach dem Angebot aus, sondern beziehen Sie auch seine Erfahrung mit Photovoltaikanlagen, seine Fachkompetenz, die Solidität und räumliche Nähe der Firma und ihren allgemeinen Eindruck mit ein. Wenn es Probleme gibt, zählt eine gute und dauerhafte Kundenbeziehung für einen kulanten und engagierten Umgang mit Reklamationen manchmal mehr als formale Vertragsbestimmungen.

■ Lassen Sie vom ausgewählten Anbieter ein verbindliches Angebot mit allen planungstechnischen Unterlagen und Nachweisen erstellen, das die Grundlage für den Kaufvertrag bildet. Unterschreiben sie den Auftrag erst, wenn Baugenehmigungsfragen und Finanzierung geklärt sind, oder machen Sie im Kaufvertrag die Gültigkeit von der Klärung dieser Fragen formal abhängig.

Hersteller hat, ist für Sie wichtig, damit bei Fragen und Reklamationen schnell und kulant gehandelt wird.

Ihr Lieferant sollte seine Kompetenz durch eine fundierte Aus- und Weiterbildung – zum Beispiel zum „Solarteur" – und regelmäßige Schulungen bei Herstellern belegen können. Für Sie ist es ein Vorteil, wenn die Firma alles aus einer Hand liefert.

Aber auch Kooperationen zwischen Fachhändlern und Handwerkern können hochwertige Qualität abliefern, wenn die Zusammenarbeit klar geregelt ist und Sie als Kunde einen gesamtverantwortlichen Ansprechpartner haben.

Vorsicht ist bei Betrieben mit wenig Photovoltaikerfahrung angebracht, die das Thema lediglich als zusätzliche Einnahmequelle betrachten, ebenso bei Ein-Mann-Installateuren, die mit besonders preiswerten Angeboten locken. Bei Haustürverkäufern, die unangemeldet ganze Siedlungsgebiete abgrasen und an Ihrer Tür

klingeln, ist ebenfalls höchste Skepsis angebracht.

Klare Vorgaben

Einfache, standardisierte Kostenschätzungen erhalten Sie auf der Basis einiger Angaben oft auch ohne persönliches Beratungsgespräch. Geben Sie dabei die Maße des Daches, seine Ausrichtung und Neigung, die Art der Dachdeckung und des Dachstuhls an sowie Aufbauten wie Antennen, Gauben und Erker. Außerdem müssen die Art und Höhe des Gebäudes, das Vorhandensein einer Blitzschutzanlage und eine mögliche Verschattung durch Bäume, Nachbargebäude, Freileitungen und Leitungsmasten angegeben werden. Ein Foto des Hauses und des Daches (per E-Mail oder per Post an den Anbieter) ist sehr hilfreich.

Besser und für ein verbindliches Angebot unerlässlich ist ein Vor-Ort-Besuch bei Ihnen zuhause oder am geplanten Anlagenstandort. Wichtig ist, dass der Berater

BILD Wenn der Elektriker die Netzeinspeisegeräte anklemmt, steht die Inbetriebnahme kurz bevor.

nicht nur ein Verkäufer ist, der Ihnen seine Produkte möglichst schmackhaft macht, sondern dass er technisch versiert ist und anhand einer Checkliste alle für das Angebot notwendigen Detailinformationen aufnimmt.

Angebote vergleichen

Vergleichbare Angebote von wenigstens drei verschiedenen Anbietern helfen Ihnen, einen Überblick zu gewinnen und sich ein Urteil zu bilden. Die Angaben in den Angeboten sollten so genau wie möglich sein. Wichtig sind die Gesamtleistung (Spitzenleistung in kWp), das vorgesehene Anlagenkonzept und die verwendeten Komponenten (Hersteller, Typ).

Über Module und Netzeinspeisegeräte geben die ausführlichen Datenblätter der Hersteller Auskunft, die jedem Kostenvoranschlag beiliegen sollten. Aber auch die übrigen Anlagenkomponenten wie Kabel (Querschnitt, berücksichtigte Längen), Montagesystem (Material, Prüfzertifikate) und Generatoranschlusskasten (Ausstattung, Kontrollmöglichkeiten) oder Gleichstromhauptschalter müssen genau beschrieben oder in Prospektblättern erklärt werden, damit Angebote überhaupt verglichen und beurteilt werden können. Die notwendigen Zähler sollten beschrieben und die vorgesehene Abstimmung mit dem Netzbetreiber erklärt werden.

Die Gewährleistungen und Garantien sollten klar dargestellt sein und Angaben zur Arbeitssicherheit gemacht werden. Simulationsrechnungen des Ertrags und

Wirtschaftlichkeitsbetrachtungen runden ein überzeugendes Angebot ab. Die Computersimulation kann beispielsweise überprüfen, ob Module und Wechselrichter richtig konfiguriert sind und wie hoch der erwartete Ertrag ist.

Ein manchmal vernachlässigter, aber für Wartung und Service unerlässlicher Bestandteil ist eine möglichst ausführliche Dokumentation der Anlage, die im Angebot erwähnt werden sollte.

Vereinbaren Sie für Lieferung, Montage und Inbetriebnahme feste Termine, und auch die Konsequenzen (Rücktritt, Vertragsstrafen), wenn Termine nicht eingehalten werden. Das kann bei Stichtagen zu Vergütungsabsenkungen über die Rentabilität Ihrer Anlage entscheiden.

Lassen Sie sich auch bei einer geplanten Selbstmontage zum Vergleich ein Komplettangebot mit Installation erstellen. Vielleicht kommen Sie dann zu dem Schluss, dass sich das Risiko beim Selbstbau gar nicht lohnt, weil der Anbieter die Montage zu einem günstigen Pauschalpreis anbietet. Schließlich kann es beim Selbstbau schwierig werden, Gewährleistungsansprüche gegenüber dem Lieferanten durchzusetzen. Außerdem sollten Sie genau prüfen, ob der Selbstbausatz auch wirklich komplett ist und alle Bauteile enthalten sind, die Sie beispielsweise zur Dachmontage – passend zu den auf Ihrem Hausdach verlegten Dachziegeln – benötigen werden.

Arbeiten mehrere Betriebe (beispielsweise Dachdecker und Elektroinstallateure)

zusammen, sollte schriftlich eindeutig vereinbart sein, wer für welche Aufgaben und Leistungen verantwortlich ist und haftet oder Gewährleistungsansprüche abdeckt.

Lassen Sie sich erläutern, inwiefern das vorliegende Angebot (Anlagenkonzept und die ausgewählten Komponenten) auf Ihren Anwendungsfall optimal abgestimmt ist. Wenn Sie nicht zufrieden sind oder Ihre Wünsche und die örtlichen Gegebenheiten aus Ihrer Sicht nicht ausreichend berücksichtigt wurden, sprechen Sie mit dem Anbieter über Verbesserungen.

Prüfen Sie genau, ob in den Montage- und Netzanschlusskosten wirklich alle notwendigen Bauteile und Arbeiten enthalten sind oder ob es sich um nur scheinbare Pauschalangebote handelt, die später um „unvorhersehbare", aber notwendige Zusatzleistungen ergänzt werden müssen. Am sichersten ist es für Sie, eine schlüsselfertige Installation mit verbindlichem Festpreis zu vereinbaren.

Zahlungen sollten Sie nur entsprechend dem Installationsfortschritt leisten. Ein Rabatt (Skonto) bei sofortiger Zahlung nach Inbetriebnahme ist üblich. Oft werden auch Teilzahlungen bei Auftragserteilung oder Lieferung wesentlicher Anlagenteile vereinbart und eine Abschlusszahlung bei Fertigstellung oder Inbetriebnahme.

Achten Sie beim Vergleich von Angeboten auf die Preisangaben: Handelt es sich bei den Einzelpositionen um Netto- oder Bruttopreise einschließlich Umsatz-

steuer? In der Regel wird die Umsatzsteuer (derzeit 19 Prozent) erst am Schluss zur Nettosumme addiert, sie muss in der Endsumme enthalten sein.

Die Preisunterschiede seriöser Angebote begründen sich fast immer mit der Ausstattung, Produktqualität und dem jeweiligen Service. Fragen Sie in diesen Fällen genau nach, worin die Unterschiede bestehen, und ziehen Sie in Zweifelsfällen unabhängige Fachleute zurate.

Kostenvorteile haben immer Gründe. Am schlimmsten wäre es, wenn dieser Grund mit der Qualität des Produkts etwas zu tun hat. Gerade bei Solarstromanlagen wäre das sehr kritisch, weil die lange Betriebsdauer von 20 bis 40 Jahren Qualitätsmängel unter Umständen erst nach Ablauf der Garantiezeit zum Vorschein bringt. Was nützt eine um 10 Prozent billigere Anlage, die nach wenigen Jahren an Leistung verliert, teure Reparaturen erfordert oder gar außer Betrieb genommen werden muss? Und was hat man von einem Billiganbieter, der ein Jahr nach Installation der Anlage insolvent ist und keine Garantieansprüche mehr abdeckt?

Berücksichtigen Sie auch den persönlichen Eindruck, den die Firma und Mitarbeiter bei Ihnen hinterlassen. Ist der Anbieter von seiner Sache und seinen Produkten wirklich überzeugt oder beschäftigt er sich nur mit Solartechnik, weil's im Moment modern ist? Betreibt das Unternehmen selbst Photovoltaikanlagen und welche Erfahrungen hat man gemacht?

Misstrauisch sollte Sie machen, wenn der Anbieter Sie vor allem mit Rabatten und niedrigen Preisen ködern möchte, anstatt mit der Qualität seiner Leistungen zu überzeugen. Eine Solarstromanlage ist kein billiger Konsumartikel, sondern ein sehr langfristiges Investitionsgut. Über die lange Zeit, in der diese Anlage arbeitet, wechseln Sie Ihr privates Auto vermutlich mehrmals.

Vergleichen Sie nicht nur die Produkte und die Ausstattung der Solarstromanlage, sondern auch den Service, den die Firma Ihnen als Betreiber zusätzlich bietet. Empfiehlt der Installateur einen Wartungsvertrag, und was wird darin zu welchem Preis geboten? Tipps zu Versicherungs- und Steuerfragen zeugen von Know-how über das rein Technische hinaus, das Ihnen als Kunde zugute kommt.

Letzten Endes geht es beim Angebotsvergleich auch darum, dass Sie sich klar darüber werden, was genau Sie persönlich haben wollen und wie viel Geld Sie bereit sind zu investieren. Andererseits sollten wir uns auch darüber im Klaren sein, dass solche Entscheidungsprozesse oft nur scheinbar rational im Kopf ablaufen, in Wahrheit aber das »Bauchgefühl« eine große Rolle spielt. Verkäufer wissen das und nutzen es auch. Wenn man sich selbst dessen bewusst ist, kann der Bauch aber auch ein guter Ratgeber sein.

Angebote für Förderanträge

Bei Förderanträgen und Kreditanträgen müssen Sie vor einer Auftragsvergabe oft den Bescheid der zuständigen Stelle abwarten oder sich einen vorzeitigen Baubeginn genehmigen lassen.

Vorsicht: Nicht nur schriftliche Vereinbarungen, sondern auch mündliche Zusagen dem Lieferanten gegenüber können bereits rechtlich bindende Verträge sein.

Für die Antragstellung benötigen Sie einen Kostenvoranschlag, der jedoch der Förderstelle gegenüber bei späterer Auftragserteilung nicht verbindlich ist. Sie können also nach der Förderzusage auch einen anderen Anbieter oder ein anderes Angebot wählen. Trotzdem ist es empfehlenswert, bei Antragstellung bereits eine Vorauswahl getroffen zu haben.

Qualitätssicherung durch Gütesiegel und Tests

Viele Hersteller lassen ihre Produkte beim TÜV prüfen und nach dort festgelegten Kriterien zertifizieren. Alle angebotenen Anlagenkomponenten sollten solche Prüfsiegel tragen.

Die Abnahme der einzelnen Anlage durch einen unabhängigen Gutachter, wie bei großen Photovoltaikanlagen durchaus üblich, ist bei kleinen Dachanlagen nicht realistisch. Hilfsweise haben die Deutsche Gesellschaft für Sonnenenergie DGS und der Bundesverband Solarwirtschaft BSW zwei verschiedene Qualitätssicherungs-instrumente entwickelt:

▪ Der „RAL Güteschutz Solar" der DGS basiert auf einem Regelwerk, das durch Zertifizierung und stichprobenartiger Kontrolle sicherstellt, dass die gebauten Anlagen den anerkannten Regeln der Technik und der guten fachlichen Praxis entsprechen: www.gueteschutz-solar.de („P" für Photovoltaik).

▪ der „Photovoltaik-Anlagenpass" von BSW und Zentralverband des Elektrohandwerks ist ein Formular, in dem der Installateur die Anlage umfassend dokumentiert. Der Pass soll ebenfalls die fachliche Qualität der Anlage dokumentieren, unterliegt jedoch anders als das RAL-Gütezeichen keiner unabhängigen Kontrolle: www.photovoltaik-anlagenpass.de.

Auch die Stiftung Warentest hat Solarstromanlagen und Komponenten bereits getestet und für technisch ausgereift befunden. Da sich die Testergebnisse nicht besonders unterscheiden, kann man von einer gleichmäßig hohen Qualität der getesteten Produkte ausgehen. Leider können solche Tests immer nur einen kleinen Ausschnitt des Marktes abbilden, da die Module und Wechselrichter ständig weiterentwickelt werden und es unzählige Kombinationsmöglichkeiten gibt.

Tipp: Neben der Fachzeitschrift Photon führen TÜV (www.pvtest.de) und andere Prüfinstitute Qualitäts- und Langzeittests über Ertrag und Witterungsbeständigkeit von Solarmodulen durch. Die Ergebnisse gelten natürlich immer nur für die jeweils getesteten Produkte und lassen sich nicht generell auf bestimmte Hersteller oder Modulserien übertragen. Beständig gute Testergebnisse bei verschiedenen Untersuchungen lassen aber doch auf das grundsätzliche Qualitätsverständnis des jeweiligen Herstellers schließen.

 BERATERHAFTUNG GILT AUCH FÜR SOLARFIRMEN

Energieberater und selbst Solarfirmen haften unter Umständen auch für prognostizierte Energieerträge von Solaranlagen. Darauf weist der Rechtsanwalt Martin Feige in einem Beitrag für die Zeitschrift Sonnenenergie hin (Ausgabe Januar-Februar 2011, www.sonnenenergie.de).

Auch ohne ausdrückliche Vereinbarung kann ein Beratungsvertrag zustande kommen, wenn bei Planung und Angebot dem Interessenten auch Kosten- und Ertragsrechnungen unterbreitet werden. Stellen sich diese Informationen später als fehlerhaft heraus, kann aus der ursprünglichen Beratung eine Schadenersatzpflicht folgen oder sogar eine Rückabwicklung des Projekts verlangt werden. Die Verjährung der Ansprüche kann bis zu zehn Jahre dauern. Nur wenn deutlich gemacht wird, dass es sich bei den Prognosen um unverbindliche Schätzungen handelt, weil beispielsweise von der Firma nicht beherrschbare Einflüsse wie Verschattung, Bedienungsfehler und andere eine wichtige Rolle spielen, kann die Haftung ausgeschlossen werden.

Gewährleistungen und Garantien

Der Umfang von Gewährleistungen und Garantien hängt von der Vertragsform ab, die Lieferant und Betreiber schließen. Bei einem **Kaufvertrag** liefert der Verkäufer eine Sache, und der Abnehmer zahlt dafür, also: Ware gegen Geld.

Etwas komplizierter wird es beim **Werkvertrag**, bei dem der Kunde den Ersteller beauftragt, ein Werk herzustellen.

Ob es sich im konkreten Fall um einen Kauf- oder Werkvertrag handelt, ist nicht immer eindeutig, für die Gewährleistungsansprüche des Kunden aber wichtig. So beginnt die Gewährleistung beim Kaufvertrag mit der Entgegennahme der Sache, also beispielsweise mit der Lieferung von Modulen und Wechselrichtern. Beim Werkvertrag beginnt sie dagegen erst mit der formellen Abnahme der erbrachten Leistung durch den Kunden.

Werkvertrag oder Kaufvertrag

Um einen Werkvertrag für die gesamte Anlage kann es sich handeln, wenn individuell gefertigte Solarmodule in Fassade oder Dach integriert werden.

Bei Standardmodulen und den heute üblichen standardisierten Anlagen gehen immer mehr Juristen davon aus, dass es sich bei der Lieferung und Installation einer Photovoltaikanlage um eine Kombination aus Kaufvertrag und Werkvertrag handelt, nämlich um einen Kaufvertrag einer Anlage mit einem Werkvertrag über die Installation. Dafür spricht, dass die Montageleistung in der Regel nur einen

geringen Wert hat im Vergleich zu den Kosten der gelieferten Anlagenteile.

Die Gewährleistung für die Anlagenteile beginnt also bereits mit der Lieferung oder Montage, die Gewährleistung für Montage und Installation erst mit der Abnahme durch den Betreiber. Für die Handwerkerleistungen gilt dann gemäß BGB die Gewährleistungsfrist von fünf Jahren für Werkverträge. Für die Bauteile selbst gilt statt dessen gemäß BGB die Gewährleistungsfrist für Kaufverträge: ob zwei Jahre für „bewegliche Sachen" oder fünf Jahre für „eine Sache, die entsprechend ihrer üblichen Verwendungsweise für ein Bauwerk verwendet worden ist", ist unter Juristen noch umstritten. Für beide Sichtweisen gibt es begründete Argumente. Hier müssen erst Gerichtsurteile zeigen, ob sich eine Rechtsauffassung eindeutig durchsetzt.

Werkvertrag nach VOB

Im Baubereich werden Werkverträge alternativ zur BGB-Basis auch gemäß der Verdingungsordnung für Bauleistungen (VOB) abgeschlossen. Üblicherweise geschieht das aber nur dann, wenn ein Architekt oder Fachplaner (Ingenieurbüro) die Planungs- und Bauphase betreut.

Erfüllt die fertige Anlage nicht die versprochenen und vertraglich vereinbarten Leistungen, können Sie bei der Inbetriebnahme die Abnahme verweigern und eine Nachbesserung verlangen. Dabei empfiehlt es sich, einen angemessenen Teil des Rechnungsbetrags einzubehalten.

Zahlungspflicht bei Mängeln

Auch für die Zahlungspflichten des Kunden ist die Art des Vertrags entscheidend. Handelt es sich um einen Kaufvertrag, muss der Kunde eine gelieferte und montierte Anlage in jedem Fall zunächst bezahlen, muss bei Mängeln dann seine Rechte durchsetzen und eine Rückerstattung erwirken.

Handelt es sich um einen Werkvertrag, muss der Kunde erst bezahlen, nachdem er mit seiner Abnahme die Mängelfreiheit bestätigt hat. Bestätigen Sie die Abnahme der Anlage also erst, wenn Sie im Rahmen Ihrer Möglichkeiten geprüft haben, dass die handwerklichen Leistungen fachgerecht ausgeführt wurden.

Ansprüche bei Mängeln

Erst wenn die Anlage läuft, lässt sich vergleichen, ob die Erwartungen und Versprechungen erfüllt werden, im Vergleich mit den Erträgen anderer Anlagen in der näheren Umgebung und unter Berücksichtigung der tatsächlichen Einstrahlungsverhältnisse. Besonders in den ersten Monaten sollte genau geprüft werden, wie leistungsfähig die installierte Anlage ist, damit Mängel rechtzeitig reklamiert werden können.

Bei einem Kaufvertrag gehört es auch zu den Mängeln, wenn die gelieferten Bauteile Eigenschaften nicht haben, die der Hersteller oder der Verkäufer in ihrer Werbung (auch im Internet) oder in den Angebotsunterlagen gemacht haben, außer der Verkäufer würde sich im Kleingedruckten von diesen Werbeaussagen ausdrücklich distanzieren.

Bei Werkverträgen gilt dagegen nur das, was ausdrücklich vertraglich vereinbart wurde. Bei Werkverträgen kann der Handwerker im Fall von Mängeln nachbessern, um den Mangel zu beseitigen (Nacherfüllung).

Bei Kaufverträgen kann der Verkäufer die gelieferte Sache reparieren oder der neu liefern. Das Problem für den PV-Kunden in diesem Fall: Der Lieferant muss nur eine mängelfreie Sache liefern – Demontage, Transport und Wiedereinbau von Modulen beispielsweise gehen auf Kosten des Anlagenbetreibers. Beim Kaufvertrag müssen im Gegensatz zum Werkvertrag diese Kosten vom Verkäufer nur übernommen werden, wenn er den Schaden selbst verursacht hat. Verursacher ist aber regelmäßig der Modulhersteller. In der Praxis kann man hier nur auf Kulanz von Hersteller oder Installateur hoffen.

Nach den Bestimmungen des Bürgerlichen Gesetzbuchs ist es bei Kaufverträgen für den Käufer immer vorteilhaft, wenn er Mängel innerhalb der ersten sechs Monate erkennt und beim Verkäufer reklamiert. In den ersten sechs Monaten nach Kauf geht das Gesetz zu Gunsten des Käufers davon aus, dass die Sache von Anfang an mangelhaft war. Der Beweis, dass die Ware einwandfrei ist, muss vom Verkäufer erbracht werden. Erst danach muss der Käufer beweisen, dass der Mangel bereits von Anfang an bestand, und das ist nachträglich natürlich oft schwierig.

1 Anbieter	Seriöses Unternehmen, regional verankert
	Photovoltaik-Fachbetrieb mit mehreren gebauten Anlagen
	Referenzkunden mit Kontaktdaten
	Vor-Ort-Beratung mit Aufnahme der Planungsgrundlagen
2 Technik	Geprüfte Komponenten von bekannten Herstellern (echte Zertifikate, TÜV-Siegel, RAL-Siegel)
	Solarmodule mit ausschließlich Plustoleranz
	Netzeinspeisegerät mit höchstem Nutzungsgrad (nicht nur hohem Maximalwirkungsgrad)
	Optimale Anpassung von Solargenerator und Netzeinspeisegerät
	Berücksichtigung von Verschattung und ungünstiger Ausrichtung oder Neigung im Anlagenkonzept
	Nachweis über Prüfung der Dacheignung und Statik, Statiknachweis des Montagesystems
	Konzept für Potenzialausgleich, Blitz- und Überspannungsschutz
	Angaben zu Arbeitsschutzvorrichtungen entsprechen den Vorgaben der Berufsgenossenschaften.
3 Garantien	Information über die gesetzlichen Gewährleistungsbedingungen und -fristen
	Leistungs- und Ertragsgarantien, genaue Garantiebedingungen
	Produktgarantie: Module 10 Jahre, Netzeinspeisegerät 5 bis 10 Jahre
	Qualitätsnachweis der Anlage einschließlich Installation nach RAL Solar oder BSW-Anlagenpass
	Haftung (z. B. für Dachundichtigkeiten) bei Zusammenarbeit verschiedener Gewerke (Dachdecker und Elektroinstallateur)
4 Service	Simulationsrechnung für Anlagenertrag und Wirtschaftlichkeit
	Komplette Abwicklung mit dem Netzbetreiber
	Vollständige Dokumentation der Anlage, einschließlich aller technischer Datenblätter, Modul-Verschaltungsplan, Kabelverlegungsplan (BSW-Feuerwehrkarte)
	Inbetriebnahme mit detaillierten Funktionsprüfungen und Peakleistungsmessung
	Betriebseinweisung, ggf. auch in die Anlagenüberwachung
	Wartungsvertrag mit laufender Ertragskontrolle
5 Bedingungen	Verbindliches Angebot mit Festpreis und Terminzusage
	Zahlungskonditionen (keine Vorkasse, Teilzahlungen nach Lieferung und Baufortschritt)
	Lieferung und Aufbewahrung der Anlagenteile (am besten durch den Installateur bei Montage)

Ist eine Einigung in Streitfällen zunächst nicht möglich, sollte man die Vermittlung durch eine Schlichtungsstelle suchen (Mediation), bevor man den mühsamen und kostspieligen Weg über Anwälte und Gerichte beschreitet. Viele Handwerkskammern bieten diese Schlichtung sogar kostenlos an.

Leistungsgarantien der Modulhersteller

Besonders schwierig durchzusetzen sind Mangelansprüche bezüglich der Modulleistung. Die Modulhersteller werben hier mit freiwilligen Garantien – nicht zu verwechseln mit den gesetzlichen Gewährleistungsfristen – von bis zu 30 Jahren.

Im Sinne des Kunden „wirklich gute Garantien" dieser Art gibt es nach einer Marktanalyse der Fachzeitschrift Photon noch immer nicht. Bestenfalls „befriedigend" wurden die zum Teil praxisfremden Garantiebedingungen beurteilt. Mit Ausnahme eines Herstellers müssen die Kunden auch hier die Kosten für Nachweis, Austausch und Reklamation selbst tragen. Da es sich außerhalb der gesetzlichen Gewährleistungsfristen um freiwillige Garantien der Hersteller handelt, gibt es auch keinen Anspruch auf Schadenersatz.

So ist es kaum relevant, wie das Leistungsgarantie-Versprechen des Modulherstellers im Detail aussieht – ob nun 10 Jahre 90 Prozent und 25 Jahre 80 Prozent der Mindestleistung oder eine lineare Absenkung der Garantieleistung über den gesamten Zeitraum versprochen werden. Eine schleichende Leistungsminderung ist

in der Praxis ohnehin kaum nachweisbar. Zum Tragen kommt die Garantie eher im schlimmsten und sehr seltenen Fall, dass aufgrund eines Herstellungsfehlers Module bestimmter Produktionsserien innerhalb kurzer Zeit kaputt gehen und ausgetauscht werden müssen. Bisher haben die Hersteller in solchen Fällen meist sehr kulant und kundenfreundlich gehandelt.

Leistet der Hersteller tatsächlich Ersatz, ist es ihm oft freigestellt, eine finanzielle Entschädigung, den Austausch der Module oder zusätzliche Modulleistung zur Verfügung zu stellen. Dabei ist eher unwahrscheinlich, dass man die alten Module durch neue des gleichen Typs einfach ersetzt. Das kann zu technischen Komplikationen oder Platzproblemen auf dem Dach führen.

Anlagenverkauf: Je nach Garantiebedingungen kann die Leistungsgarantie auf den „ursprünglichen Endkunden" beschränkt sein. Wird dann die Photovoltaikanlage vor Ablauf der Garantie verkauft, hat der neue Eigentümer keine Ansprüche mehr an den Hersteller. Es lohnt sich also, die Garantiebedingungen nachzulesen.

Ertragsgarantien

Ein Vergleich verschiedener Angebote nach dem wichtigste Kriterium, dem Energieertrag, lässt sich im Einzelfall kaum ziehen, weil der von den tatsächlichen Produkteigenschaften der installierten Komponenten abhängt und von der Sorgfalt bei der Installation. Im Angebot muss man sich dabei weitgehend auf die Herstellerangaben verlassen und ist auf eine fachlich qualifizierte Planung und Ausführung angewiesen. Wie gut die Anlage läuft, zeigt sich dann letztlich erst im Laufe des Betriebs.

Wünschenswert wäre ein vom Lieferanten garantierter Mindestertrag. Nur wenige Installateure lassen sich darauf ein, weil der Ertrag auch von vielen Faktoren beeinflusst wird, die sie nicht kontrollieren können (Beschattung, Bedienungsfehler). Voraussetzung wäre eine automatische Anlagenüberwachung, auf die der Installateur zugreifen kann, zum Beispiel im Rahmen eines Wartungsvertrags.

Eine wenn auch zeitlich befristete Ertragsgarantie ist ein besonders überzeugendes Qualitätskriterium, weil der Installateur sich dadurch auch verpflichtet, die Anlage eine gewisse Zeit im Auge zu behalten. Sollten sich die versprochenen Erträge nicht erfüllen, muss der Installateur die Anlage nachbessern, austauschen oder einen Ausgleich für entgangene Einspeiseerlöse leisten. Die Rechte und Pflichten des Betreibers während dieser Zeit müssen vertraglich klar geregelt sein. Eine wichtige Voraussetzung ist beispielsweise, dass man die tatsächliche installierte Leistung des Solargenerators kennt, nachgewiesen durch eine Mindestleistungsgarantie des Herstellers und eine messtechnische Überprüfung der installierten Anlage vor Ort.

SCHLÜSSELFERTIG ODER MIT EIGENLEISTUNG

Ist die Planung abgeschlossen, sind Sie mit dem Lieferanten handelseinig, und haben Sie Finanzierung und Versicherungsfragen geklärt, steht der Realisierung nichts mehr im Wege. Los geht es mit der Montage des Solargenerators auf dem Dach.

Die Sorgfalt bei der Installation hat einen erheblichen Einfluss darauf, wie störungsfrei und wartungsarm die Anlage später arbeitet und wie viel Energie Sie ernten. Gerade als Selbstmonteur haben Sie die Möglichkeit, sich für alle Schritte ausreichend Zeit zu nehmen, um die Arbeiten optimal auszuführen. Sehr hilfreich sind Grundkenntnisse in Metallbau und Elektroinstallation sowie bei Dacharbeiten.

Viele Montagesysteme eignen sich durchaus zur Selbstmontage. Meistens werden dabei die Solarmodule einzeln auf das Dach gehoben und in eine zuvor montierte Metallkonstruktion gelegt. Anschließend können die Module bequem und absturzsicher angeschlossen und befestigt werden. Zwei Personen reichen für die Montage oft aus.

Egal, ob Sie selbst montieren oder schlüsselfertig bauen lassen: Kontrollieren Sie nach Abschluss der Arbeiten, ob alle Dachziegel wieder an ihrem Platz und unbeschädigt sind und ob das Dach so wettersicher wie vorher verschlossen wurde.

Nebenstehend ein Überblick über die einzelnen Schritte der Installation.

Lieferung von Anlagenteilen

Manchmal bringt der Installateur die Bauteile nicht selbst zur Montage mit, sondern lässt sie vorab direkt an die Baustelle liefern, also zu Ihnen nach Hause. Der Handwerker überträgt dabei Ihnen einige seiner Pflichten. Sie sollten deshalb Ihre Rechte und Pflichten kennen und bei der Warenannahme einige Dinge beachten:

■ Liefert ein Spediteur Ware direkt bei Ihnen an, muss er nur an der Grundstücksgrenze entladen. Wenn möglich, wird die Ware an einem von Ihnen gewünschten Ort abgelegt, obwohl der Fahrer das nicht tun muss. Lagern Sie die gelieferte Ware am besten in einem abschließbaren Raum (zum Beispiel in der Garage).

■ Der Spediteur muss so lange warten, bis Sie alle Teile der Lieferung überprüft haben. Das sollten Sie auch sehr gewissenhaft tun. Lassen Sie sich nicht drängeln, schauen Sie sich alles genau an. Die beiliegende oder vom Installateur vorher überreichte Stückliste und das vom Fahrer und Ihnen auszufüllende Übergabeprotokoll helfen Ihnen bei der Prüfung auf Vollständigkeit.

■ Wenn die Verpackung sichtbare Schäden aufweist, öffnen Sie das Packstück und vermerken Sie sichtbare Transportschäden im Übergabeprotokoll. Geben Sie nach Rücksprache mit Ihrer Installations-

firma dem Spediteur beschädigte Teile direkt wieder mit.

■ Wichtig ist, dass Sie alles protokollieren und vom Fahrer bestätigen lassen. Wenn Sie unsicher sind, rufen Sie am besten die von Ihnen beauftragte Firma an, noch während der Lieferant bei Ihnen ist.

■ In der Regel sind die Waren gegen Transportschäden versichert. Spediteur und Händler kümmern sich darum selbst. Je nach Transportweg (Spedition, Post, Paketdienst) gibt es unterschiedliche (meist sehr kurze!) Fristen für Reklamationen. Am besten stellen Sie Schäden sofort fest und reklamieren gleich.

■ Wird die Anlage nicht durch den Fachhändler installiert, sondern im Selbstbau errichtet, tragen Sie selbst die volle Verantwortung für die Reklamation von Transportschäden.

■ Für die Entsorgung des Verpackungsmaterials ist der Händler zuständig. Sie können es dem Installateur mitgeben beziehungsweise an den Händler zurückgeben.

Arbeitssicherheit bei der Installation

Dächer gehören zu den gefährlichsten Baustellen. Die umfangreichen Vorschriften zur Arbeitssicherheit dort entstanden aus leidvoller Erfahrung mit schweren Unfällen. Photovoltaikanlagen werden bislang eher selten von typischen Dachhandwerkern montiert, sondern häufig von Elektroinstallateuren und Vertreter anderer Gewerke. Dabei werden die Unfallverhü-

INSTALLATION DER ANLAGE

1 Vorbereitung des Daches	Absturzsicherung einrichten
	Kontrolle der Dachsicherheit – Reparaturarbeiten durchführen, bevor die Solaranlage installiert wird
	Bei Dachintegration Abdichtbahn einziehen, falls nicht vorhanden
2 Montage Solargenerator Aufdachmontage	Befestigung der Montageelemente (z. B. Dachhaken) und des Montagesystems
	Solarmodule auf das Dach bringen, elektrisch verbinden und befestigen
	Kabel geschützt verlegen und fixieren
	Strangleitungen anschließen
	Erdungsleitungen für Gestell verlegen (falls notwendig)
Dachintegration	Dachöffnungen fachgerecht und wetterdicht verschließen
	Abdecken der Dachziegel und Anpassung der Lattung
	Falls vorhanden, Halteschienen vormontieren
	Solarmodule verlegen und elektrisch verbinden
	Strangleitungen anschließen
	Dach fachgerecht und wetterdicht verschließen
3 Gleichstrom-verkabelung	Strangleitungen zum GAK und NEG verlegen
	GAK und Überspannungsschutzeinrichtungen an geeigneten, zugänglichen Stellen montieren und anschließen
	Gleichstromhauptleitungen zum NEG verlegen
	Erdungsleitungen für Überspannungsschutz verlegen (falls vorhanden)
4 Netzeinspeise-gerät	Gleichstromhauptschalter anschließen (falls notwendig)
	NEG montieren und gleichstromseitig anschließen
	NEG wechselstromseitig über Sicherungen mit der Zähleranlage verbinden
5 Zähleranlage	Bei Direktverbrauch zusätzlichen Erzeugungszähler montieren und anschließen
	Einspeisezähler einbauen und anschließen (falls notwendig zusätzlichen Zählerplatz montieren)
6 Prüfung und Inbetriebnahme	Prüfung Gleichstromteil
	Prüfung NEG und Wechselstromteil
	Zählerstände ablesen
	Betriebseinweisung

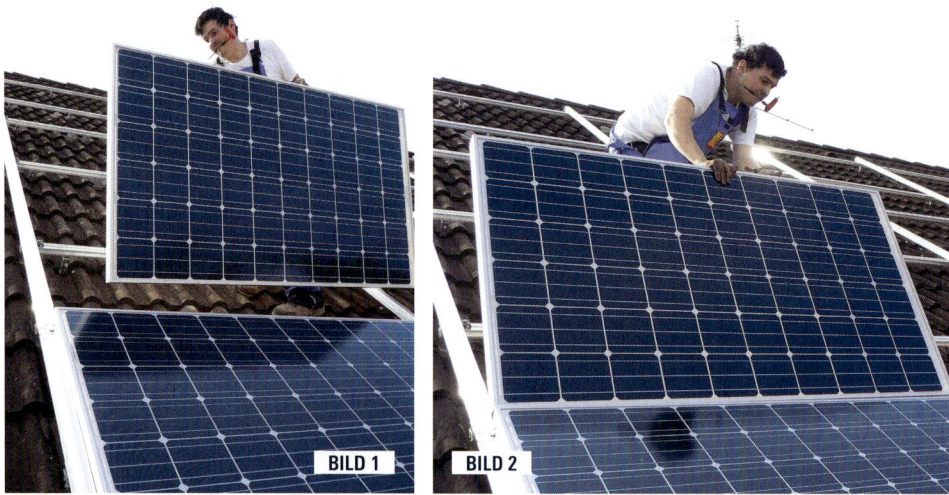

BILD 1 + 2 Dachmontage einer Solarstromanlage

tungsvorschriften häufig viel zu locker gehandhabt.

Was viele nicht wissen: Als Bauherr können Sie Ihre Verantworten nicht an die Installationsfirma delegieren, sondern haben auch eine Aufsichtspflicht für die Einhaltung der wichtigsten Vorschriften. Geregelt ist das unter anderem in der Baustellenverordnung und in den Landesbauordnungen der Länder.

Pflichten des Bauherren

Ihre Verantwortung erstreckt sich auf eine Überwachungspflicht im Rahmen ihrer Kenntnisse und Möglichkeiten. Der Solarenergie-Förderverein empfiehlt in einem ausführlichen Text zum Thema (www.sfv. de/lokal/mails/sj/esistsch.htm) diese **Vorgehensweise:**

■ Bereits in der Planungsphase der Anlage sollte Sicherheit bei Installation und Wartung berücksichtigt werden, beispielsweise sollten Wartungswege zwischen den Modulflächen vorgesehen werden. Die Module sollten auch nicht bis direkt an die Dachkante heran verlegt werden.

■ Sprechen Sie vor Beginn der Arbeiten mit dem Installateur über Sicherheits-

fragen. Mit Hilfe der SFV-Checkliste (siehe Internettext) können Sie die notwendigen Vorkehrungen mit abklären und schriftlich vereinbaren.

■ Sind Sie während der Installation anwesend, können Sie die Einhaltung wichtiger Sicherheitsbestimmungen kontrollieren und die beauftragten Handwerker auch darauf hinweisen, um Ihrer Aufsichtspflicht nachzukommen.

Natürlich ist neben dem Bauherrn vor allem der Installateur verpflichtet, sich umfassend über alle gesetzlichen Bestimmungen zu Arbeitsschutzmaßnahmen bei Dacharbeiten und Elektroinstallationen zu informieren und diese einzuhalten.

Eigenmontage

Eingespielte Montageteams installieren Photovoltaikanlagen auf Dächern in so kurzer Zeit, dass es sich aus finanziellen Gründen kaum lohnt, diese Arbeit selbst zu übernehmen. Außerdem erhöht die fehlende Routine handwerklicher Laien das Unfallrisiko, und wer zum ersten Mal eine solche Anlage installiert, kann viele Fehler machen.

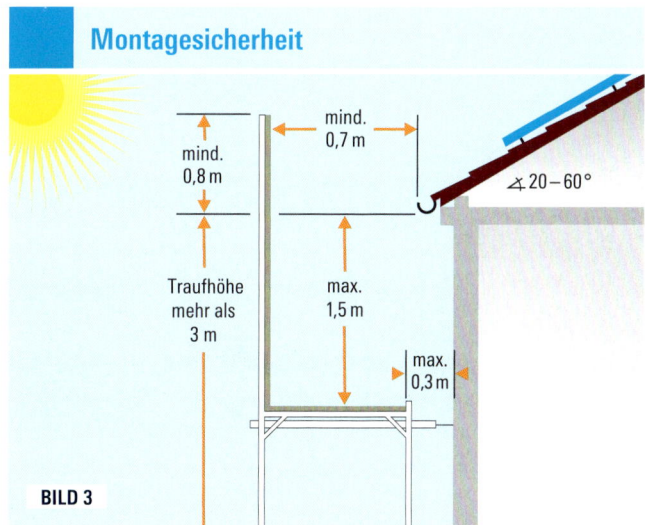

Montagesicherheit

mind. 0,7 m

mind. 0,8 m

∢ 20 – 60°

Traufhöhe mehr als 3 m

max. 1,5 m

max. 0,3 m

BILD 3

BILD 3 Beachten Sie bei der Dachmontage zu Ihrem eigenen Schutz die Unfallverhütungsvorschriften, die insbesondere die Absturzsicherung betreffen (hier nur die wichtigsten Vorgaben).

Wer dennoch selbst Hand anlegen will, sollte handwerklich geschickt und erfahren sein und vor der Montage der eigenen Anlage beim Aufbau einer anderen Anlage mithelfen oder einen entsprechenden Kurs einer Solarschule (siehe Anhang) oder eines Montagesystem-Herstellers besuchen.

Vor allem muss man sich darüber im Klaren sein, dass man bei der Selbstmontage alle Haftung für Montagefehler und sich daraus ergebende Schäden am Haus und an der Photovoltaikanlage selbst übernimmt. Gewährleistungsansprüche und Garantien von Herstellern können dadurch unwirksam werden.

■ Informieren Sie sich über die Arbeitssicherheitsvorschriften.

■ Sie und ihre Helfer sollten unfallversichert sein. Wenn Freunde oder Nachbarn helfen, müssen diese bei der Berufsgenossenschaft „BG Bau" gemeldet werden. Als Bauherr haften Sie sonst möglicherweise für Unfallfolgen und -kosten.

■ Arbeiten Sie auf dem Dach niemals ohne Absturzsicherungen (Gerüste, Auffangnetze, Fanggurte). Falls stehend auf einer

Leiter gearbeitet wird, lehnen Sie sich niemals seitlich über die Leiterbreite hinaus. Zu leicht verliert man dabei das Gleichgewicht, oder die gesamte Leiter verliert durch die Verlagerung des Schwerpunkts ihre Standsicherheit und kippt um. Leider ist das laut Berufsgenossenschaft eine der häufigsten Unfallursachen.

■ Beachten Sie, dass Solarmodule bereits bei der Montage und auch bei nur schwachem Lichteinfall Spannung führen, weshalb Sie auf keinen Fall die Anschlusskontakte oder freiliegenden spannungführenden Teile berühren dürfen. Selbstbau sollte hier grundsätzlich nur erfolgen, wenn die Solarmodule mit vollisolierten Steckkontakten ausgestattet sind oder die Systemspannung unterhalb der Schutzkleinspannung (120 Volt Gleichspannung) liegt.

■ Elektrische Leitungen dürfen nicht gequetscht oder geknickt werden, sondern müssen in Bögen verlegt werden. Im Außenbereich sind geeignete Kabel zu verwenden, die für die Außenmontage zugelassen sind. Trennen Sie Plus- und Minusleitungen räumlich voneinander – besonders im Bereich des Dachstuhls.

BILD Die tatsächliche Leistungsfähigkeit des Solargenerators kann mit speziellen Geräten gemessen werden. Dies sollte bei der Inbetriebnahme geschehen, auch um später Leistungsrückgänge nachweisen zu können.

- Freiliegende Anschlusskontakte müssen immer gegen zufälliges Berühren geschützt sein, zum Beispiel mit Isolierklebeband, weil sonst ein gefährlicher Lichtbogen entstehen kann. Diese Gefahr bei Gleichstrom wird häufig unterschätzt.
- Der Anschluss des Netzeinspeisegeräts an den Solargenerator und an das öffentliche Stromnetz bleibt durch gesetzliche Bestimmungen aus Sicherheitsgründen in jedem Fall einem beim Stromversorger zugelassenen Elektromeister vorbehalten. Auch Blitzschutzmaßnahmen dürfen nur durch konzessionierte Fachbetriebe durchgeführt werden.
- Montieren und installieren Sie die Anlagenkomponenten genau nach den Vorgaben der Hersteller und dokumentieren Sie das entsprechend, um Garantie- und Gewährleistungsansprüche zu sichern.

INBETRIEBNAHME UND QUALITÄTSSICHERUNG

Ist alles fertig montiert und angeschlossen, kommt der große Moment der Inbetriebnahme – in der Praxis meist ganz unspektakulär direkt nachdem der Einspeisezähler gesetzt wurde. Die Sicherungsschalter werden umgelegt, das Netzeinspeisegerät eingeschaltet, und schon beginnt die Photovoltaikanlage mit der Arbeit. Bei der Inbetriebnahme erfolgt in der Regel auch die formelle Abnahme durch Sie als Bauherrn und Betreiber.

Wurde die Anlage vereinbarungsgemäß geliefert und installiert, wird der vereinbarte Preis fällig, und die Gewährleistungs- und Garantiefristen beginnen. Gibt es Meinungsverschiedenheiten darüber, können Sie sich an die Schlichtungsstellen der Handwerkskammern oder der IHK wenden, bevor Sie per Anwalt einen möglicherweise kostspieligen Rechtsstreit beginnen.

Der Inbetriebnahme-Check

Zur Inbetriebnahme gehört eine gründliche Erstkontrolle der Anlage. Dazu nimmt der Installateur verschiedene Messungen vor, um die ordnungsgemäße Funktion von Solargenerator und Netzeinspeisegerät zu prüfen. Checklisten und Protokolle dafür finden sich in den beiden Qualitätssicherungssystemen für Photovoltaikanlagen, dem „RAL Güteschutz Solar" und dem „Photovoltaik-Anlagenpass".

RAL Güteschutz Solar

Von der Deutschen Gesellschaft für Sonnenenergie initiiert und fachlich organisiert wurde hier ein umfangreiches Regelwerk für qualitativ hochwertige Photovoltaikanlagen erarbeitet. Wer das Gütesiegel nutzen will, muss im Verein Mitglied werden und regelmäßige Prüfungen über die Einhaltung der Vorgaben zulassen. Der Bauherr kann mit dem Installateur die Ein-

haltung der Vorgaben vertraglich vereinbaren. Außerdem sind die Materialien
nützlich als detaillierte technische Information zur Kontrolle bei Planung, Installation und Abnahme der Anlage. Enthalten
ist auch ein Inbetriebnahmeprotokoll. Der
vergleichsweise hohe Aufwand und die
damit verbundenen Kosten für die Teil-
nahme haben dazu geführt, dass bisher
wenige Anbieter dieses Qualitätssiegel
benutzen. Informationen bekommen Sie
bei www.gueteschutz-solar.de.

Photovoltaik-Anlagenpass

Kein Gütesiegel, sondern ein umfangreiches Inbetriebnahme- und Abnahmepro-
tokoll ist der Anlagenpass, den der Bundesverband Solarwirtschaft (BSW) zusammen mit dem Zentralverband des Elektrohandwerks (ZVEH) entwickelt hat. Darin
dokumentiert der Installateur Planung,
Technik und Ausführung der Photovoltaikanlage und garantiert eine Ausführung
nach den anerkannten Regeln der Technik. Eine unabhängige Kontrolle findet
dabei jedoch nicht statt. Teilnehmende Installateure müssen sich lediglich registrie-
ren. Bis Februar 2011 waren über tausend

Installateure dabei, die auch über die Internetseite des Projekts zu finden sind.
Informationen gibt es bei www.photovol
taik-anlagenpass.de.

Auch wenn beide Verfahren dem Betreiber einer einzelnen Anlage nur wenig
mehr Sicherheit bieten, dokumentiert der
Installateur mit dem RAL-Siegel oder dem
Anlagenpass doch seine Professionalität
und Vertrauenswürdigkeit. Sie sollten also
darauf bestehen, dass Ihr Lieferant wenigstens eines der beiden Qualitätssiche-
rungssysteme nutzt.

Die Generatorleistung messen

Für den Betreiber ist es praktisch kaum
möglich nachzuprüfen, ob die gelieferte
Modulleistung mit der versprochenen
übereinstimmt. Dabei ist diese Leistung
doch bestimmend für den Ertrag der gesamten Anlage. Es gibt jedoch Messgeräte, mit denen die tatsächliche Leistungsfähigkeit des Solargenerators gemessen
werden kann, sogenannte Peakleistungs-
oder Kennlinien-Messgeräte. Mit ihnen
lassen sich auch Installations- und Herstellungsfehler erkennen, die sich in unre-
gelmäßigen Kennlinien zeigen.

Für eine hohe Messgenauigkeit bei der Spitzenleistung der Solarmodule sind bestimmte Einstrahlungsbedingungen notwendig. Am besten ist ein sonniger wolkenloser Tag. Deshalb kann es erforderlich sein, diese Messung zu einem anderen Zeitpunkt als direkt bei der Inbetriebnahme durchzuführen. Empfehlenswert ist die Messung aber auf jeden Fall und möglichst frühzeitig innerhalb des ersten Halbjahrs nach der Inbetriebnahme. Professionelle PV-Installateure sollten keine Schwierigkeiten damit haben, die Messung durchzuführen, mit einem eigenen Messgerät oder einem, dass sie sich zur Messung mehrere Anlagen zeitweise beschaffen.

Mit Hilfe eines speziellen Messgeräts („TET Solar") lassen sich auch bei der Installation die Module und deren Bypassdioden einzeln prüfen, bevor sie montiert und angeschlossen werden. Auch für die spätere Fehlersuche im Solargenerator bietet es verschiedene Analysemöglichkeiten.

Fehler in der Verkabelung des Solargenerators und defekte Solarzellen oder Bypassdioden lassen sich auch mit fachgerecht eingesetzten Wärmebild-Kameras (Thermografie) erkennen und orten.

Welche Qualitätssicherungsmaßnahmen der Installateur bei Montage und Inbetriebnahme anwendet, sollte schon bei der Auftragsvergabe vereinbart werden.

CHECKLISTE INBETRIEBNAHME

1	Wurde die Anlage aus den geplanten Komponenten wie vereinbart ausgeführt?
2	Wird die Qualität der Anlage gemäß RAL Güteschutz Solar oder dem Photovoltaik-Anlagenpass garantiert?
3	Ausführung der Inbetriebnahmetests und Messungen entsprechend den Formularen aus RAL oder Anlagenpass
4	Messung der Generatorkennlinie bei sonnigem Wetter bei Inbetriebnahme oder innerhalb weniger Wochen danach
5	Wurden die richtigen Zähler korrekt angeschlossen (mit oder ohne Rücklaufsperre, Zählrichtung)?
6	Alle Zählerstände ablesen
7	Übergabe einer vollständigen Anlagendokumentation an den Betreiber
8	Einweisung in die Bedienung und Funktionskontrolle der Anlage
9	Anmeldung im Anlagenregister bei der Bundesnetzagentur

Die gründliche Betriebseinweisung

Zur Inbetriebnahme gehört natürlich auch, dass Ihnen der Installateur die Bedienung Ihres Solarkraftwerks gründlich erklärt. Lassen Sie sich zeigen, wie sich die Anlage ein- und ausschalten lässt, wo Sie regelmäßig was kontrollieren sollten und wie Sie die Datenanzeige des Netzeinspeisegeräts bedienen, sofern vorhanden.

Tipp: Was für Einspeiseverträge gilt, ist auch bei der Inbetriebnahme zu empfehlen – unterschreiben Sie keine Formulare des Netzbetreibers, wenigstens nicht, bevor Sie diese auf ihre juristischen Folgen hin geprüft haben. Sonst schließen Sie womöglich Verträge „durch die Hintertür".

Provisorische Inbetriebnahme

Manchmal gelingt es nicht, die Photovoltaikanlage rechtzeitig vor dem Stichtag einer Vergütungsabsenkung ans Netz anzuschließen. Das kann daran liegen, dass der Netzbetreiber keinen Montagetermin zum Setzen der erforderlichen Zähler mehr frei hat oder weil das Netzeinspeisegerät nicht rechtzeitig geliefert wird.

Weil das EEG als Anlage die einzelnen Module definiert, kann die Anlage oder ein Anlagenteil trotzdem formell rechtzeitig in Betrieb genommen werden, sofern die Module montiert und angeschlossen sind

Die beim Bundesumweltministerium eingerichtete rechtliche „Clearingstelle EEG" hat dazu einen Vorschlag erarbeitet, wie in solchen Fällen der Inbetriebnahmezeitpunkt auch ohne Mitwirkung des Netz-betreibers nachgewiesen werden kann (Hinweis vom 25. Juni 2010). Dazu müssen die Module Strom erzeugen, was man bereits durch das Betreiben einer Glühbirne belegen kann. Dies ist zu dokumentieren, am besten durch ein Protokoll und Fotos – und im Beisein von Zeugen.

Eine Umwandlung des Solarstroms in Wechselstrom und die Einspeisung ins Netz sind demnach nicht erforderlich, um die Betriebsbereitschaft der Anlage gemäß EEG zu erfüllen, sagt die Clearingstelle. Der Solarenergie-Förderverein Deutschland empfiehlt zusätzlich, den Netzbetreiber vorab und nachher über diese behelfsweise Inbetriebnahme zu informieren.

Dokumentation

Zur vollständigen Dokumentation Ihrer Solarstromanlage benötigen Sie noch weitere Unterlagen und Informationen. Damit Sie selbst, aber auch Wartungstechniker sich bei späteren Kontrollen und Reparaturen an der Anlage schnell zurechtfinden und bei Änderungen an der häuslichen Elektroinstallation die Solaranlage nicht beeinträchtigt wird, sollten in einem eigenen Ordner alle Unterlagen vollständig vorliegen. Richten Sie dafür am besten einen Anlagenordner mit diesen Rubriken ein:

- **Bauphase:** Hier können Sie Planungsunterlagen, Angebote, Auftrag und die Abrechnung der Anlagenkosten einheften.
- **Technische Daten:** Hierher gehören die Datenblätter der Anlagenkomponenten,

Testzertifikate und Bescheinigungen sowie das Angebot des Lieferanten mit den Ausstattungsmerkmalen und Garantieversprechen von Händler und Hersteller.

■ Anleitungen: Hier können Sie Montagevorschriften der Befestigungssysteme und Installationsanweisungen einordnen sowie Betriebsanleitungen des Netzeinspeisegeräts und weiterer Komponenten wie Betriebsüberwachungen.

■ Inbetriebnahmeprotokoll: Das Prüfprotokoll der Inbetriebnahme, Schaltpläne, Montage- und Kabelverlegungspläne legen Sie am besten hier ab. Enthalten sein sollten auch die Messprotokolle der Modulhersteller („Flasher-Protokolle") mit den Seriennummern und einem Plan, aus dem die Platzierung der einzelnen Module auf dem Dach nachvollzogen werden kann.

■ Versicherungen: Hier können Sie die Vertragsunterlagen der Versicherungen für die Photovoltaikanlage ablegen. Falls Sie die Anlage in bestehende Verträge integrieren, lassen Sie sich von den betreffenden Versicherungen schriftlich bestätigen, in welchem Umfang die Solarstromanlage in den vorhandenen Versicherungsvertrag einbezogen wurde, und legen Sie diese Bestätigung hier ab.

■ Betriebsdaten: Die Daten Ihrer regelmäßigen Zählerablesungen, Kontrollvermerke der Sicherheitseinrichtungen sowie Wartungs- und Servicearbeiten sollten Sie hier vermerken und die Jahresabrechnungen des Stromversorgers mit einheften.

■ Korrespondenz: Hier legen Sie Schriftwechsel beispielsweise mit dem Netzbetreiber, Ämtern Finanzamt oder der Bundesnetzagentur ab.

■ Verträge: Falls Sie Verträge zur Dachnutzung oder mit dem Netzbetreiber geschlossen haben, sammeln Sie diese hier.

■ Buchhaltung (Finanzen): Sammeln Sie hier alle Kostenbelege, Kontoauszüge und Jahresabschlüsse, die mit der Photovoltaikanlage in Verbindung stehen, für eine ordnungsgemäße Buchhaltung und die korrekte steuerliche Behandlung.

■ Vergütungsabrechnung: Unterlagen und Rechnungskopien aus der Abrechnung der Vergütung können Sie hier ablegen.

■ Finanzamt/Steuer: Eine eigene Rubrik für die Korrespondenz mit dem Finanzamt und Kopien der Steuererklärungen zur Photovoltaikanlage erleichtert den schnellen Zugriff auf diese Unterlagen.

☀ MOMENTANE LEISTUNG BEI EINEM WECHSELSTROMZÄHLER

Um abzuschätzen, ob der Einspeisezähler (oder Zähler für andere Zwecke) richtig misst, kann man die von der Anlage erzeugte Leistung, wie sie beispielsweise vom Wechselrichter oder separaten Überwachungssystemen angezeigt wird, vergleichen mit der Messung des Stromzählers. Da diese Zähler jedoch die Augenblicksleistung nicht direkt anzeigen, muss man sie erst errechnen. Bei den mechanischen Zählern mit Drehscheibe lässt sich das über die Geschwindigkeit ermitteln, bei elektronischen Zählern über den Zeitabstand zwischen dem Blinken der Leuchtdiode (LED).

Mechanische Zähler mit Drehscheibe: Die Leistung ist umso höher, je schneller sich die Scheibe dreht. Messen Sie die Zeitdauer einer Umdrehung (mit Hilfe der Farbmarkierung auf der Scheibe). Notieren Sie sich die auf dem Zähler angegebene Zählerkonstante in U/kWh (Umdrehungen pro Kilowattstunde).

Elektronische Zähler mit blinkender LED: Die Leistung ist umso höher, je häufiger die Leuchtdiode blinkt. Messen Sie mehrfach die Zeitdauer zwischen zwei Impulsen, und zwar immer von Beginn des Leuchtimpulses bis zum Beginn des nächsten – und bilden Sie daraus einen Mittelwert. Notieren Sie sich die auf dem Zähler angegebene Zählerkonstante in Imp/kWh (Impulse pro Kilowattstunde). Bei beiden Zählerarten berechnet sich die Leistung dann nach dieser Formel:

$$\text{Leistung in Kilowatt (kW)} = \frac{3600}{T \times K}$$

T = gemessene Zeit in Sekunden
K = Zählerkonstante (U/kWh oder Imp/kWh)

Beispiel:

$$\text{Leistung in Kilowatt (kW)} = \frac{3600}{10\,\text{s} \times 150\,\frac{U}{kWh}} = 2,4\ \text{kW}$$

Anmeldung bei der Bundesnetzagentur

Für Solarstromanlagen, die seit dem Jahr 2009 in Betrieb genommen werden, ist eine Anmeldung bei der Bundesnetzagentur die Voraussetzung für die Vergütung nach EEG. Sie müssen dort den Standort, die Modulleistung der Anlage und das Inbetriebnahmedatum angeben. Das gilt sowohl bei Volleinspeisung als auch bei Überschusseinspeisung mit Eigenverbrauch.

Die Meldung kann mit dem Formular der Bundesnetzagentur schriftlich per Post, per Fax oder als E-Mail-Anhang erfolgen oder über das Online-Meldeportal auf der Internetseite der Bundesnetzagentur. Für die Onlinemeldung ist eine vorherige Registrierung des Betreibers notwendig. Deshalb empfiehlt sich dieser Weg nur bei Betreibern mehrerer Anlagen. Änderungen der angemeldeten Daten sind jeweils nur über den Weg möglich, auf dem die Anmeldung erfolgt ist.

Nähere Informationen und das Formular zum Download finden Sie auf der Internetseite www.bundesnetzagentur.de unter dem Stichwort „Meldung Photovoltaikanlagen" („Elektrizität/Gas" und dort unter „Anzeigen/Mitteilungen").

BETRIEB, WARTUNG, WIRTSCHAFTLICHKEIT

Solarstromanlagen laufen zuverlässig und fehlerfrei. Meistens. Kleine Probleme lassen sich in der Regel schnell beheben. Wichtig ist vor allem eine regelmäßige Kontrolle der Anlage, damit die Erträge stimmen und die Kalkulation aufgeht. Als Photovoltaikbetreiber sind Sie steuerlich Unternehmer. Wir informieren hier über alles Wichtige, was Sie dazu wissen sollten.

KONTROLLE IM LAUFENDEN BETRIEB

Man kalkuliert, plant und rechnet, bevor die Anlage installiert wird. Gerade bei kleinen Anlagen hängt die Rentabilität oft an wenigen Prozentpunkten. Aber selbst die präzisesten Ertragssimulationen schützen nicht vor den Unwägbarkeiten der Praxis. Wie viel Strom tatsächlich erzeugt wird, hängt nicht nur von den beeinflussbaren Faktoren wie fachgerechte Planung, sorgfältige Installation und hochwertige Bauteile ab, sondern auch von der tatsächlichen Einstrahlung und dem Verhalten der Module und Wechselrichter im Alltagsbetrieb.

Im besten Fall beträgt die Schwankungsbreite zwischen Prognose und Ertrag um die fünf Prozent – bei bekannter und gut verstandener Technik (kristalline Solarzellen) und bezogen auf ein Jahr mit durchschnittlicher Einstrahlung. In der Realität wird dieses „Normjahr" aber oft um mehrere Prozent über- oder unterschritten. Die Schwankungen in einzelnen Monaten sind noch viel größer und gleichen sich übers Jahr dann teilweise wieder aus. Ein einfacher Vergleich der Monatserträge mit den simulierten Prognosewerten scheidet somit aus.

Die Folge ist: Für den Betreiber lässt sich so ohne Weiteres gar nicht feststellen, ob seine Anlage nun den Erwartungen entspricht, ob das, was der Installateur geliefert hat, fehlerfrei arbeitet und ein Maximum an Ertrag bringt und ob die Versprechen und Garantien der Hersteller eingehalten werden. Gerade kleine Anlagen verfügen standardmäßig nicht über ausgeklügelte vollautomatische Überwachungssysteme, die auch innerhalb der

Anlage durch Vergleiche von Teilgeneratoren die Plausibilität der Werte diagnostizieren und die Erträge mit gemessenen realen Einstrahlungsdaten abgleichen.

Regelmäßige Kontrolle

Weil Photovoltaikanlagen in der Regel völlig störungsfrei arbeiten, ist die Versuchung groß, das eigene Kraftwerk irgendwann nicht mehr zu kontrollieren. Tritt dann aber doch einmal ein Fehler auf, können unbemerkte Mindererträge und Anlagenausfälle viele hundert Euro Ausfall bedeuten und jede Wirtschaftlichkeitsrechnung durchkreuzen. Selbst automatische Überwachungssysteme können ausfallen. Mancher Anlagenbetreiber musste schon die Erfahrung machen, dass diese Zusatzeinrichtungen mehr Arbeit und Komplikationen verursachen können als die Solarstromanlage selbst. **Die wichtigste Empfehlung lautet deshalb:** Einmal im Monat die Anlage kontrollieren und die Zählerstände ablesen. Den Ertrag in Kilowattstunden pro Kilowatt Anlagenleistung errechnen Sie, indem Sie die ermittelte Energiemenge durch die Spitzenleistung des Solargenerators (in Kilowatt) teilen.

Auch ein Wartungsvertrag mit jährlichen Prüfintervallen durch den Installateur kann diese Eigenkontrolle nicht ersetzen. Einige bieten als Zusatzservice aber eine laufende zentrale Fernüberwachung und Kontrolle der Anlage an. Voraussetzungen dafür sind eine entsprechende technische Ausrüstung der Anlage und meist ein Internetanschluss.

Mindestaufwand: regelmäßige Kontrolle und Datenablesung

Ideal wäre eine tägliche Kontrolle der Störungsanzeige des Netzeinspeisegeräts. Manche Betreiber lesen anfangs sogar täglich die Zähler ab. Das Interesse und der Erkenntnisgewinn lassen dann meist schnell nach.

Wenigstens an jedem Monatsersten sollten Sie aber die Fehlermeldungen des Netzeinspeisegeräts ablesen, die Zählerstände im Wechselrichter, am Erzeugungs- und Einspeisezähler notieren und weitere Einrichtungen wie Sicherungen und Überspannungsschutz (diese besonders auch nach Gewittern!) prüfen.

Wenn Sie die Monatserträge in eine Tabelle eintragen und jeweils mit Vorjahreswerten vergleichen, können Sie erkennen, ob die Anlage ordnungsgemäß arbeitet. Die Ertragswerte der jeweiligen Monate können zwar in einzelnen Jahren erheblich schwanken, bleiben die Erträge jedoch in mehreren Monaten unter den Vorjahreswerten, können Sie einen Teilausfall der Anlage vermuten.

Tipp: Wenn Sie bei Ihrer monatlichen Datenerfassung auch den Strombezug sowie Gas- und Wasserzähler ablesen, können Sie gleichzeitig Ihre Verbrauchsmengen kontrollieren und auch dort fehlerhafte Geräte erkennen und ersetzen. Vielleicht bekommen Sie dabei Lust, Ihren Haushalt überhaupt einmal auf Strom-, Wasser- und Energieverschwender zu untersuchen und den Verbrauch zu senken. Davon profitiert auch Ihr Geldbeutel.

Vergleich mit anderen Anlagenbetreibern
Vielerorts findet ein reger Erfahrungsaustausch zwischen den regionalen Anlagenbetreibern statt. Diese Treffen und Stammtische, von Energieinitiativen, Firmen oder engagierten Einzelpersonen initiiert, ermöglichen den direkten aktuellen Vergleich der Anlagenerträge und liefern Informationen und Erfahrungswerte aus erster Hand schon für den Kauf. Wo es in Ihrer Nähe solche Gruppen gibt, erfahren Sie bei Beratungsstellen, Solarfirmen und Umweltverbänden in Ihrer Region.

Dort kann man auch die eigenen Erträge mit denen benachbarter Anlagen vergleichen. Die räumliche Nähe hat den Vorteil sehr ähnlicher Einstrahlungswerte, die sich überregional deutlich unterscheiden können. Berücksichtigen Sie aber mögliche Ungenauigkeiten (werden Zäh-lerstände aus geeichten Zählern herangezogen?) und Unterschiede bei den Messwerten durch unterschiedliche Anlagentechnik und Ausrichtung der Module.

Der Aachener Solarenergie-Förderverein hat im Internet eine bundesweite Betreiberdatenbank eingerichtet und erinnert registrierte Teilnehmer jeden Monatsanfang per E-Mail an die Ablesung. Wenn Sie Ihre monatlichen Erträge in die Datenbank eintragen, können Sie diese dort sehr einfach mit anderen Anlagen aus der Region vergleichen.

Vergleich mit Einstrahlungswerten
Auf diese Weise lässt sich zumindest erkennen, ob sich die Erträge der Anlage stabil entwickeln, und grob abschätzen, wie gut Ihr Photovoltaikkraftwerk im Vergleich zu anderen arbeitet. Um aber fest-

CHECKLISTE FUNKTIONSKONTROLLE

1	Zeigt das Netzeinspeisegerät Fehlermeldungen an?
2	Sind Wechselstromsicherungen und FI-Schalter intakt (Schmelzsicherungen) und eingeschaltet (Sicherungsschalter)?
3	Zeigen die Störmelder von Strangsicherungen (falls vorhanden) und Überspannungsableitern Fehler an?
4	Sichtkontrolle am Solargenerator: Alle Module in Ordnung, keine losen Kabel sichtbar, keine groben Verschmutzungen (Blätter, Vogelkot)?
5	Zählerstände notieren: Erzeugungszähler (auch Zähler im Netzeinspeisegerät), Einspeisezähler, Bezugszähler
6	Solarstrom-Ertrag auf Plausibilität prüfen (Anlagenvergleich, Internetdatenbank oder Einstrahlungsvergleich)

BILD Dieses Kontrollgerät überwacht die korrekte Funktion der Anlage und warnt den Betreiber bei Ausfällen oder Ertragseinbußen. Auch Soll-Ist-Vergleiche mit der Einstrahlung sind möglich.

zustellen, ob die Anlage wirklich das bringt, was sie leisten könnte, reicht das nicht. Dazu wäre ein Vergleich mit den örtlichen Einstrahlungswerten nötig. Es gibt dafür grundsätzlich zwei Möglichkeiten:

■ Entweder, Sie **messen die Einstrahlung** direkt an der Anlage und erfassen sie innerhalb des Überwachungssystems beispielsweise im Netzeinspeisegerät. Die dafür notwendigen Sensoren sind jedoch teuer und müssen nachkalibriert werden, wenn sie auf Dauer genau messen sollen. Der Vorteil ist, dass Sie direkt die gemessene Einstrahlungssumme auf die geneigte Solargeneratorfläche erhalten. Das lohnt sich allenfalls bei größeren Anlagen oder bei besonderem wissenschaftlichen Interesse von Hobbykraftwerksbetreibern.

■ Oder Sie greifen auf **Einstrahlungsdaten von Wetterdiensten** zurück, die jedoch für den einzelnen Standort nur aus einer begrenzten Zahl von Messstationen und mit Hilfe von Satellitenmessungen hochgerechnet werden. Außerdem müssen diese für ebene Flächen ermittelten Werte noch auf die Ausrichtung und Neigung Ihres Solargenerators umgerechnet werden. Im einfachsten Fall lassen sich grobe Werte aus den monatlichen Strahlungskarten ablesen, die regelmäßig in mehreren Solarzeitschriften abgedruckt werden oder beispielsweise auf der Internetseite des Deutschen Wetterdiensts abgerufen werden können.

Die Effizienz Ihrer Anlage

Hat man Werte für die Einstrahlung auf die Modulfläche und den Anlagenertrag, lässt sich daraus die Zahl für die Anlageneffizienz ermitteln, die sogenannte **Performance Ratio** (PR). Die Berechnungsformel dafür lautet:

$$PR = \frac{\text{Energieerzeugung (Wechselstrom) pro Kilowatt Anlagenleistung}}{\text{Einstrahlungssumme in Modulebene pro Quadratmeter}}$$

Das Ergebnis ist eine Zahl kleiner eins, die als Prozentangabe zu interpretieren ist. Neue Anlagen in Deutschland sollten mindestens Werte von 0,80 bis 0,85, also 80 bis 85 Prozent erreichen.

Die Genauigkeit des errechneten Wertes steht und fällt natürlich mit der Genauigkeit der angegebenen oder nachgemessenen Peakleistung der Anlage und den Einstrahlungsdaten, die zur Verfügung stehen. Plötzliche oder schleichende Abweichungen der PR im Lauf der Zeit wären aber in jedem Fall deutliche Hinweise auf technische Probleme.

In der Praxis wird sich zeigen, dass die Anlageneffizienz (PR) zumindest bei kristallinen Solarmodulen im Sommer etwas zurückgeht und im Winter wieder ansteigt. Das liegt an den Leistungseinbußen dieser Solarzellen bei höheren Temperaturen.

Automatische Überwachung

Ideal ist natürlich eine automatische Überwachung der Anlage mit einem Datenspeicher („Logger") einschließlich Einstrahlungssensor oder via Internet verbunden mit einer zentralen Datenbank mit meteorologischen Einstrahlungswerten.

So werden Funktion und Ertrag der Anlage täglich oder sogar rund um die Uhr analysiert. Im Falle eines Fehlers erhalten Sie oder Ihr Installateur eine Nachricht per E-Mail, SMS oder Fax. Im Internet oder sogar auf dem Mobiltelefon können Sie auf die Daten Ihrer Solarstromanlage zugreifen oder sich täglich die aktuellen Erträge zusenden lassen.

BETRIEBSVERHALTEN

Nicht nur die Technik, sondern auch äußere Umstände beeinflussen im Alltagsbetrieb den Ertrag von Solarstromanlagen:

- **Wärme:** Solarzellen (vor allem kristalline) sind temperaturempfindlich. Mit steigender Zelltemperatur sinkt die Leistung.
- **Blätter von Laubbäumen** können auf dem Glas festkleben und wie eine Dauerverschattung wirken.
- **Tauben und andere Vögel** können aufdachmontierte Solarmodule als Sitzgelegenheit nutzen und hartnäckig klebenden Vogelkot auf den Scheiben hinterlassen.
- **Staub und Ruß** aus bestimmten Industriebetrieben, stark rußenden Feuerungsanlagen und der Landwirtschaft können sich auf den Modulen ablagern.
- **Regen:** Schmutz und Staub von Blütenpollen, Vogelkot und Ruß aus Verbrennungsanlagen (auch von der eigenen Heizungsanlage) wirken wie eine Sonnenbrille für den Solargenerator. Ein Regenschauer ist deshalb der natürliche Freund des Solaranlagenbetreibers, da er den Schmutz von den Glasflächen wäscht und so den Ertrag beim nächsten Sonnenschein wieder erhöht.
- **Schnee:** Wenn die Module schräg aufgestellt wurden, rutscht der Schnee oft spätestens beim nächsten Sonnenschein wieder vom Solargenerator ab. An Modulen mit Aluminiumrahmen oder Gestellen mit Abdeckprofilen kann er aber auch hängen bleiben.
- **Marder** gelangen auch auf Dächer und können freiliegende Modulkabel verbeißen und so Ertrag sowie Sicherheit der Anlage gefährden.

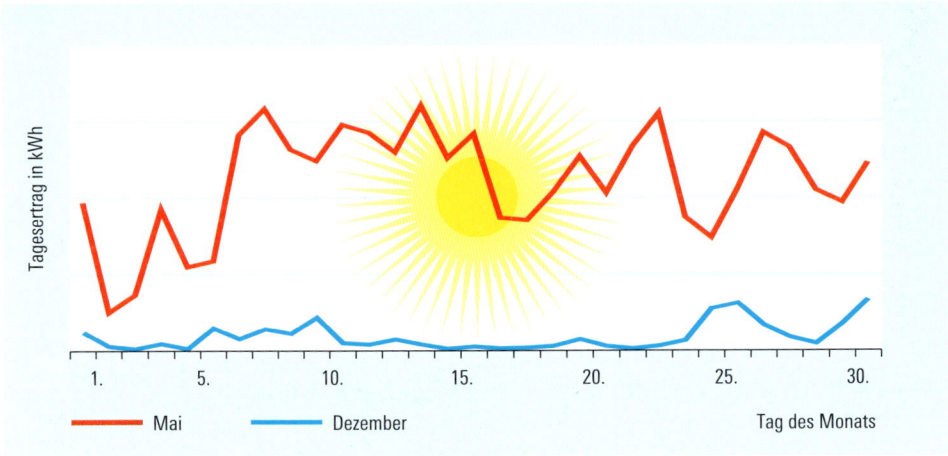

Tagesertrag in kWh

1.   5.   10.   15.   20.   25.   30.

—— Mai   —— Dezember   Tag des Monats

BILD 1 Tages-Energieerträge einer Solarstromanlage in einem Sommer- (Mai) und einem Winter-
monat (Dezember)

Leistungsverhalten und Energieerträge

Nach einer Daumenregel produziert jedes Watt installierter Spitzenleistung im Jahr eine Kilowattstunde Solarstrom. In der Praxis ist das ein Spitzenwert, den nur die besten Anlagen an optimalen Standorten erreichen. Durchschnittlich gute Anlagen erreichen je nach Lage Jahreserträge von 860 (Nordwest-Deutschland), 920 (Ostdeutschland) bis 970 Kilowattstunden (Süddeutschland) pro Kilowattleistung – bezogen auf den langjährigen Durchschnitt der Sonneneinstrahlung und bei einer Performance Ratio von etwa 80 Prozent.

Schwankende Erträge

Leistung und Ertrag einer einzelnen Anlage schwanken erheblich, wie die Diagramme oben zeigen.

Deutlich sichtbar ist die jahreszeitliche Verteilung der Energieerträge: Wie nicht anders zu erwarten, sind die Erträge im Sommer erheblich größer als im Winter. Konkret liefert eine Solarstromanlage in Deutschland im Sommerhalbjahr fast drei Viertel des Jahresertrags und im Winterhalbjahr nur etwa ein Viertel.

Besondere Betriebszustände

Viele Netzeinspeisegeräte und Überwachungssysteme zeigen dem Betreiber auch die maximale Spitzenleistung (Augenblicksleistung) an, die der Solargenerator am jeweiligen Tag erreicht hat. Das Erstaunen ist groß, wenn dann eine 5-Kilowatt-Anlage an einem wechselhaft sonnigen, aber kühlen Apriltag 6 Kilowatt anzeigt. Dieselbe Anlage kommt dagegen an einem heißen Julitag kaum über 4 Kilowatt hinaus. Wie lässt sich das erklären?

Die Spitzenleistung des Modulherstellers bezieht sich auf ganz bestimmte Testbedingungen, die in der Praxis selten erreicht werden: eine konstante Sonneneinstrahlung von 1 000 Watt pro Quadratmeter bei einer Zelltemperatur von 25 Grad Celsius. An dem sonnigen Julitag werden die Solarzellen aber 70 Grad heiß, und die höhere Luftfeuchtigkeit vermindert die Einstrahlung. Beide Faktoren reduzieren die Leistung des Solargenerators gegenüber dem technischen Nennwert.

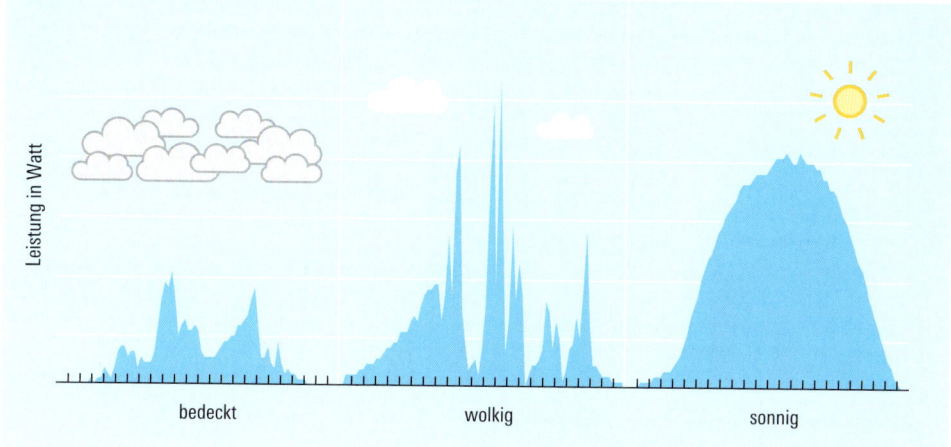

Tagesleistung

Leistung in Watt

bedeckt   wolkig   sonnig

BILD 2 Prinzipieller Verlauf der Augenblicksleistung einer Solarstromanlage an einem bedeckten, einem wechselnd bewölkten und einem sonnigen Tag im Sommer

Dagegen leistet der Solargenerator kurzzeitig deutlich mehr als die Nennleistung, wenn an einem kühlen Apriltag nach einem reinigenden Regenguss plötzlich die Wolkendecke aufreißt und das von Wolkenreflexionen zusätzlich konzentrierte Sonnenlicht auf die 10 Grad Celsius kühlen Solarzellen scheint. Wie Messungen zeigen, sind solche Einstrahlungsspitzen gar nicht so selten und erhöhen den Ertrag, wenn der Wechselrichter ausreichend leistungsstark dimensioniert ist.

Die temperaturabhängige Leistungsabgabe von Solarzellen führt noch zu weiteren interessanten Phänomenen. So erzeugt eine Solarstromanlage an ihrem ertragsstärksten Oktobertag fast genauso viel Energie wie an ihren besten Julitagen, obwohl die Tage im Herbst deutlich kürzer sind. Die kühleren Lufttemperaturen machen's möglich.

Langzeiterfahrungen

Lebensdauer und Funktionstüchtigkeit von Solarzellen sind grundsätzlich erst einmal nicht begrenzt. Besonders kristalline Solarzellen können jahrzehntelang

Strom produzieren, da sich dabei das Material nicht verändert und die Stromgewinnung durch einen physikalischen Effekt erfolgt, ohne chemische oder mechanische Abnutzung der Solarzelle. Voraussetzung ist jedoch eine absolut dichte Versiegelung der Zellen vor Witterungseinflüssen, Sauerstoffzufuhr und eindringender Feuchtigkeit. Je besser der Hersteller diese Versiegelung beherrscht, umso länger behält das Solarmodul seine maximale Leistungsfähigkeit.

Solarmodule

Alle Solarmodule zeigen eine mehr oder weniger große Degradation in der ersten Zeit, in der sie dem Sonnenlicht ausgesetzt sind (Anfangsdegradation). Die ist bei kristallinen Solarzellen sehr klein und innerhalb kurzer Zeit abgeschlossen. Am größten ist sie mit 10 bis 30 Prozent in den ersten 1 000 Sonnenstunden bei Silizium-Dünnschichtmodulen. Außerdem schwankt der Wirkungsgrad dieses Solarzellentyps zwischen Sommer und Winter durch thermisch-physikalische Effekte.

Ältere Solarmodule, die schon auf ähn-

Monatserträge

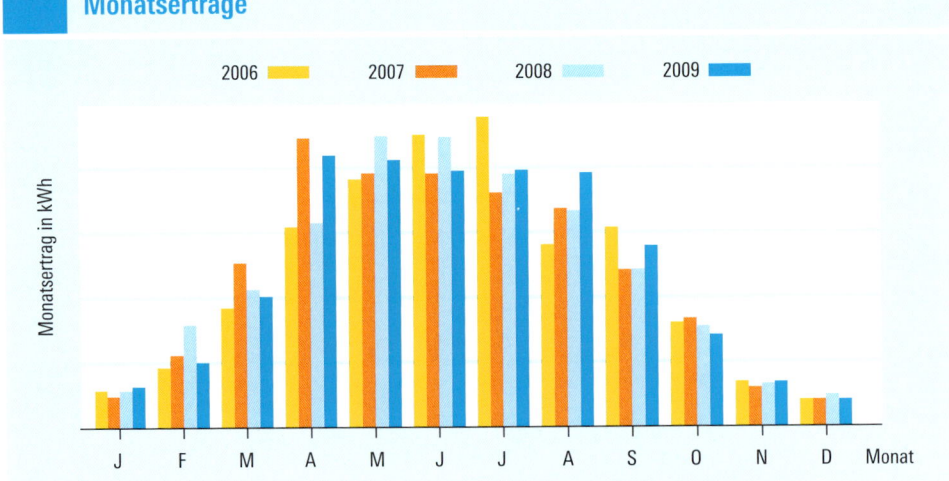

2006 ■ 2007 ■ 2008 ■ 2009 ■

Monatsertrag in kWh

J F M A M J J A S O N D Monat

BILD 1 Die Monatserträge in verschiedenen Jahren können erheblich schwanken,…

liche Weise hergestellt wurden wie die heute üblichen, arbeiten seit mehr als 30 Jahren und liefern noch immer erstaunlich hohe Leistungen. Bei den neueren Modulen hat man aus den Langzeiterfahrungen gelernt und Fertigungsprozesse und Materialien weiter verbessert, sodass bei heutigen Modulen über viele Jahre keine Alterungserscheinungen erkennbar sind. Betriebszeiten von 30 bis 40 Jahren bei heute produzierten qualitativ hochwertigen Solarmodulen erscheinen Fachleuten deshalb realistisch. Die meisten der in den letzten zwanzig Jahren hierzulande installierten Photovoltaikmodule sind noch immer am Netz und zeigen kaum nachlassende Erträge. Im Gegenteil bringen viele Anlagen mit ausgetauschten neuen Wechselrichtern sogar höhere Erträge als bei Inbetriebnahme.

Genaue Untersuchungen, die auch Messfehler und statistische Ungenauigkeiten analysieren, zeigen bei kristallinen Solarzellen keine generelle Degradation: Das heißt, die Leistungsabgabe der meisten Module unterliegt nach den aktuellen Erkenntnissen keinem regelmäßigen

Rückgang, wie er beispielsweise in Wirtschaftlichkeitsrechnungen oft mit 0,5 Prozent pro Jahr angesetzt wird. Solche allgemeinen Annahmen stammen oft aus Anlagenfehlern, die andere Ursachen haben als Degradation, aber falsch statistisch als Degradation interpretiert werden.

Leistungseinbußen sind häufiger auf Defekte durch Produktionsfehler (Delamination, Materialfehler und andere) oder äußere Einwirkungen (Blitz, Hagel und andere) zurückzuführen und bewirken eher starke und plötzliche Leistungsrückgänge. Salopp ausgedrückt: Eher geht eins von zehn Modulen kaputt, als dass alle zehn Module zehn Prozent ihrer Leistung einbüßen – obwohl sich statistisch das gleiche Ergebnis zeigt. Solche Mängel aber sind in der Praxis extrem selten.

Für Dünnschichtsolarmodule und bestimmte neuere Solarzellenarten (EFG, String Ribbon) liegen dagegen zum Teil andere Erfahrungswerte vor und häufig noch keine Langzeiterfahrungen über mehrere Jahrzehnte. Allgemeingültige Aussagen lassen sich deshalb für Dünnschichtmodule noch nicht treffen.

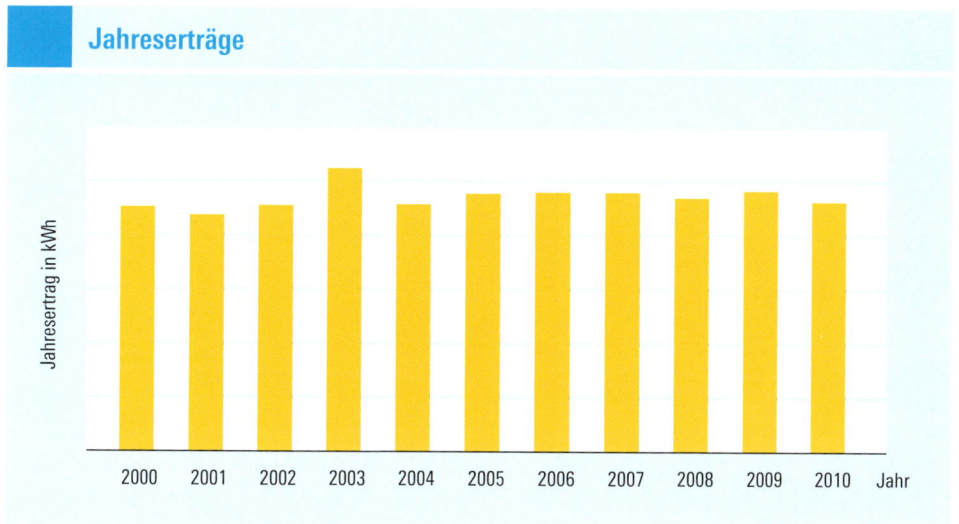

Jahreserträge

BILD 2 ... meist gleichen sich die Schwankungen in der Jahressumme dann wieder weitgehend aus.

Anlagentechnik und Installation

Wenn überhaupt Probleme auftreten, sind die häufigste Ursache Wechselrichterdefekte. Dabei ist die Ausfallrate dieser Geräte in den letzten zehn Jahren auf ein Minimum gesunken.

Unsachgemäß installierte und nicht ausreichend witterungsbeständige Kabel könnten langfristig größere Probleme be-

reiten und Kosten verursachen: Sie können nicht so einfach getauscht werden wie das Netzeinspeisegerät.

Sturm, Blitzschlag und Überspannungsfolgen sind aber Schadursachen, die sich nur vermindern, aber nie ganz ausschließen lassen. Dagegen hilft letztlich nur ein ausreichender Versicherungsschutz.

WARTUNG UND REPARATUR

Solarstromanlagen arbeiten nahezu wartungsfrei. Das bedeutet, dass man eben doch ab und zu nach dem Rechten sehen muss und bestimmte Wartungsarbeiten durchführen lassen sollte. Wenn Sie die folgenden Tipps befolgen, werden Sie mit Ihrem eigenen Kraftwerk wenig Arbeit und umso mehr Energiegewinn und Freude haben.

Das können Sie selber tun

Die wichtigste Arbeit macht sogar Freude: Beobachten Sie die Sonnenernte, indem

Sie regelmäßig die Stromzähler ablesen. So erkennen Sie Störungen frühzeitig, so selten diese in der Praxis auch auftreten.

Gleichzeitig sollten Sie auch die Kontrollanzeigen der Sicherheitselemente (Sicherungen und Überspannungsschutz) überprüfen und gegebenenfalls austauschen lassen. Noch besser wäre natürlich ein täglicher Blick auf die Störungsanzeige des Netzeinspeisegeräts und am komfortabelsten eine automatische Anlagenüberwachung mit Meldung per E-Mail oder SMS an Sie oder Ihren Installateur.

BILD 1 An Modulkanten kann sich im Lauf der Jahre Schmutz festsetzen, der sogar zu Bewuchs von Moos und Flechten führt.
BILD 2 Nur selten ist die Reinigung von Solarmodulen nötig. Der Fachmann hat die richtige Ausrüstung, um dabei Schäden an den Solarmodulen zu verhindern.

Wenn Ihr Netzeinspeisegerät Leistungsspitzen speichert, notieren Sie auch solche Werte. Falls die Spitzenwerte gelegentlich um 20 bis 30 Prozent über der Nennleistung liegen, ist das ein Indiz für den einwandfreien Zustand des Solargenerators.

Achten Sie darauf, dass Kühlöffnungen des **Wechselrichters** und Kühlflächen auf der Seite und Rückseite des Geräts frei liegen und keine Gegenstände und Unterlagen auf dem Gerät liegen, die eine Luftzirkulation behindern. Hohe Temperaturen im Gerät können auch darauf hindeuten, dass ein möglicherweise im Gerät eingebauter Lüfter nicht mehr funktioniert. Das Gerät regelt dann die Einspeiseleistung herunter. Der Fachmann sollte das im Rahmen einer Wartung überprüfen.

Achten Sie darauf, ob Äste von Bäumen in Ihrem Garten Module beschatten oder rankende Pflanzen am Haus den Solargenerator überwuchern. Schneiden Sie die Pflanzen rechtzeitig zurück.

Dafür sollten Sie einen Fachmann beauftragen

Bei älteren Netzeinspeisegeräten ohne eigensichere Netzüberwachung muss die **Prüfung der Schutzschaltung** alle drei Jahre wiederholt und protokolliert werden. Viele dieser Geräte sind inzwischen aber durch neuere Wechselrichter ersetzt worden. Falls nicht, lohnt sich die Überlegung das zu tun, denn oft liefern die Anlagen nach einem Tausch auch höhere Erträge, was sich aufgrund der hohen Vergütung für Altanlagen (bis über 50 Cent je Kilowattstunde) häufig rechnet.

Spätestens alle drei Jahre sollten die **Messungen des Inbetriebnahmeprotokolls** wiederholt werden und alle Sicherungselemente auf Funktionstüchtigkeit geprüft und diese Tests jeweils dokumentiert werden.

Dazu gehört auch eine genaue **Sichtkontrolle des Solargenerators, seiner Befestigung und der Verkabelung:**

- Sind alle Module noch korrekt befestigt?
- Hat sich der Dachstuhl verschoben, und ist die Modulfläche deshalb verspannt?
- Sind die Kabel außen und im Innenbereich (besonders im Dachstuhl) noch intakt und an ihrem Platz?
- Sind die Steckverbindungen und Klemmenanschlüsse korrekt verbunden?
- Bei zugänglichen Montageverschraubungen: Sind die Schrauben noch fest angezogen?
- Sind im Freien montierte Anschlusskästen und Wechselrichter innen trocken und sauber?

Der Betreiber ist für die Sicherheit seiner Anlage verantwortlich und haftet Dritten gegenüber für Gefahren, die von der Anlage ausgehen, ebenso wie das beim privaten Auto für den Halter und Fahrer des Fahrzeugs gilt. Auch im Hinblick auf die Haftpflichtversicherung ist deshalb die Dokumentation der Wartungen wichtig, um im Schadensfall nachzuweisen, dass Sie Ihre Sorgfaltspflicht erfüllt haben.

BILD 1

BILD 2

Schmutz und Schnee

Werden die Solarmodule mit einer Neigung von wenigstens 15 Grad montiert, gelten sie durch die Wirkung von Regen und Schnee als selbstreinigend. Der nur zeitweise aufliegende Staub und Blütenpollen haben nur wenig Einfluss auf den Ertrag.

Im Lauf der Zeit kann sich jedoch ein Schmutzfilm auf die Glasoberflächen legen und sich an den Rahmenkanten oder Befestigungsschienen und -klammern Schmutz ansammeln, der sogar zu kleinem Moos- oder Flechtenbewuchs führen kann. Vogelkot und anhaftende Blätter können Solarzellen beschatten und den Ertrag verringern. Diese Verschmutzungen werden nicht mehr vom Regen abgewaschen und können die Selbstreinigung zusätzlich verschlechtern.

Professionelle Reinigung

Bei flach installierten und auch bei schräg aufgestellten Paneelen ist deshalb spätestens nach mehreren Jahren Betrieb eine gründliche Reinigung fällig. Der beste Zeitpunkt dafür ist das beginnende Frühjahr vor der Haupt-Einstrahlungssaison. Es gibt dafür spezialisierte Reinigungsunternehmen, die eine fachgerechte und schonende Reinigung der Solarmodule mit spezieller Ausrüstung durchführen. Die Reinigung erfolgt mit entmineralisiertem, gereinigtem Leitungswasser ohne Zusatz von Reinigungsmitteln. Die Kosten für eine solche Reinigung können sich bei sichtbarer Verschmutzung auch finanziell lohnen und lassen sich minimieren, wenn Sie die Reinigungsfirma zusammen mit Anlagenbetreibern in Ihrer näheren Umgebung engagieren.

Unternehmen Sie keinesfalls Reinigungsversuche mit Gartenschlauch oder Hochdruckreinigern! Verzichten Sie besser darauf, diese Arbeit als Betreiber selbst übernehmen zu wollen. Die notwendige Ausrüstung findet sich nicht in Ihrem Haushalt, und der Solargenerator auf dem Dach ist in der Regel nicht gefahrlos zugänglich.

Schnee abtauen lassen

Das Gleiche gilt für das Schneeräumen im Winter: Hier ist die Unfallgefahr bei Arbeiten auf dem Dach besonders groß. Außerdem besteht ein großes Risiko, Module und Glasoberflächen durch ungeeignetes Räumwerkzeug zu beschädigen. Sie würden damit auch Gewährleistungs- und Garantieansprüche sowie den Versicherungsschutz aufs Spiel setzen. Schnee taut und rutscht meist schon am ersten sonnigen Wintertag wieder ab. Und selbst wenn er mal auf den Modulen festgefroren ist, was selten vorkommt, könnte man ihn auch

mit einem riskanten Räumversuch nur teilweise entfernen.

Die möglichen Ertragsgewinne durch so eine Schneeräumaktion dürften jedenfalls kaum in einem vernünftigen Verhältnis zum gesundheitlichen und wirtschaftlichen Risiko stehen. Der gesamte Schneemonat Januar steht für weniger als drei Prozent des Jahresertrags.

CHECKLISTE WARTUNG

1	Genaue Sichtkontrolle aller Anlagenbauteile: Module, Verkabelung, Montagesystem, Dachhaut, Zuleitungen NEG, Anschlusskästen und Überspannungsschutz, Netzeinspeisegerät, Sicherungen, Zähler
2	Elektrische Überprüfung des Solargenerators: Messung von Spannungen und Strömen (indirekte Messung mit Strommesszange)
3	Kontrolle der Strangsicherungen und Überspannungsableiter
4	Funktionsprüfung der Sicherungsschalter und FI-Schutzschalter
5	Plausibilitätskontrolle der Energieerträge (Vergleich mit Prognosewerten und Einstrahlungsdaten)
6	Auswertung des Fehlerspeichers im Netzeinspeisegerät (z. B. häufige Netzfehler)
7	Reinigung der Solarmodule (nur bei starker Verschmutzung oder nach mehreren Jahren)
8	Äußeren Bewuchs (Efeu, Äste, Sträucher) beschneiden oder entfernen

Batterien

Werden in einer netzgekoppelten Photovoltaikanlage Batterien eingesetzt, um eine Stromversorgung auch bei Netzausfall sicherzustellen oder um künftig Solarstrom für den Eigenverbrauch zwischenzuspeichern, erhöht sich der Wartungsaufwand für die Anlage erheblich. Zusätzliche elektronische Geräte zum Laden der Batterien und zur Rückspeisung des Batteriestroms ins Hausnetz sind zu kontrollieren, und die Batterien erfordern je nach Bauart eine regelmäßige Pflege. Sie kennen das vielleicht noch von den älteren Autobatterien.

Herkömmliche Bleibatterien halten bei ständigem Laden und Entladen nur wenige Jahre. Neuere Batterietypen versprechen längere Betriebszeiten, sind aber erheblich teurer und speziell für Photovoltaikanlagen noch nicht erhältlich. Entwickelt werden derzeit Batterien, die über 10 bis 20 Jahre arbeiten sollen. Wann es diese zu kaufen gibt und zu welchen Kosten, ist derzeit noch nicht absehbar.

Erste Hilfe bei Problemen

Stellen Sie bei Ihren Routinekontrollen Unregelmäßigkeiten im Betrieb fest, können Sie mit der Checkliste ab Seite 152 den Fehler eingrenzen und vielleicht sogar selbst beheben, bevor Sie den Installateur rufen müssen.

Installationsfehler

Es gibt Installationsmängel, die sich von Anfang an auf den Ertrag auswirken können und die deshalb auch bei regelmäßiger Kontrolle unbemerkt bleiben. Sie lassen sich im Betrieb nur durch einen signifikant niedrigeren Ertrag als bei vergleichbaren Anlagen nachweisen, könnten von einem aufmerksamen Installateur bei sorgfältiger Inbetriebnahme mit allen vorgeschlagenen Kontrollmessungen aber bereits von Anfang an festgestellt und beseitigt werden:

- **Nicht angeschlossene Module:** Bei der Reihenschaltung von Solarmodulen werden Steckverbinder übersehen oder Plus- und Minusstecker eines Moduls kurzgeschlossen anstatt in Reihe verbunden. Folge: Die messbare Leerlaufspannung eines Strangs ist dann um eine Modulspannung zu niedrig.
- **Verpolte Module:** Bei der Reihenschaltung von Solarmodulen wird bei einem Modul Plus und Minus vertauscht, oder der Modulhersteller hat beim Anschluss der Modulkabel die Anschlüsse vertauscht. Folge: Die messbare Leerlaufspannung eines Stranges sinkt dadurch um die Spannung von zwei Modulen.

- **Kreuzschaltung von Modulsträngen:** Beim Anschluss mehrerer Stränge an mehrere Wechselrichter werden die Plus- und Minusleitungen nicht an die zugehörigen Wechselrichter geklemmt, sondern Plus- und Minusleitungen der Stränge an unterschiedliche Geräte. Es entsteht eine Art Reihenschaltung von Solarsträngen und Wechselrichtern, die Geräte zerstören kann oder massive Ertragseinbußen verursacht.

Netzprobleme

In Bereichen schwacher Stromnetze, zum Beispiel in ländlichen Netzausläufern, kann der starke Ausbau von Photovoltaikanlagen zu Einspeiseproblemen führen. Durch die Einspeisung von Solarstrom wird die Netzspannung etwas angehoben. Übersteigt die Netzspannung bestimmte Grenzwerte, müssen sich Photovoltaikanlagen aber vom Netz trennen. Wird in schwache Netze viel Photovoltaikleistung eingespeist, kann dies zur Abschaltung einzelner Solarstromanlagen führen. Der Betreiber kann das anhand häufiger Netzfehler in der Betriebshistorie des Netzeinspeisegeräts erkennen. Die Folge sind Ertragseinbußen.

Außer dem Versuch, Leistungsspitzen durch vermehrten Direktverbrauch des Solarstroms zu verringern, lässt sich in diesen Fällen Abhilfe nur durch eine Zusammenarbeit Ihres Installateurs mit dem Netzbetreiber schaffen. Häufig kann der Versorgungstrafo für den jeweiligen Netzbereich auf eine niedrigere Netzspannungsstufe geschaltet werden. Eine weitere Möglichkeit ist die Erhöhung der Abschaltschwelle im Netzeinspeisegerät, was aber nur eine vorübergehende Lösung sein kann. Langfristig wird in solchen Fällen der Netzbetreiber um eine Netzverstärkung nicht herumkommen, wozu ihn das EEG auch gesetzlich verpflichtet.

Künftig werden die Wechselrichter von Photovoltaikanlagen selbst verstärkt zum Netzmanagement beitragen und solche Probleme lösen helfen. Regeln und Technik dazu werden derzeit vorbereitet (Stand März 2011). Einige heute verkaufte Netzeinspeisegeräte werden sogar durch eine einfache Aktualisierung der Steuerungssoftware daran mitwirken können.

Austausch von Solarmodulen

Wenn Module beschädigt wurden oder sich die Rückseitenfolien ablösen und dadurch Wasser eindringt, müssen diese Module ersetzt werden. Wichtig ist dabei, dass die Ersatzmodule die gleichen elektrischen Kennwerte haben wie die ursprünglich verwendeten. Bei der Reihenschaltung der Solarmodule muss vor allem der Nennstrom bei maximaler Leistung identisch sein (notfalls höher, jedenfalls nicht kleiner), bei Parallelschaltung der Module die Nennspannung.

Austausch des Netzeinspeisegeräts

Gerade bei älteren Anlagen werden Netzeinspeisegeräte häufig nicht mehr repariert, sondern durch neue Geräte mit hö-

FEHLERSUCHE: TAGSÜBER KEINE EINSPEISUNG

Mögliche Ursache(n)

Netz abgeschaltet oder einzelne Hauptsicherung (Hausanschluss) hat ausgelöst.

Netzeinspeisegerät ist ausgeschaltet.

Netzeinspeisegerät ist defekt.

Gleichstromschalter ist ausgeschaltet oder defekt.

Unterbrechung in Gleichstromleitungen oder Modulverkabelung, Steckverbindern, Anschlussdosen

Netzspannung oder Frequenz liegt außerhalb des zulässigen Bereichs.

Wechselrichter zu klein dimensioniert, hohe Umgebungstemperatur oder direkte Sonneneinstrahlung auf das Gerät

Netzsicherung hat ausgelöst.

Netzsicherung ist zu klein dimensioniert.

Isolationsfehler bei Verkabelung oder Modulen

Überspannungsableiter defekt

Solargenerator weitgehend schneebedeckt

Sehr trübes Wetter: dichter Nebel oder einzelne sehr dunkle wolkenbedeckte Tage im November und Dezember

Prüfen	Maßnahme
Einzelne andere Geräte im Haus (zum Beispiel Kochstellen oder der Backofen des Küchenherds) funktionieren nicht.	Hauselektriker verständigen
Nachbarn fragen, ob dort ebenfalls Strom abgeschaltet ist.	Wiedereinschalten des Netzes abwarten
NEG-Anzeige ist aus und lässt sich auch manuell nicht einschalten.	Netzeinspeisegerät einschalten
	Techniker verständigen
NEG-Anzeige: keine Solarspannung vorhanden, Netzspannung liegt an und kein Netzfehler	Gleichstromschalter einschalten falls zugänglich, sonst Techniker verständigen
	Techniker verständigen
NEG-Anzeige: zeigt Netzfehler	Einige Minuten warten und erneut kontrollieren - bei längerem oder häufigem Auftreten Techniker verständigen.
NEG-Anzeige: Überlastung, zu hohe Innentemperatur	Lüftungsöffnungen (Kühlventilator) und Kühlrippen freiräumen
	Techniker verständigen
NEG-Anzeige: Betriebsbereitschaft (Solarspannung liegt an, Netzspannung liegt an, kein Netzfehler)	Sicherungen auf der Wechselstromseite kontrollieren und wieder in Betrieb setzen (durchgebrannte Schmelzsicherungen austauschen, Sicherungsschalter einschalten, FI-Schalter einschalten). Achtung: bei erneutem Auslösen Techniker verständigen!
NEG-Anzeige: Fehleranzeige signalisiert Isolationsfehler	Techniker verständigen
NEG-Anzeige: keine oder nur geringe Solarspannung	Techniker verständigen
NEG-Anzeige: niedrige Solarspannung, Netzspannung liegt an und kein Netzfehler	Warten, bis Schnee abtaut, Glasoberflächen der Module nicht mit harten Gegenständen freiräumen
	Kontrolle am Folgetag

FEHLERSUCHE: GERINGE ERTRÄGE

Mögliche Ursache(n)

Verschattung des Solargenerators

Verschmutzung des Solargenerators

Solargenerator teilweise schneebedeckt

Unterschiedliche Ausrichtung von Teilen des Solargenerators

Starke Abweichung von der Südausrichtung mit 20 bis 40 Grad Neigung

Wechselrichter zu groß oder zu klein dimensioniert oder falsche Anpassung der elektrischen Kennden zwischen Solargenerator und NEG

Lange Kabel mit zu kleinem Querschnitt

Installationsfehler bei Verkabelung des Solargenerators (Module kurzgeschlossen oder verpolt, Stränge mit unterschiedlichen Kennwerten verbunden, große Leistungsunterschiede der Module)

Nachlassende Modulleistung (z. B. bei Dünnschichtmodulen) auch nach Ende der Anfangsdegradation

Bypassdioden in Modulen defekt (zum Beispiel nach Blitzeinschlag in unmittelbarer Nähe

Zellbruch oder Verbinderbruch in den Solarmodulen

Schäden an Verkabelung

Netzeinspeisegerät defekt

Solargenerator falsch angeschlossen

Peakleistung der Module unter den Herstellerangaben

Einzelne Strangsicherungen oder Überspannungsableiter defekt

Modulbruch durch Schneelast oder Frostschaden im Modulrahmen

Netzspannung oder -Frequenz häufig außerhalb des zulässigen Bereichs (z. B. bei Netzausläufern oder vielen Photovoltaikanlagen im Ortsnetz)

Schäden an Verkabelung durch Marderverbiss, Alterung, abrutschenden Schnee

Prüfen	Maßnahme
Sichtkontrolle des Solargenerators bei unterschiedlichem Sonnenstand über den Tag	Falls möglich, Schattenursachen minimieren
Prüfung des Anlagenkonzeptes	Schattentolerantes Wechselrichterkonzept wählen (Parallelschaltung, Modulwechselrichter, modulnahe MPP-Regelung)
Sichtkontrolle der Module	Solargenerator reinigen lassen
Sichtkontrolle des Solargenerators	Schmelzen und Abrutschen des Schnees abwarten (nicht mit harten Gegenständen abräumen)
Vergleich der Monatserträge mit anderen Anlagen und mit Einstrahlungsdaten	Geeignetes Netzeinspeisegerät verwenden (getrennte MPP-Eingänge „Multistring") oder getrennte Wechselrichter
	Vergleich mit Simulationsrechnung, Sachverständigen fragen
	Sachverständigen fragen
Messungen der Inbetriebnahmeprüfung wiederholen lassen	Techniker verständigen
Prüfung des Wärmebildes im Betrieb mit Hilfe einer Wärmebildkamera	Techniker verständigen / Sachverständiger
Messungen der Inbetriebnahmeprüfung wiederholen lassen	Techniker verständigen
Strangverschaltung und Anschluss an die MPP-Eingänge der Wechselrichter prüfen lassen	
Peakleistungsmessung durchführen lassen	
Funktionsanzeigen prüfen oder Schutzelemente testen lassen	Techniker verständigen
Sichtkontrolle der Module	Techniker verständigen / Sachverständiger
Aufzeichnung der Netzdaten über mehrere Tage oder Wochen	Techniker verständigen
Messungen der Inbetriebnahmeprüfung wiederholen lassen, Sichtkontrolle der Verkabelung (auch im Gebäude)	Techniker verständigen

herer Effizienz ersetzt. Wie bei der Planung einer neuen Anlage muss dann der Wechselrichter optimal auf den Solargenerator abgestimmt werden.

Auch die Verkabelung des Solargenerators muss dafür umgeklemmt werden, da fast alle neueren Wechselrichter mit höheren Systemspannungen arbeiten. Vor dem Umklemmen und Anschließen ist zu prüfen, welche Bauteile der alten Verdrahtung noch verwendet werden können, ganz entfallen dürfen oder durch Bauteile für höhere Systemspannungen ersetzt werden müssen

Auch den Netzbetreiber sollte man über den Austausch des Wechselrichters informieren und ihm die „Konformitätserklärung" des neuen Geräts zusenden.

LOHNT SICH DAS DENN?

Ob eine Photovoltaikanlage eine wirtschaftlich sinnvolle Investition ist, lässt sich nicht pauschal beantworten. Das hängt einerseits von den persönlichen Erwartungen des Betreibers ab und andererseits von den getroffenen Annahmen ab. Formal hat das EEG die Absicht, Betreibern von Solarstromanlagen einen wirtschaftlichen Betrieb der Anlagen einschließlich Betriebskosten und Kapitalverzinsung zu ermöglichen. Betriebswirtschaftlich gibt es verschiedene Methoden, die Rentabilität einer Investition zu ermitteln:

- Bei der **statischen Methode** stellt man über den betrachteten Zeitraum – bei Photovoltaikanlagen meistens 20 Jahre – die Einnahmen den Ausgaben gegenüber. Sind die Einnahmen höher, ist die Anlage wirtschaftlich, weil sie einen „Totalüberschuss" erzielt. Man spricht bei dieser vereinfachten Rechnung auch von Amortisation, was im privaten Bereich oft verwendet wird.
- Bei der **dynamischen Betrachtung** wird mit Hilfe kalkulatorischer Zinsen der Renditeanspruch an das eingesetzte Eigenkapital festgelegt und in der Berech-

BILD Nach zwanzig Jahren im Einsatz löst sich hier an einigen Stellen die Folie im Inneren des Solarmoduls. Trotzdem liefern die Module noch einen Großteil ihrer Leistung. Entscheidend für die Langlebigkeit sind die Sorgfalt bei der Herstellung und die Qualität der eingesetzten Materialien.

nung berücksichtigt. Das ist die unternehmerische Betrachtungsweise, die auch in der Wirtschaft die Grundlage für Investitionsentscheidungen bildet.

Berechnungsgrundlagen

Für eine belastbare Wirtschaftlichkeitsrechnung einer Photovoltaikanlage benötigt man eine möglichst genaue Ertragsprognose, den Vergütungssatz, die Investitionssumme, Annahmen über die laufenden Betriebskosten wie Zähler-

RENDITEBERECHNUNG[1]

Jahresertrag in kWh pro kWp Anlagenleistung	Investitionskosten in Euro pro kW Anlagenleistung				
	2 250	2 500	2 750	3 000	3 250
700	3,28	1,8	0,49	−0,68	−1,76
750	4,28	2,77	1,44	0,25	−0,83
800	5,23	3,69	2,33	1,13	0,04
850	6,15	4,57	3,19	1,97	0,86
900	7,05	5,42	4,01	2,77	1,65
950	7,91	6,24	4,8	3,54	2,4

1) Rendite vor Steuern. Einstellungen des test.de-Solarrechners: Inbetriebnahme Juni 2011; 100 % Eigenkapital; keine Sonderabschreibung; Betriebskosten pro Jahr 1,5 % der Anschaffungskosten; Preissteigerung der Betriebskosten 2 % pro Jahr; Ertragsminderung 0,5 % pro Jahr

gebühren, Versicherungsprämien, Wartungsvertrag, Reinigung sowie Reparaturkosten und die Zinskosten für eventuelle Finanzierungsdarlehen.

Oft werden dabei pauschale Prozentsätze für die Betriebskosten angenommen, zum Beispiel 1 bis 2 Prozent der Investitionssumme. Aufgrund der stark gesunkenen und weiter sinkenden Anlagenkosten bei etwa gleich bleibenden Betriebskosten müssten diese Prozentwerte inzwischen höher angesetzt werden. Besser ist es, konkrete Beträge in die Rechnung einzusetzen. Die Betriebskosten werden mit einer angenommenen Preissteigerung von beispielsweise 2 Prozent pro Jahr gesteigert, und oft wird eine Leistungsabnahme des Solargenerators von 0,5 Prozent pro Jahr unterstellt.

Rechentools

Mit einem Solarrechner, wie ihn die Stiftung Warentest auf ihrer Internetseite anbietet, lässt sich dann eine solche dynamische Wirtschaftlichkeitsrechnung schnell und einfach erstellen. Detailliertere Auswertungsmöglichkeiten mit Vergleichen von Volleinspeisung und Eigenverbrauch sowie Aussagen über die individuelle steuerliche Auswirkung bieten käufliche Berechnungsprogramme wie beispielsweise „PV Profit" (siehe Serviceteil).

Goldenes Ende

Nicht berücksichtigt wird in Wirtschaftlichkeitsrechnungen von Photovoltaikanlagen oft die Zeit nach Ablauf der EEG-

Vergütung. Dann ist die Anlage „amortisiert" und produziert praktisch kostenlos Strom, so lange sie noch läuft. Wie hoch die Vergütung für frei handelbaren Solarstrom in zwanzig Jahren sein wird, kann zwar heute noch niemand sagen. Aber zumindest jede selbst verbrauchte Kilowattstunde lässt sich mit dem eingesparten Stromeinkauf gewinnbringend nutzen. In der Wirtschaft nennt man es das „goldene Ende" einer Investition. Allerdings lassen sich Investoren dort selten auf so lange Investitionszeiträume ein.

Übrigens: Mit einem Sparbuch oder Festgeldanlagen und den dort üblichen Renditen lässt sich die Investition in eine Solarstromanlagen trotzdem nicht gut vergleichen. Würde man sich den gesamten Zeit- und Verwaltungsaufwand als Photovoltaikbetreiber vergüten, wäre es mit der Wirtschaftlichkeit vieler kleiner Anlagen schnell vorbei. Im Gegensatz zum Sparbuch kann man an das eingesetzte Geld auch nicht so schnell ran. Und schließlich bleiben gewisse Risiken und Unsicherheiten, die man bei einer unternehmerischen Investition nie hundertprozentig ausschließen kann.

Ein wenig Interesse und Freude an der Sache sind also immer hilfreich, wenn man zuhause die Sonne in die Steckdose holt. Von den zweistelligen Renditen, wie sie in der klassischen Energiewirtschaft mit Stromerzeugung und -verkauf erzielt werden, ist die Photovoltaik jedenfalls weit entfernt.

STEUERN UND FINANZAMT

Selbst Verbände und Fachleute verbreiten gelegentlich widersprüchliche Empfehlungen zur steuerlichen Behandlung von Solarstromanlagen. Die Informationen in diesem Kapitel betreffen vor allem den Standardfall eines privaten Betreibers einer durchschnittlich großen Photovoltaikanlage auf dem eigenen Haus. Eine individuelle Steuerberatung und Rechtsberatung kann dieser Überblick nicht ersetzen.

Der Standardfall ist aber nicht so kompliziert, wie es auf den ersten Blick scheint und ist oft auch ohne Steuerberater zu bewältigen. Der notwendige Aufwand lässt sich mit ein wenig steuerlichem Grundwissen und durch systematisches Vorgehen auf ein Minimum reduzieren. Im Zweifel bekommen Sie verbindliche Auskünfte von Steuerberatern, Anwälten oder Ihrem Finanzamt. Einfache Fragen beantwortet Ihnen dort oft schon der zuständige Sachbearbeiter.

Einige Steuerberater haben sich mit Photovoltaikanlagen ausführlich beschäftigt und bieten pauschalierte Beratungslösungen an, als einer der ersten zum Beispiel der Dachauer Steuerberater Peter Schemm (www.steuerberater1.de).

Unternehmereigenschaft

Die meisten Photovoltaikanlagen in Deutschland werden von Privatpersonen betrieben. Die Betreiber sind in der Regel nicht selbstständig oder freiberuflich tätig und werden erst durch ihre Solarstromanlage steuerlich zu Unternehmern. Grund dafür ist die Netzeinspeisung und das EEG.

Jeder Solarstromerzeuger, der eine Vergütung nach EEG erhält, ist aus Sicht des Finanzamts Unternehmer, muss dies dem Finanzamt mitteilen und seine individuelle steuerliche Situation klären. Tut er das nicht und das Finanzamt erfährt später davon, sieht er sich mit dem Vorwurf der Steuerverkürzung oder sogar Steuerhinterziehung konfrontiert, was als Ordnungswidrigkeit oder Straftat verfolgt werden kann. Das gilt bei netzgekoppelten Anlagen selbst dann, wenn der Strom vollständig selbst verbraucht wird, weil für Anlagen ab Baujahr 2009 im EEG auch dafür eine Vergütung gezahlt wird.

Das Gleiche trifft übrigens auch auf Anleger zu, die sich an PV-Gemeinschaftsanlagen beteiligen, wenn es sich nicht um eine einfache Kapitalanlage handelt, sondern um den Kauf einer realen, individuell zugewiesenen Teilanlage. Auch in diesem Fall wird der Käufer mit seiner PV-Anlage steuerlich gesehen zum Unternehmer.

Umsatzsteuererstattung

Aufgrund der Unternehmereigenschaft kann sich der Anlagenbetreiber die beim Kauf der Anlage bezahlte Umsatzsteuer vom Finanzamt wieder zurückerstatten lassen. Das ist immerhin ein Sechstel der Investitionssumme und gilt unabhängig davon, ob die Anlage insgesamt einen Gewinn oder Verlust erzielt. Er muss dazu lediglich auf die „Kleinunternehmerregelung" verzichten und sich zur Abgabe von zunächst monatlichen Voranmeldungen und jährlichen Erklärungen zur Umsatzsteuer verpflichten.

Gewerbeanmeldung

Eine Gewerbeanmeldung beim örtlichen Ordnungsamt ist dennoch in den meisten Fällen nicht notwendig – selbst wenn Finanzbeamte aus Gewohnheit darauf hartnäckig bestehen und manche Internetseiten von Fachhändlern oder der Solarszene das Gegenteil behaupten. Steuerrecht und Ordnungsrecht sind zwei getrennte Rechtsbereiche, die nicht miteinander verknüpft sind. Die steuerliche Relevanz einer Sache hat also mit der ordnungsrechtlichen Einordnung nicht unbedingt etwas zu tun. Man kann steuerlich Unternehmer sein, ohne ein Gewerbe anmelden zu müssen.

Der Bund-Länder-Ausschuss Gewerberecht empfiehlt in einem Beschluss von Frühjahr 2010, Photovoltaikanlagen auf selbst genutzten Gebäuden von der Anmeldung auszunehmen. Für Anlagen auf fremden Gebäuden soll dagegen eine Gewerbeanmeldung erfolgen. Das zuständige Ordnungsamt kann aber auch nach eigenem Ermessen entscheiden. Der Hinweis, dass die im privaten Rahmen betrie bene Anlage „nicht dem üblichen Bild eines Gewerbebetriebs" entspricht, sollte aber genügen, um ordnungsrechtlich als „Bagatelle" eingestuft zu werden.

Versteuern der Vergütung

Die Einspeisevergütung nach EEG erhält der Anlagenbetreiber im Inbetriebnahmejahr sowie über einen Zeitraum von zwanzig Kalenderjahren (siehe Tabelle der Vergütungssätze). Im steuerlichen Sinne gewinnbringend ist die Anlage, wenn in diesem Zeitraum die Summe der Einnahmen größer ist als die Summe der Kosten. Zu den Kosten zählen hier nicht nur der Anschaffungspreis, der in Form von Abschreibungen über zwanzig Jahre aufgeteilt werden muss, sondern auch Betriebskosten wie Versicherungen, Zählergebühren, Kreditzinsen, Reparaturen und Austausch defekter Anlagenteile.

Diese Berechnung von „Einnahmen abzüglich Kosten ergibt Überschuss" (sogenannte „Einnahmen-Überschuss-Rechnung", EÜR) erfolgt jährlich und ist in einer gesonderten Anlage zur Einkommensteuererklärung anzugeben. Gewinne müssen versteuert werden, mit dem persönlichen Einkommensteuersatz, der auch von der Höhe der sonstigen Einkünfte abhängt. Umgekehrt senken Verluste die persönliche Steuerschuld, allerdings nur dann, wenn die Anlage innerhalb von zwanzig Jahren insgesamt wenigstens kostendeckend arbeitet („schwarze Null").

Tatsächliche Überschüsse aus dem Betrieb einer Solarstromanlage müssen im Rahmen der Jahressteuererklärung beim Finanzamt angegeben werden, und dafür muss Einkommensteuer aus selbstständiger Tätigkeit bezahlt werden, wenn die entsprechenden Freibeträge überschritten sind. Gewerbesteuer fällt erst über einem jährlichen gewerblichen Gewinn von über 24 500 Euro an, was erst bei sehr großen Anlagen der Fall ist.

Einkommensteuer und Gewerbesteuer zählen zu den Ertragssteuern. Das sind bei Privatpersonen üblicherweise die Lohn-, Einkommens- und Kapitalertragssteuer.

Einspeisen oder selbst verbrauchen

Für Anlagen, die ab 2009 und bis Ende 2011 ans Netz gehen, erhalten die Betreiber auch dann eine EEG-Vergütung, wenn sie den selbst produzierten Solarstrom nicht ins öffentliche Stromnetz einspeisen, sondern ganz oder teilweise direkt verbrauchen. Im Gesetz ist dafür ein spezieller Vergütungssatz festgelegt, der mit der Änderung zum 1. Juli 2010 nochmals differenziert wurde: Wer mehr als 30 Prozent des Solarstroms selbst verbraucht, erhält für den über dieser Grenze liegenden Anteil einen etwas höheren Vergütungssatz.

Lukrativ ist der Direktverbrauch dann, wenn der Bezugspreis (ohne Umsatzsteuer) für Strom vom Versorger gleich oder größer ist als die Differenz der EEG-Vergütungssätze für Einspeisung und Direktverbrauch (siehe Zeile „Differenz" in der Tabelle auf Seite 111). Dabei ist zu berücksichtigen, dass die Vergütungssätze für den EEG-Vergütungszeitraum fest sind, der Bezugspreis jedoch absehbar weiter steigen wird – in den letzten Jahren um rund vier Prozent pro Jahr.

Für den Betreiber wirkt das wie ein teilweiser Inflationsausgleich. Schon bei nur zwei Prozent jährlicher Strompreissteigerung summiert sich der Vorteil im Lauf von zwanzig Jahren auf mehrere hundert Euro, wenn jährlich tausend Kilowattstunden selbst verbraucht werden.

Ebenso wie die Einspeisevergütung gilt der Vergütungssatz für den Eigenverbrauch baujahrbezogen für die jeweilige Anlage fest über deren gesamte EEG-Vergütungsdauer. Der Betreiber kann währenddessen jederzeit zwischen Volleinspeisung und Eigenverbrauch wechseln. Auch das gilt nur für Anlagen, die ab 2009 und bis Ende 2011 errichtet wurden.

Steuerliche Behandlung des Direktverbrauchs

Die steuerliche Behandlung wird dabei allerdings komplizierter. Obwohl der Direktverbrauch schon für im Jahr 2009 installierte Anlagen möglich ist, haben die Netzbetreiber noch keine einheitliche Vorgehensweise gefunden. Einfach und für das Finanzamt nachvollziehbar wäre der Vorschlag des Bundesverbands Solarwirtschaft (BSW), den dieser in einem Merkblatt „Eigenverbrauch" erklärt, das auf einem Schreiben des Bundesfinanzministeriums (BMF) basiert (siehe Serviceteil).

Beim Direktverbrauch entnimmt der Anlagenbetreiber als Unternehmer selbst produzierte Güter zum privaten Gebrauch.

Deshalb muss diese Privatentnahme versteuert werden, sowohl umsatzsteuerlich als auch ertragssteuerlich (Entnahme erhöht den Unternehmensgewinn).

Zahlenbeispiel

Hier ein Beispiel mit den Vergütungssätzen des Jahres 2009, also für eine Anlage, die der Betreiber 2009 in Betrieb genommen hat:

Wird der selbst verbrauchte Solarstrom in einem Privathaushalt genutzt, zahlt der Betreiber für den selbst verbrauchten Solarstrom unter dem Strich 18 Cent pro Kilowattstunde plus 19 Prozent Umsatzsteuer – also 21,42 Cent (für 2009 errichtete Anlagen). „Plus Umsatzsteuer" deshalb, weil beim privaten Verbrauch der im eigenen „Unternehmen Solarstromanlage" erzeugten Energie der Betreiber die bei der Investition vom Finanzamt zurück erstattete Vorsteuer anteilig wieder bezahlen muss. Die Umsatzsteuer ist nämlich eine Endverbrauchssteuer.

Zum Hintergrund: Vorsteuer ist die beim Kauf der PV-Anlage in der Rechnung des Installateurs enthaltene Umsatzsteuer, die der Betreiber vom Finanzamt zurück erstattet bekommt. Voraussetzung dafür ist, dass er sich der Umsatzbesteuerung unterwirft („optiert") und auf die Wahlmöglichkeit der Kleinunternehmerregelung verzichtet.

Wird der Solarstrom nicht im Privathaushalt, sondern in einem umsatzsteuerpflichtigen Gewerbebetrieb verbraucht, ist dieser wiederum vorsteuerabzugsberech-

Abschreibung

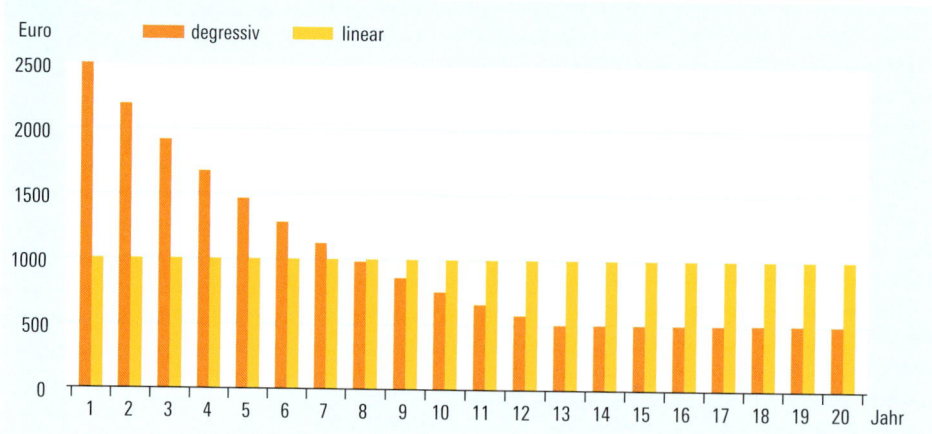

Euro — degressiv — linear — Jahr

tigt und zahlt netto nur 18 Cent für den Solarstrom. Folglich lohnt sich der Eigenverbrauch in Gewerbebetrieben und Privathaushalten gleichermaßen ab Strombezugspreisen von 18 Cent netto zuzüglich Umsatzsteuer – das sind 21,42 Cent brutto.

Wurde die Anlage 2010 oder 2011 in Betrieb genommen, lohnt sich der Eigenverbrauch bereits ab einem Strompreis von brutto 19,49 Cent/kWh.

Abschreibung

Wichtigster Kostenposten und deshalb bestimmend für das Jahresergebnis ist bei Photovoltaikanlagen die jährliche Abschreibung. Was ist das? Bei Investitionsgütern erlaubt die Finanzverwaltung nicht, die Kosten vollständig im Jahr der Ausgaben anzusetzen. Stattdessen wird die Investitionssumme über die sogenannte „betriebsgewöhnliche Nutzungsdauer" verteilt. Wie viele Jahre das mindestens sind, ist in der amtlichen AfA-Tabelle („Absetzung für Abnutzung") festgelegt: 20 Jahre bei Photovoltaikanlagen – nicht zu verwechseln mit 10 Jahren bei Solaranlagen, worunter die Finanzverwaltung thermische Solarkollektoranlagen versteht.

Bei der **linearen Abschreibung** wird die Summe gleichmäßig verteilt, also hier durch zwanzig geteilt, was eine Abschreibung von jährlich 5 Prozent der Summe ergibt. Bei der **degressiven Abschreibung** errechnet sich der Abschreibungsbetrag jedes Jahr neu, prozentual bezogen auf den Restwert des Vorjahrs (vor 2008 maximal 10 Prozent, nach 2008 maximal 12,5 Prozent). Damit die Anlage nach zwanzig Jahren vollständig abgeschrieben ist, wird innerhalb des Zeitraums auf die lineare Abschreibung (des Restwerts über die Restlaufzeit) gewechselt.

Aufdach und dachintegriert gleich

Erst Anfang Juli 2010 hat das Bundesfinanzministerium angekündigt, dass bei der Abschreibung künftig keine Unterschiede mehr zwischen aufgeständerten und dachintegrierten Anlagen gemacht werden. Letztere galten zuvor nicht als bewegliche Anlagen, sondern als Gebäudebestandteil, was längere Abschreibungsdauern und ein Verbot der degressiven Abschreibung zur Folge hatte. Die degressive Abschreibung hat den Vorteil, in den Anfangsjahren höhere Verluste bzw. geringere Gewinne zu ermöglichen und so die

BILD Abschreibungsvarianten: Sie können – außer für das Inbetriebnahmejahr 2008 – zwischen zwei Varianten der Abschreibung wählen: linear und degressiv. Das Diagramm zeigt den Verlauf der jährlichen Abschreibungsbeträge über den Abschreibungszeitraum von 20 Jahren (bei Inbetriebnahme im Januar). Bei der degressiven Abschreibung findet in diesem Beispiel der Wechsel auf die lineare Abschreibung (des Restwerts über die Restlaufzeit, siehe Text) im zwölften Jahr statt.

Steuerlast in spätere Jahre zu verschieben. Solarstromanlagen, die 2008 und ab 2011 errichtet wurden, dürfen nur noch linear abgeschrieben werden.

Unter bestimmten Bedingungen kann auch eine Sonderabschreibung von bis zu 20 Prozent der Investitionssumme innerhalb der ersten fünf Betriebsjahre geltend gemacht werden, sowie der Investitionsabzugsbetrag – eine Art weitere Sonderabschreibung – von bis zu 40 Prozent.

Von der Theorie zur Praxis

Raucht der Kopf von so viel trockener Steuermaterie? Keine Angst, jetzt zeigen wir anhand konkreter Zahlen und Beispiele die Anwendung in der Praxis.

Vor Inbetriebnahme der Anlage

Schon wenn klar ist, wann die Anlage voraussichtlich ans Netz gehen wird, sollte der künftige Betreiber mit dem Finanzamt Kontakt aufnehmen. Als erstes ist ein „Fragebogen zur steuerlichen Erfassung" auszufüllen. Darin ist auch eine Entscheidung über die Umsatzsteuerpflicht zu treffen. Wer die beim Kauf bezahlte Umsatzsteuer zurückerhalten möchte, muss sich der Umsatzsteuerpflicht unterwerfen und dies im Fragebogen durch seinen „Verzicht auf die Kleinunternehmerregelung" erklären.

Manche Finanzämter verlangen die Vorlage eines Einspeisevertrags mit dem Netzbetreiber. Da laut EEG (Erneuerbare-

BEISPIEL FÜR EINEN ANLAGENSPIEGEL

Photovoltaikanlage, geliefert von Firma „Sonnenschein", Inbetriebnahme am 3. September 2010, bezahlt am 9. September 2010

		Buchwert zum 1.1.	Abschreibung	Buchwert zum 31.12.
2010	Zugang am 9.9.: 20 000 €		333 € (linear, jahresanteilig im Inbetriebnahmejahr)	19 667 €
2011		19 667 €	1 000 € (linear)	18 667 €
2012		18 667 €	1 000 € (linear)	17 667 €
...	(Entsprechend in den Folgejahren)			

Energien-Gesetz) ein Vertrag ausdrücklich nicht notwendig ist und Juristen von solchen Verträgen abraten, ist dieser Wunsch kaum sinnvoll und sollte mit Verweis auf das Gesetz (EEG § 4, Abs. 1) beantwortet werden. Legen Sie dem Fragebogen stattdessen eine Kopie von Auftrag oder Rechnung des Anlagenkaufs bei. Manchmal wird auch nach der Gewerbeanmeldung gefragt, doch auch diese ist bei Anlagen im privaten Bereich unüblich.

Nach der Abgabe des Fragebogens beim Finanzamt erhält der Betreiber in der Regel eine neue Steuernummer. Inzwischen werden manchmal auch die bisherigen Steuernummern für die unternehmerische Tätigkeit weiterverwendet. Die neue Zuordnung der Steuernummer ist unter anderem zur Abgabe von Umsatzsteuer-Voranmeldungen notwendig.

Weitere Hinweise:

■ Sie müssen sich entscheiden für eine Volleinspeisung des erzeugten Solarstroms oder Direktverbrauch im Haus mit Überschusseinspeisung. Dies hat auch steuerliche Folgen.

■ Klären Sie schriftlich, ob eine Gewerbeanmeldung notwendig ist – im Zweifel durch formlose Nachfrage beim Ordnungsamt mit Verweis auf den Bund-Länder-Ausschuss Gewerberecht und das Stichwort „Bagatelle".

Nach der Inbetriebnahme

Sobald die Anlage läuft und Rechnungen an den Installateur bezahlt wurden, müs-

sen Umsatzsteuer-Voranmeldungen eingereicht werden. Mit der ersten Voranmeldung nach Inbetriebnahme der Anlage erhält der Betreiber eine dicke Rückzahlung vom Finanzamt, aufgrund der Vorsteuer aus Rechnungssummen, die an den Anlagenlieferanten bezahlt wurden.

Die Vorsteueranmeldungen sind in den ersten beiden Kalenderjahren monatlich abzugeben, danach je nach Jahresumsatz monatlich, vierteljährlich oder nur eine jährliche Umsatzsteuererklärung. Vorgeschrieben ist eine elektronische Abgabe per Internet. In Ausnahmefällen (wenn kein Rechner oder Internetanschluss vorhanden ist), gestattet das Finanzamt auch eine Abgabe auf Papier.

Weitere Hinweise:

■ Melden Sie die Anlage bei der Bundesnetzagentur an. Das ist Voraussetzung für die Vergütungspflicht des Netzbetreibers.

■ Teilen Sie dem Netzbetreiber die Umsatzsteuerpflicht (ob ja oder nein) mit und geben Sie dabei die (neue) Steuernummer und die eigene Bankverbindung an, damit die Vergütung – gegebenenfalls plus Umsatzsteuer – bezahlt wird. Die Vergütungshöhe laut EEG gilt dabei als Nettozahlung zuzüglich Umsatzsteuer.

Im laufenden Betrieb

Umsatzsteuer-Voranmeldungen müssen pünktlich beim Finanzamt sein, bis spätestens 10. des Folgemonats: die Voranmeldung für September also beispielsweise bis 10. Oktober. Bis zu diesem Datum

BEISPIELRECHNUNGEN FÜR DIE MONATLICHE UMSATZSTEUER-VORANMELDUNG

Beispielmonat September
(Hier der Monat der Inbetriebnahme. Die Rechnung für die Lieferung und Installation der Anlage wurde in diesem Monat bezahlt.)

Beispielmonat Januar
(Hier wurde die Jahresabrechnung erstellt und vom Netzbetreiber in diesem Monat bezahlt.)

	Art der Umsätze	Umsatzsteuer-beträge (+ = eingenommene Umsatzsteuer, − = bezahlte Vorsteuer)	Art der Umsätze	Umsatzsteuer-beträge (+ = eingenommene Umsatzsteuer, − = bezahlte Vorsteuer)
Erhaltene Umsatzsteuer aus Stromverkauf	Monatliche Abschlagszahlung des Netzbetreibers für Einspeisevergütung 160 € plus 19 % USt.	+ 30,40 €	Monatliche Abschlagszahlung des Netzbetreibers für Einspeisevergütung 160 € plus 19 % USt.	+ 30,40 €
			Schlusszahlung aus der Abrechnung des Vorjahrs 50 € plus 19 % USt.	+ 9,50 €
Bezahlte Umsatzsteuer (= Vorsteuer) aus	Lieferantenrechnung für die Anlage 20 000 € plus 19 % USt.	− 3 800,00 €		
	Wartung und Sonstige (Fachbuch für 24,90 Euro inkl. 7 % USt)	− 1,63 €	Zählergebühr 30 € plus 19 % USt.	− 5,70 €
Summe der Umsatzsteuer		+ 30,40 €		+ 39,90 €
Summe der Vorsteuer		− 3 801,63 €		− 5,70 €
Saldo: an das Finanzamt zu zahlen (+) oder vom Finanzamt zu erstatten (−)		− 3 771,23 €		+ 34,20 €

muss die ans Finanzamt zu zahlende Umsatzsteuer dann auch bereits dort eingegangen sein. Auch deshalb empfiehlt es sich, dem Finanzamt eine Einzugsermächtigung zu erteilen und um „Dauerfristverlängerung" zu bitten, dann verlängert sich die Frist um einen Monat, im Beispiel bis zum 10. November.

Grundlage für die Voranmeldung sind steuerpflichtige Umsätze, also einerseits die Einnahmen aus der Stromeinspeisung und andererseits Kosten wie bezahlte Rechnungen für die Installation der Anlage, Wartung, Zählergebühren, Fachliteratur, Fahrtkosten, Steuerberater- und Anwaltskosten, Telefonkosten, wenn jeweils nachweisbar ist, dass diese Kosten für den Betrieb der Anlage notwendig waren. Eine pünktlich abgegebene Voranmeldung ist auch notwendig in Monaten ohne steuerpflichtige Kosten oder Einnahmen (sogenannte „Nullmeldung").

Sammeln Sie alle Belege, Rechnungen, Kontoauszüge, Verträge und Korrespondenz im Zusammenhang mit der Solarstromanlage für die Steuererklärung, und bewahren Sie diese Unterlagen mindestens (die vorgeschriebenen) 10 Jahre auf.

Weitere Hinweise:

■ Falls Sie zur Abrechnung des eingespeisten Stroms einen eigenen Zähler verwenden, denken Sie auch an die gesetzlich vorgeschriebene Nach-Eichung nach 16 Jahren (bei elektromechanischen Zählern) beziehungsweise 8 Jahren (bei elektronischen Zählern).

■ Kleine Anlagen haben oft kein aktives Überwachungssystem, das Anlagenausfälle meldet. Ausfälle können dabei oft über Wochen oder Monate unbemerkt bleiben und erhebliche Ertragseinbußen verursachen. Deshalb mindestens einmal monatlich Zähler ablesen und die Erträge auf Plausibilität prüfen.

Zu Jahresbeginn

Das Wichtigste: Lesen Sie den Einspeisezähler ab, und stellen Sie dem Netzbetreiber die Einspeisevergütung für das Vorjahr in Rechnung. Im EEG ist dafür eine Frist bis 28. Februar genannt, die Sie einhalten müssen. Auch, wenn Sie den Netzbetreiber beauftragt haben, die jährliche Abrechnung durchzuführen, teilen Sie ihm den Zählerstand schriftlich mit und bitten Sie um zeitnahe Abrechnung. Formaljuristisch sind nämlich Sie als Lieferant zunächst einmal selbst für die ordnungsgemäße Messung und Abrechnung verantwortlich.

Bis Ende Mai haben Sie Zeit, den Jahresabschluss für das Vorjahr zu erstellen und die Steuererklärung beim Finanzamt einzureichen. Auf Anfrage verlängern die Finanzämter diese Frist unbürokratisch um einige Monate.

Zum Formular der Einkommensteuererklärung kommt noch eine Anlage G für gewerbliche Einkünfte sowie die Umsatzsteuererklärung. Ob Sie noch weitere Formulare ausfüllen müssen, erfragen Sie am besten bei Ihrem zuständigen Finanzamts-Sachbearbeiter.

Der Jahresabschluss besteht aus der Einnahmen-Überschuss-Rechnung und dem Anlagenspiegel. Zur Erinnerung: Bei Einnahmen-Überschuss-Rechnung gilt als Buchungsdatum in der Regel die tatsächliche Zahlung, also beispielsweise das Überweisungsdatum auf dem Kontoauszug – nicht jedoch das Datum auf einer Rechnung. Eine Rechnung aus dem Dezember 2010, die Sie erst Ende Januar 2011 bezahlen, erscheint also erst im Jahresabschluss für 2011.

BEISPIEL FÜR DIE EINNAHMEN-ÜBERSCHUSS-RECHNUNG DER JAHRE 2010 UND 2011

		2010	2011
Betriebseinnahmen	Einspeisevergütung	640,00 €	1 970,00 €
	Zuzüglich USt.	121,60 €	374,30 €
	Erhaltene Vorsteuererstattung	3 801,63 €	5,70 €
	Summe +	4 563,23 €	2 350,00 €
Betriebsausgaben	Für die Anlage gezahlte USt. (= Vorsteuer)	3 800,00 €	
	Abschreibung	333,00 €	1 000,00 €
	Zählergebühr	0,00 €	30,00 €
	Zuzüglich USt. (= Vorsteuer)	0,00 €	5,70 €
	Versicherung	39,00 €	39,00 €
	Wartung und Sonstiges	23,27 €	0,00 €
	Zuzüglich USt. (= Vorsteuer)	1,63 €	0,00 €
	Schuldzinsen	0,00 €	0,00 €
	An das Finanzamt abgeführte USt. (aus Einspeisevergütung)	91,20 €	374,30 €
	Summe −	4 288,10 €	1 449,00 €
Betriebsergebnis		**95,13 €**	**901,00 €**

Besonderheiten beim Direktverbrauch

Wird ein Teil des Solarstroms selbst verbraucht, schreibt das Bundesfinanzministerium ein spezielles Abrechnungsverfahren vor. Rechnerisch wird der gesamte Solarstrom ins Netz gespeist und der selbst verbrauchte Anteil wieder vom Netzbetreiber zurückgeliefert (siehe Musterrechnung rechts). Für diese Abrechnung der Eigenverbrauchsvergütung haben die Netzbetreiber bisher keine einheitliche Vorgehensweise, und so gibt es mehrere Varianten von Abrechnungen. Korrekte Rechnungen, die den Vorgaben der Finanzverwaltung entsprechen, sind jedoch gerade bei der Umsatzsteuer unerlässlich.

Unklare Abrechnungen der Netzbetreiber

In der Praxis ergibt sich hier oft das Problem, dass die Netzbetreiber in der Abrechnung die Beträge gegeneinander verrechnen und nur den saldierten Restbetrag überweisen. Als tatsächliche Zahlung auf dem Girokonto erscheint dann ein anderer Betrag als der, den der Anlagenbetreiber in seiner Einnahmen-Überschuss-Rechnung als Einnahme angeben muss – und er kann ja nur tatsächlich geflossene Beträge verbuchen.

Man kann sich hier behelfen, indem man einen entsprechenden Ersatzbeleg erstellt und den Direktverbrauch als Privatentnahme auf der Einnahmenseite verbucht. Falls für die Solarstromanlage ein separates Girokonto geführt wird, könnte

auch der entsprechende Betrag auf das Solaranlagenkonto überwiesen werden. Dann stimmen die Zahlungssummen auch wieder mit der korrekten Summe der Einnahmen überein und die Buchführung bleibt einfach und leicht nachvollziehbar.

Wird der Solarstrom in einem Gewerbebetrieb verbraucht, zu dem auch die Solarstromanlage gehört, stellt sich dieses Problem natürlich nicht.

 **BAUABZUGSSTEUER BEI PHOTOVOLTAIKANLAGEN**

Unternehmen, die Bauleistungen in Auftrag geben, müssen 15 Prozent des Rechnungsbetrags an das Finanzamt bezahlen und nur 85 Prozent an den Handwerker. Das gilt aufgrund der Unternehmereigenschaft auch für den (künftigen) Photovoltaikbetreiber. Es handelt sich dabei um die Vorauszahlung der Umsatzsteuer, die der Handwerker ohnehin an das Finanzamt abführen muss.

Diese etwas umständliche Prozedur entfällt jedoch, wenn der Handwerker dem Auftraggeber eine gültige Freistellungsbescheinigung vorlegt. Sie als Auftraggeber müssen die Echtheit überprüfen durch eine Nachfrage beim Finanzamt des Handwerkers oder auf der Internetseite des Bundeszentralamts für Steuern (BZST). Außerdem sollten Sie sich eine gut lesbare Kopie aushändigen lassen. Nähere Informationen finden sich auf dieser Internetseite: www.bzst.de/DE/Steuern_National/Bau abzugsteuer/Bauabzugsteuer_node.html.

An den Netzbetreiber
Stromnetz AG
Elektrizitätsstraße 99
54321 Energie

Absender
Werner Sonne
Photovoltaikstraße 11
12345 Solar

Rechnungsdatum: 20. Januar 2011
Rechnung Nr. 1/2011

für Stromlieferung aus einer Photovoltaikanlage im Zeitraum
vom 1. Januar 2010 bis 31. Dezember 2010.

Standort der Anlage (Straße, Ort): Photovoltaikstraße 11, 12345 Solar
Inbetriebnahme am 20. August 2009
Meine Umsatzsteuer-Identifikationsnummer (oder Steuernummer): _____
Meine Bankverbindung: Konto Nr. _____ bei der _____ Bank, BLZ _____

Rechnung an den Netzbetreiber für Vergütungen
Vergütung für Einspeisung

7000 kWh x 0,4301 ct =	3.010,70
zuzüglich 19 % USt.	572,03
Summe	3.582,73

Vergütung für Direktverbrauch

2000 kWh x 0,4301 ct =	860,20
zuzüglich 19 % USt.	163,44
Summe	1.023,64

Gutschrift an den Netzbetreiber für Direktverbrauch

2000 kWh x 0,18 ct =	– 360,00
zuzüglich 19 % USt.	– 68,40
Summe	– 428,40

informativ: vom Netzbetreiber zu zahlender Betrag

Vergütung für Einspeisung	3.582,73
Vergütung für Direktverbrauch	1.023,64
Gutschrift für Direktverbrauch	**– 428,40**
zu zahlen	**4.177,97**

Der Betrag ist sofort zur Zahlung fällig. Gemäß § 286 (3) BGB tritt Zahlungsverzug auch
ohne Mahnung innerhalb 30 Tagen nach Fälligkeit ein. Der Verzugszins beträgt 5% bzw.
zwischen Unternehmen 8% über dem Basiszinssatz (§288 BGB).

BILD Bei Direktverbrauch von Solarstrom sind die Abrechnung und steuerliche Behandlung etwas komplizierter als bei der reinen Einspeisung ins Netz. Der Betreiber muss den selbst verbrauchten Strom versteuern (Umsatzsteuer und Ertragssteuer). Wie das geht, erklärt der Bundesverband Solarwirtschaft in einem Merkblatt (siehe Serviceteil). Hier das Beispiel einer Abrechnung des Photovoltaikbetreibers mit dem Netzbetreiber.

CHECKLISTE STEUERN

Vor Auftrags-vergabe und Installation:	Sammeln Sie schon jetzt alle Belege über Kosten und Aufwendungen (auch Fahrtkosten), die in direktem Zusammenhang mit Planung, Bau und Betrieb der Anlage entstehen.
Vor Inbetrieb-nahme:	Entscheiden Sie sich für Volleinspeisung oder den Direktverbrauch mit Über-schusseinspeisung.
	Mitteilung an das Finanzamt über die gewerbliche Stromeinspeisung aus einer Photovoltaikanlage: Es muss ein Fragebogen ausgefüllt werden (darin auf Um-satzsteuerpflicht „optieren", indem Sie auf die Kleinunternehmerregelung ver-zichten, siehe Seite 159).
Nach Inbe-triebnahme:	Mitteilung an den Netzbetreiber über die Umsatzsteuerpflicht und Angabe der Steuernummer für die Abrechnung
	Meldung der PV-Anlage im Anlagenregister der Bundesnetzagentur
	Mit der Abrechnung des Installateurs: Abgabe der ersten Umsatzsteuer-Voran-meldung beim Finanzamt zur Rückerstattung der bei Kauf der Anlage bezahlten Umsatzsteuer
	In den ersten beiden Betriebsjahren schreibt die Finanzverwaltung eine monat-liche Abgabe der Umsatzsteuer-Voranmeldungen vor. Danach reicht bei kleinen Anlagen die jährliche Abgabe der Umsatzsteuererklärung.
Jährlich zu Jahresbeginn:	Abrechnung der Einspeisevergütung mit dem Netzbetreiber für das vorange-gangene Jahr bis spätestens 28. Februar
	Erstellen Sie eine Einnahmen-Überschuss-Rechnung (Jahresabschluss).
	Für Ihre Einkommensteuererklärung füllen Sie zusätzlich die Anlage G (für gewerbliche Einkünfte) und die Umsatzsteuer-Jahreserklärung aus.
	Einkünfte aus selbstständiger Tätigkeit (Umsatzsteuererklärung) zusammen mit der privaten Einkommensteuererklärung bis Ende Mai
Rechnungs-unterlagen:	Alle Quittungen, Rechnungen und Kontoauszüge im Zusammenhang mit der PV-Anlage sammeln und zehn Jahre aufbewahren
	Für den Vorsteuerabzug achten Sie darauf, dass Rechnungen über 150 Euro (netto) diese Angaben enthalten: ■ Name und Anschrift des Lieferanten ■ Name und Adresse des steuerlichen Anlagenbetreibers ■ Steuernummer des Lieferanten ■ Rechnungsnummer ■ Rechnungsdatum und Leistungs- oder Lieferdatum ■ Konkrete, detaillierte Bezeichnung der Ware oder Leistung ■ Nettobetrag, Umsatzsteuersatz, Umsatzsteuerbetrag, Bruttobetrag (bzw. Erläuterung der Umsatzsteuer-Freiheit)

WEITERE RECHTSFRAGEN

Mit der Zahl der Anlagen wächst auch die Zahl der Rechtsstreitigkeiten rund um die Photovoltaik. Einige Anwälte haben sich besonders intensiv damit beschäftigt und gelten als sehr erfahren. Bei Rechtsfragen rund um die eigene Solarstromanlage sollte man diese Juristen zu Rate ziehen. Fragen Sie den Anwalt zuerst nach seiner Erfahrung in diesem Bereich oder lassen Sie sich von Solarverbänden Anwälte empfehlen.

Vergütung ohne Vertrag

Viele Netzbetreiber senden Photovoltaikbetreibern bei der Anmeldung der Anlage noch immer Einspeiseverträge zu. Dabei regelt das EEG ausdrücklich, dass ein Vertrag nicht geschlossen werden muss und abweichend vom EEG Vereinbarungen weder zu Lasten des Einspeisers noch des Netzbetreibers getroffen werden dürfen. Gerade bei kleinen Anlagen, die technisch standardisiert angeschlossen werden, kann ein Vertrag also für beide Seiten keinen Nutzen bringen, den Betreiber als juristischen Laien jedoch verunsichern.

Anwälte raten deshalb den Betreibern hauseigener Standard-Photovoltaikanlagen, keine Verträge zu unterschreiben. Unterschreiben Sie jedenfalls nichts, was nicht zuvor juristisch geprüft wurde oder was Sie selbst nicht bewerten können, wie beispielsweise Inbetriebnahmeprotokolle des Netzbetreibers. Überlassen Sie das besser dem Installateur.

Der Bund der Energieverbraucher und die Zeitschrift Photon prüfen für ihre Mitglieder beziehungsweise Abonnenten seit Jahren laufend neue Einspeiseverträge und haben diese bisher überwiegend negativ bewertet. Schon eine solche Prüfung aber hält der Solarenergie-Förderverein Deutschland für nicht zumutbar.

Schikaneverbot

Auch technisch und im Ablauf darf der Netzbetreiber nicht machen, was er will. So muss er die Anliegen des Einspeisers zeitnah bearbeiten und darf für den Anschluss keine Vorgaben machen, die zwar höhere Kosten verursachen, aber keinen technischen oder wirtschaftlichen Nutzen bringen.

Mit etwas gutem Willen des Netzbetreibers lassen sich beispielsweise fehlende Zählerplätze oft durch Veränderungen und Zählertausch im vorhandenen Zählerschrank schaffen, auch ohne teure Erweiterungen. Man sollte immer versuchen, mit Hilfe des Elektroinstallateurs zu einvernehmlichen Lösungen zu kommen, sich bei Meinungsverschiedenheiten aber auch nicht alles gefallen lassen.

EEG Clearingstelle

Mit der EEG Clearingstelle gibt es speziell für die Rechtsfragen zum EEG auch eine Art Schlichtungsstelle, eingerichtet beim Bundesumweltministerium in Berlin. Sie soll Streitigkeiten zwischen Anlagenbetreibern und Netzbetreibern zur Anwendung des EEG klären. Einseitige rechtliche Beratung leistet sie nicht.

Auf der Internetseite finden sich ausführliche Empfehlungen zu bisher behandelten Fragen. Jeder Anlagenbetreiber kann sich auch mit eigenen Anliegen und Problemen an die Clearingstelle wenden. Infos gibt es online bei www.clearingstelle-eeg.de.

PHOTOVOLTAIK ALS KAPITALANLAGE

Neben der Anlage auf dem eigenen Dach werden auf dem Markt der Kapitalanlagen verschiedene Formen finanzieller Beteiligung an größeren Photovoltaikanlagen angeboten, meist unter dem Aspekt der ethisch und ökologisch nachhaltigen Geldanlage, aber auch mit marktüblichen Renditen.

Initiatoren dieser Beteiligungsobjekte sind Projektgesellschaften, Banken und Bürgerinitiativen in Form von Vereinen, Genossenschaften oder dafür gegründeten GmbH- beziehungsweise GbR-Gesellschaften als „Bürger-Solarkraftwerke".

Große Solarstromanlagen werden dabei häufig als „geschlossene Fonds" finanziert, ähnlich den schon seit vielen Jahren bekannten Windkraftfonds. Diese bieten Privatpersonen Beteiligungsmöglichkeiten ab Beträgen von 5 000 Euro an. Die Größe der Anlage und die Streuung von Anlagekapital auf verschiedene Standorte (Freiflächen, Dachanlagen, In- und Ausland) können dabei das Risiko des Anlegers reduzieren.

Die Finanzierung erfolgt dabei mit 20 bis 30 Prozent Eigenkapital, das die Anleger in den Fonds einzahlen. Der verbleibende Anteil der Investitionssumme wird mit Bankdarlehen finanziert. Wegen des hohen Anteils an Fremdkapital ist es für den Anleger besonders wichtig, dass die Rechtsform des Fonds seine Haftung auf die geleistete Kapitaleinlage begrenzt. Bei den überregional angebotenen Solarfonds wird dazu in der Regel eine „GmbH & Co. KG" gegründet. Bei dieser Mischform aus Personen- und Kapitalgesellschaft tritt der Anleger der Beteiligungsgesellschaft als Kommanditist bei, dessen Risiko sich auf seine Kapitaleinlage beschränkt. Darüber hinaus haftet lediglich die GmbH als sogenannter Komplementär, die zugleich Betreiber und Verwalter des Solarkraftwerks und der Einlagen ist. Eine weitere Beteiligungsform sind Genussscheine und Anleihen.

Die Fondsinitiatoren geben als Entscheidungsgrundlage für eine Beteiligung umfangreiche Emissionsprospekte heraus. Diese müssen von der Bundesanstalt für Finanzdienstleistungsansicht (BaFin) freigegeben werden. Dazu prüft die BaFin, ob in dem Beteiligungsprospekt alle Angaben gemäß Vermögensprospektgesetz gemacht wurden. Die inhaltliche Richtigkeit der gemachten Angaben wird aber nicht geprüft.

Der Aufbau des Beteiligungsprospekts sollte deshalb zusätzlich dem „IDW-S4-Standard" entsprechen und das Prüftestat von einem erfahrenen und unabhängigen Wirtschaftsprüfer besitzen. So können interessierte Kapitalanleger sicher sein, dass alle wesentlichen Angaben zum Projekt korrekt enthalten sind.

Im Prospekt wird auch das prognostizierte wirtschaftliche Ergebnis über den Beteiligungszeitraum von meist 20 Jahren abgebildet. Das entspricht dem Zeitraum der gesetzlichen Einspeisevergütung.

Steuerliche Anfangsverluste werden innerhalb der Gesellschaft in die Folgejahre vorgetragen, bis sie durch Gewinne ausgeglichen wurden. Anders als vor einigen Jahren gibt es heute keine steuerlichen Verlustzuweisungen mehr an die Anleger. Positive Ergebnisse werden den Kommanditisten zugewiesen und sind zu versteuern. Die Ausschüttungen an die Teilhaber erfolgen in Form von Entnahmen je nach Kassenlage („Liquidität") der Beteiligungsgesellschaft. Dabei brauchen sich die Anleger um die steuerlichen Vorgänge im Detail nicht selbst zu kümmern. Die Fondsgesellschaften informieren das zuständige Betriebsfinanzamt und dieses wiederum die Finanzämter der Anleger.

Die voraussichtlichen Ausschüttungen der größeren Solarfonds mit langer Laufzeit liegen einschließlich der Rückzahlung der Kapitaleinlage bei etwa 200 bis 250 Prozent. Bei geschlossenen Fonds ist eine Kündigung der Beteiligung vor dem Ende der Laufzeit praktisch nicht möglich. Läuft jedoch alles nach Plan, erhält der Anleger schon während der ersten Beteiligungsjahre wieder einen Teil der ursprünglichen Kapitaleinlage ausgeschüttet.

Neu sind kürzer laufende Beteiligungen an Photovoltaikanlagen, die nach 8 bis 12 Jahren wieder verkauft werden sollen. Ob sich die dabei angenommenen Verkaufserlöse realisieren lassen, ist aus heutiger Sicht unklar.

Das maßgebliche Kriterium für die Entscheidung über eine Beteiligung sollte nicht die Höhe der Ausschüttungen sein. Wichtig ist vor allem eine sorgfältige Gesamtkonzeption des Fonds mit guten Sonnenstandorten und einer vorsichtigen Kalkulation von Aufwand und Erträgen.

Alle Investitions- und Betriebskosten sollten über Festpreise vertraglich abgesichert sein. Es sollten ausschließlich bewährte Module, Wechselrichter und Befestigungskonstruktionen verwendet werden.

Mindestens zwei unabhängige Energieertragsgutachten sollten vorliegen sowie ein Sicherheitsabschlag von mindestens 3 Prozent und ein möglicher Leistungsrückgang (Degradation) berücksichtigt worden sein.

Sehr nützlich ist auch ein Vergleich zwischen Prognose und tatsächlichem Verlauf der vom Anbieter bisher projektierten Fonds.

Fachleute kritisieren die zum Teil eher optimistischen Kalkulationsannahmen bei Solarfonds, wie beispielsweise niedrige Betriebskosten und hohe Anlagenrückkaufswerte nach 20 Jahren. Bei Kapitalanlageexperten gelten Solarfonds dennoch als vergleichsweise sichere Geldanlage.

Angesichts der in letzter Zeit sehr kurzfristigen Absenkungen von Vergütungssätzen in Deutschland und ausländischen Märkten rät der Solarfonds-Experte Daniel Kellermann Anlegern besonders darauf zu achten, dass die Voraussetzungen für eine fristgerechte Inbetriebnahme gesichert

sind: Baugenehmigung und Netzanschluss, Verfügbarkeit von Modulen und weiteren Bauteilen, gesicherte Vorfinanzierung und Vorlage aller für die Betreibergesellschaft notwendigen Verträge. Wichtig ist auch ein erfahrenes Management.

Nähere Informationen über Beteiligungen an Solarfonds und anderen erneuerbaren Energien gibt Daniel Kellermann auf seiner Internetseite (www.greenvalue.de) und in einem speziellen Ratgeber (siehe Literaturhinweise im Servicteil) sowie im Ratgeber „Grüne Geldanlage" der Stiftung Warentest.

SOLARSTROM WECHSELN

Wer nicht nur mit der eigenen Solarstromanlage auf dem Dach umweltfreundlichen Strom erzeugen und verkaufen will, sondern sich auch zuhause vollständig aus erneuerbaren Quellen versorgen möchte, kann seinen Stromlieferanten wechseln. Auch Photovoltaikbetreiber sind in der Wahl ihres Stromlieferanten völlig frei und nicht an die Angebote des Netzbetreibers gebunden.

Laut dem Stromvergleichsportal Verivox hat sich das Interesse der Kunden schon seit einiger Zeit zum Ökostrom verlagert. Interessierten sich 2009 noch 77 Prozent der Portalbesucher für normale Tarife und nur eine Minderheit von 23 Prozent für Ökostrom, so hat sich dieses Verhältnis inzwischen umgedreht. Branchenschät-

zungen zufolge bezogen 2010 etwa zwei Millionen deutsche Haushalte Ökostrom. Mehr aus Bequemlichkeit haben das viele Stromkunden bisher unterlassen. Nach einer im November 2010 veröffentlichten Umfrage der Stiftung für Zukunftsfragen wären aber immerhin fast zwei Drittel (61 Prozent) der Deutschen bereit, für Strom aus erneuerbaren Energien höhere Preise zu bezahlen, und nur 8 Prozent wollen den billigsten Strom beziehen.

Geld sparen mit Ökostrom

Dabei lässt sich mit dem Wechsel laut Stiftung Warentest sogar Geld sparen. In vielen Regionen ist Ökostrom inzwischen billiger als konventioneller Strom, und viele Verbraucher haben bisher weder den

Anbieter noch den Tarif gewechselt. Sie stecken dann noch im Grundversorgungstarif des örtlichen Anbieters, dem meist teuersten Tarif überhaupt.

Empfehlenswerte Ökostromtarife sind solche, die den Bau neuer Ökostromanlagen finanzieren – und zwar über die gesetzliche EEG-Förderung hinaus. Solche Ökostromtarife haben einen direkten Umweltnutzen, weil durch den Bezug noch mehr konventioneller Strom vom Markt verdrängt wird. Überdies gilt: Wer mit der Wahl eines Stromversorgers ein Zeichen für Klimaschutz und Energiewende setzen will, sollte einen Anbieter wählen, der ausschließlich umweltschonend erzeugten Strom verkauft, also weder Atom- noch Kohlestrom im Angebot hat.

Im Test von Stromtarifen (test 10/2009) waren das: EWS Schönau, Greenpeace Energy, Lichtblick und Naturstrom. Bei diesen gibt es auch keine Verflechtung mit Firmen, die Atom- oder Kohlekraftwerke betreiben.

Der Deutsche Naturschutzring nennt solche Anbieter im Internet unter www.atomausstieg-selber-machen.de: EWS Schönau, Greenpeace energy, Lichtblick, Naturstrom. Eine gute Marktübersicht bietet auch das Freiburger Öko-Institut unter www.ecotopten.de: Dort sind Angebote aufgelistet, die den Neubau umweltfreundlicher Kraftwerke fördern und zugleich nicht viel mehr kosten als herkömmlicher Strom.

Genauer hinsehen muss man bei Ökostromangeboten der regionalen Anbieter.

Der Autor Martin Unfried (www.oekosex. eu) empfiehlt ökologisch engagierte Stadtwerke wie Schwäbisch Hall, Saarbrücken oder Flensburg. Viele andere Ökostromunternehmen seien direkt oder indirekt Teil der großen Energiekonzerne: „RWE steckt in: Eprimo, Lechwerke AG, Koblenzer Elektrizitätswerk und Verkehrs-AG, RheinEnergie, den Stadtwerken Duisburg und LekkerEnergie. Eon steckt in E wie Einfach, entega und den Stadtwerken Karlsruhe. EnBW steckt in NaturEnergie, ZEAG und den Stadtwerken Düsseldorf und Karlsruhe. Vattenfall steckt in den Städtischen Werken Kassel und ENSO".

Richtiger Ökostrom lässt Konzerngewinne schrumpfen

Physikalisch ist Ökostrom nicht von herkömmlichem Strom zu unterscheiden. Alle Erzeuger speisen ins Stromnetz ein. Weil das Netz kein Speicher ist, sondern nur ein Transportweg, kann aber immer nur so viel eingespeist werden, wie gerade verbraucht wird. Eingespeister Ökostrom verdrängt also Strom aus Kohle- und Atomkraftwerken. Je mehr Ökostromkraftwerke gebaut werden, und je mehr Verbraucher sich für Ökostrom entscheiden, umso sauberer wird der Strommix insgesamt. Je mehr Kunden zu unabhängigen Ökostromanbietern wechseln, umso mehr schrumpfen die Umsätze und Gewinne der Energiekonzerne. Wie man den Anbieter wechselt und worauf dabei zu achten ist, wird auf www.test.de ausführlich erklärt.

SOLARSTROM SPAREN

Wer Solarstrom zuhause selbst produziert, geht oft auch viel bewusster mit Energie um. Aus der unsichtbaren Kraft aus der Steckdose wird eine buchstäblich begreifbare Energiequelle. Nicht verbrauchter Ökostrom vermeidet noch mehr Kohle- und Atomenergie und spart dabei noch viel Geld. Auch deshalb interessieren sich viele Solaranlagenbetreiber dafür, wie sich ihr Verbrauch reduzieren lässt.

Rechnerisch verbraucht jeder Bundesbürger zuhause über 1 700 Kilowattstunden Strom pro Jahr. Es ist aber ohne Komforteinbußen möglich, diesen Verbrauch um mehr als die Hälfte zu senken. Sogar ein Verbrauch von nur 500 Kilowattstunden pro Person ist erreichbar.

Viele Stromsparmaßnahmen rechnen sich nicht nur, sondern bringen sogar zweistellige Renditen. Die Leuchtstofflampe ist zwar das plakative Symbol fürs Energiesparen, aber bei weitem nicht die wirkungsvollste Maßnahme im privaten Haushalt. Natürlich sind Glühfadenlampen ein technischer Anachronismus, weil sie den Strom weitgehend in Wärme umwandeln und nur zu weniger als 10 % in Licht. Hier in Kurzform eine praktische Strategie, mit der Sie den Stromverbrauch zuhause minimieren können:

1. Detaillierte Bestandsaufnahme

Mit einfachen Verbrauchszählern für die Steckdose können Sie Großverbraucher wie Waschmaschine und Wäschetrockner oder Dauerverbraucher wie Kühlschrank und Gefriertruhe checken und feststellen, ob sich ein Tausch gegen sparsamere Geräte lohnt. Machen Sie eine Bestandsaufnahme aller Ihrer Stromverbraucher und schätzen Sie mit Hilfe des Messgeräts die Jahresstromverbräuche ab. Geht der Vergleich mit der Stromrechnung auf?

2. Wärme aus Strom vermeiden

Die größten Verbraucher im Haushalt sind meistens die Geräte, in denen Strom in Wärme umgewandelt wird: Waschmaschine, Wäschetrockner und der Elektroherd. Und eine Warmwasserbereitung oder gar Heizung mit Strom liegt nochmal eine Größenordnung darüber. Wärmepumpen sind da schon ein effizienter Fortschritt gegenüber dem direkten Verheizen von Elektrizität.

Waschmaschinen und Geschirrspüler können häufig mit Warmwasser aus der (nicht strombetriebenen) Heizungsanlage versorgt werden. Besonders wirtschaftlich ist das, wenn die Wärme aus einer thermischen Solaranlage kommt.

3. Stromfresser eliminieren

Aber auch die kleinen gemeinen Stromfresser wie Standbyschaltungen von Fernsehgeräten, Radioweckern und allen möglichen elektronischen Kleingeräten summieren sich zu großen Dauerverbrauchern. Hier gilt: Stecker raus, Steckdosenschalter verwenden oder einfach weg da-

mit („brauch' ich das wirklich?"). Nicht
zu vergessen sind Heizungspumpen oder
Warmwasser-Zirkulationspumpen, die
rund um die Uhr das ganze Jahr laufen.
Dafür gibt es heute stromsparende Lösungen – fragen Sie Ihren Heizungsfachmann!

4. Stromsparende Geräte anschaffen

Kaufen Sie bei neuen Geräten nur die
sparsamsten ihrer Klasse. Selbst Mehrkosten rechnen sich häufig durch den
niedrigeren Verbrauch. Eine nützliche Ent-
scheidungshilfe sind die regelmäßig
aktualisierte Broschüre „Stromsparende
Haushaltsgeräte" des Bundes der Energieverbraucher (www.energieverbraucher.de)
und die zugrunde liegende Datenbank des
Niedrig-Energie-Instituts unter
www.spargeraete.de

5. Stromgeräte effizient nutzen

Es gibt unzählige Verhaltenstipps zum
Stromsparen. Aktuell vielleicht der Wichtigste: Computer und Zubehör nicht nur
ausschalten wenn sie nicht gebraucht
werden, sondern auch vom Netz trennen,
zum Beispiel mit einer gemeinsamen
schaltbaren Steckdosenleiste. Immer ganz
ausschalten und nicht nur im „Einschlaf-
modus" lassen – übrigens auch W-LAN-
Router und anderes Internetzubehör.

DIE PHOTOVOLTAIK-PERSPEKTIVE

Solarstrom wurde lange Zeit belächelt und unterschätzt. Prognosen wurden immer wieder von der Realität überholt. Wie es dazu kam und welche Energiezukunft die Photovoltaik verspricht, zeigen wir Ihnen hier. Und wir geben Antwort auf die Frage, ob die Technik wirklich hält, was sie der Umwelt verspricht.

SOLARSTROM UND UMWELT

Manchmal erscheint es etwas übertrieben, wenn erneuerbare Energien Umweltanforderungen erfüllen sollen, die bei konventionellen Energieträgern nie gestellt wurden. Und doch erfüllen sie selbst strenge Vorgaben meist viel besser als die alten. Zudem lässt sich nicht bestreiten, dass bei der Einführung neuer Energiequellen endlich auch einmal langfristig gedacht werden sollte.

Elektrosmog und elektromagnetische Verträglichkeit

Da ohne Strom in unserer hoch technisierten Zivilisation nichts mehr geht, halten Verantwortliche in Wirtschaft und Politik und sogar manche Wissenschaftler allein schon die Frage nach der Wirkung elektromagnetischer Felder auf Umwelt und Gesundheit für Kritik an der modernen Technik schlechthin. Angesichts der ständig wachsenden Zahl elektrischer Geräte und Kommunikationseinrichtungen, die uns täglich umgeben (Elektroinstallation, Rundfunk, Mobiltelefon, WLAN-Internet), ist die Frage nach den gesundheitlichen Folgen aber gerechtfertigt.

Elektrosmog ist glücklicherweise kein Entscheidungskriterium für oder gegen eine Solarstromanlage, auch wenn die Frage immer wieder auftaucht. Tatsache ist, dass der Mensch und die gesamte Biosphäre heute in vorher noch nie da gewesenem Umfang von künstlichen elektromagnetischen Feldern durchdrungen sind. Neben der chemischen Umweltverschmutzung durch Schadstoffeinträge in Luft, Boden und Wasser verursacht der

Elektrosmog, ebenso wie radioaktive Belastungen, eine Art „physikalische" Umweltbelastung. Und der Mensch verfügt über kein Sinnesorgan, um elektromagnetische Felder oder Strahlen bewusst wahrzunehmen – anders als einige Tierarten wie Zugvögel und Delphine.

Kein Wissenschaftler zweifelt ernsthaft daran, dass elektromagnetische Felder auf den menschlichen Körper einwirken. Da der Informationsfluss im Körper selbst über schwache elektrische Ströme entlang den Nervenbahnen verläuft, sind diese Wirkungen sogar messbar. Uneinig sind sich Forscher und Mediziner vor allem darüber, welche Folgen diese Veränderungen haben und bei welcher Größenordnung mit gesundheitlichen Schäden zu rechnen ist. Die Indizien für eine Beeinflussung des Körpers sind jedenfalls zahlreich.

Das Nachweisproblem bei Elektrosmog ist bereits aus der Radioaktivität bekannt und hängt offenbar damit zusammen, dass

elektromagnetische Felder an jedem Ort und bei jedem Menschen unterschiedlich wirken und sich die verschiedenen Felder und Strahlungen beziehungsweise deren Wirkung gegenseitig beeinflussen können. Vielleicht erklären sich daraus die teilweise völlig gegensätzlichen Studienergebnisse, die den Elektrosmog von gänzlicher Unbedenklichkeit bis hin zum allgegenwärtigen Krankmacher stilisieren. Die Wahrheit liegt wie so oft vermutlich irgendwo dazwischen.

Bei niederfrequenten Feldern (Netzfrequenz 50 Hz) belegen Untersuchungen am Beispiel des Melatonins, dass magnetische Felder den Hormonhaushalt beeinflussen können. Dagegen wird eine krebsauslösende Wirkung üblicherweise ausgeschlossen.

Elektrosmog im Alltag
Überall dort, wo elektrische Ladungen vorhanden sind oder Ströme fließen, entstehen elektromagnetische Felder. Jede

BILD Photovoltaikanlagen produzieren Strom nicht nur besonders umweltfreundlich, sondern auch gesundheitsverträglich. Schädliche Auswirkungen auf Mensch und Natur treten im Alltagsbetrieb nicht auf.

Stromleitung, jedes Elektrogerät, jedes Fahrzeug und Telefon ist von solchen mehr oder weniger starken Feldern umgeben. Ein elektrisches Feld ist immer vorhanden, wenn zwischen zwei Polen elektrische Ladungen getrennt werden, also Spannung ansteht. Fließt ein Strom, so entsteht zusätzlich ein magnetisches Feld.

Handelt es sich um Gleichspannung (beziehungsweise Gleichstrom), erhält man ein Gleichfeld, bei Wechselspannung und Wechselstrom ein Wechselfeld.

Auch bei ausgeschalteten Geräten bleibt ein elektrisches Feld bestehen. Sogenannte Netzfreischalter sollen hier Abhilfe schaffen: Wenn zum Beispiel nachts alle Geräte im Haus ausgeschaltet sind, trennt dieser Schalter die Stromkreise komplett vom Netz und reduziert so den selbstgemachten Elektrosmog im Haus... Ihr Wecker muss dann per Batterie funktionieren oder mechanisch laufen.

Ein grundsätzliches Unterscheidungsmerkmal bei den Wechselfeldern ist die Frequenz, also die Häufigkeit, mit der die Polung gewechselt wird. Während der Strom aus der Steckdose pro Sekunde 100-mal die Richtung wechselt (50 Hertz) und man hier von niederfrequenten elektromagnetischen Feldern spricht, arbeiten beispielsweise Mobiltelefone im Gigahertz-Bereich (also Milliarden Schwingungswechsel pro Sekunde). Bei solch hohen Frequenzen bauen sich die Felder nicht nur um die Geräte herum auf, sondern breiten sich als elektromagnetische Strahlung in bestimmte Richtungen aus.

Elektrische Felder können im Gegensatz zu magnetischen leicht abgeschirmt werden, durch geerdete, elektrisch leitende Schichten (Metalle) oder auch durch Wände (Holz, Ziegel, Beton). Schädliche Wirkungen auf den menschlichen Körper werden vor allem von Wechselfeldern erwartet, insbesondere von magnetischer sowie von hochfrequenter elektromagnetischer Strahlung.

Abhängig sind diese Wirkungen zumindest von:

■ der Dauer der Einwirkung (wenn überhaupt, ist Dauerbelastung und dann vor allem in der nächtlichen Regenerationsphase bedenklich),

■ der Stärke der Felder und dem Abstand zum Feldverursacher,

■ einer möglicherweise vorhandenen Abschirmung,

■ der persönlichen Empfindlichkeit.

Künstliche und natürliche elektromagnetische Felder

Neben den künstlichen Feldern umgeben uns auch natürliche: Das Erdmagnetfeld ist ein magnetisches Gleichfeld. In der Erdatmosphäre herrscht ständig ein elektrisches Gleichfeld, das sich bei Gewitter um ein Vielfaches verstärkt.

Künstliche Felder entstehen auf verschiedene Weise:

■ Elektrisches Gleichfeld: entsteht bei Reibung zweier nicht leitender Stoffe (Schuhsohle auf Teppich) oder zwischen kalten und warmen Luftmassen in der Atmosphäre.

■ Elektrisches Wechselfeld: Streufeld der Elektroinstallation, unter Freileitungen, um Elektrogeräte.

■ Magnetisches Wechselfeld: entsteht beim Stromfluss in Wechselstrominstallationen und -geräten.

■ Hochfrequente elektromagnetische Strahlung: Sende- und Empfangsanlagen und -geräte (Rundfunk, Richtfunk, Mobilfunk, Radar, Mikrowelle).

Elektrosmog in Photovoltaikanlagen

Dezentrale Solarstromanlagen werden inzwischen in großer Zahl im Wohnumfeld installiert. Welche Felder entstehen dadurch, und inwieweit übersteigt die entstehende Strahlung die von der bisherigen Elektroinstallation schon verursachte? Auch unter diesem Gesichtspunkt zeigt sich, dass Netzeinspeisegeräte am besten im Keller aufgehoben sind, möglichst nahe am elektrischen Hausanschluss: Die Wechselstromleitungen sind dann kurz, und es fließt lediglich Gleichstrom vom Dach durchs Haus. Gleichstrom erzeugt nur elektromagnetische Gleichfelder.

Die Stärke der durch die Solarstromanlage erzeugten künstlichen Felder bleibt bei einer üblichen Anlage bis etwa 5 kWp elektrischer Spitzenleistung in der Größenordnung der natürlichen Felder und ist damit unbedenklich. Wer ganz sicher gehen möchte, kann bei Wechselstromleitungen größeren Abstand zu Plätzen halten, die tagsüber stark von Menschen frequentiert werden.

■ **Trafolose Netzeinspeisegeräte:** Schwieriger ist die Bewertung trafoloser Netzeinspeisegeräte, die mit hoher Gleichspannung arbeiten. Im Betrieb pulsiert die Gleichspannung im Solarstromkreis mit Netzfrequenz und in Höhe der Netzspannung, sodass dort großflächig elektrische Wechselfelder abgestrahlt werden können. Deren Werte überschreiten zwar nicht die gesetzlichen Grenzwerte, können aus baubiologischer Sicht jedoch bedenklich sein. Wissenschaftliche Erkenntnisse über die tatsächliche Belastung oder über ihre Auswirkungen liegen bisher nicht vor. Dennoch haben Hersteller bereits Geräte entwickelt, bei denen genau dieser Elektrosmog mit Hilfe eines neuen Schaltungskonzepts verhindert wird. Fragen Sie also vor der Installation eines solchen Geräts gezielt danach, wenn eine Solarstromanlage mit trafolosem Netzeinspeisegerät im Wohnbereich installiert wird.

■ **Vorhandene Netzfreischalter:** Netzfreischalter schalten einzelne Stromkreise einer Wohnung oder das gesamte Hausnetz spannungslos, sobald alle angeschlossenen Geräte ausgeschaltet sind. So kann beispielsweise ein Schlafzimmer nachts vollautomatisch vom Elektrosmog aus Leitungen und Steckdosen befreit werden.

BILD Kaum eine Technik wurde in der Markteinführung so streng begleitet und untersucht wie die Photovoltaik. In einigen Punkten wurde dadurch die Sicherheit in der Elektrotechnik sogar weiterentwickelt.

Da netzgekoppelte Solarstromanlagen nur tagsüber arbeiten und der Netzfreischalter die Stromkreise üblicherweise nachts abschaltet, sind hier keine Probleme zu erwarten. Die Solarstromanlage wird jedoch nicht in die Netzfreischaltung mit einbezogen. Deshalb sollten keine Wechselstromleitungen der Solarstromanlage in der Nähe der Schlafplätze verlegt sein, weil ansonsten die Netzfreischalteinrichtung dort nichts bringt.

- **Schlafplätze:** Naturheilkundler und manche Mediziner empfehlen, keine ausgedehnten Metallflächen über oder unter Schlafplätzen anzuordnen. Da die Gestelle und Rahmen einer Solaranlage sowie die Leitungsbahnen innerhalb der Module so gesehen wie eine metallische Abschirmung wirken, ist es sinnvoll, Flächen über Schlafplätzen bei der Installation auszusparen beziehungsweise dort keine Anlage anzuordnen. Wissenschaftlich eindeutig nachvollziehbar sind derartige Gesundheitsaspekte allerdings aus heutiger Sicht nicht.

- **Fazit:** Zusammenfassend lässt sich sagen, dass eine sorgfältig geplante und installierte Solarstromanlage den Elektrosmog im Haushalt kaum erhöht. Photovoltaikanlagen erfüllen selbst die hohen Ansprüche von Baubiologen. Wichtigster Grund zur Entwarnung ist die Tatsache, dass Solaranlagen nur tagsüber Strom erzeugen.

Elektromagnetische Verträglichkeit (EMV)

Neben der biologischen Wirkung elektromagnetischer Strahlung können sich elektronische Geräte auch gegenseitig beeinflussen. Damit ein Gerät nicht auf andere Geräte einwirkt oder selbst von den Aussendungen anderer Geräte gestört wird, gibt es Normen, die Vorgaben für die elektromagnetische Verträglichkeit und Grenzwerte für die elektromagnetischen Störaussendungen festlegen. Dass ein Netzeinspeisegerät im Einklang mit den gültigen Normen und gesetzlichen Vorgaben hergestellt wurde und auch die EMV-Vorschriften erfüllt, muss durch das „CE"-Kennzeichen signalisiert werden.

Verantwortlich für die Einhaltung des EMV-Gesetzes, das auch Photovoltaikanlagen betrifft, ist der Hersteller der Anlagenkomponenten, aber auch der Anlageninstallateur. In der Praxis gab es in der Vergangenheit vereinzelt Probleme, indem ein Wechselrichter beispielsweise den Rundfunk- oder Fernsehempfang störte. Handelt es sich um eine leitungsgebundene Störung, kann der Elektroinstallateur diese möglicherweise durch einen Wechsel der Einspeisephase beseitigen.

Eine Funkstörung dagegen kann nur durch entsprechende konstruktive Maßnahmen (Abschirmung des Geräts) verhindert werden. Ein anderer Montageort für das NEG kann hier zur Not ebenfalls Abhilfe schaffen.

Energiebilanz und Schadstoffe

Entgegen einem landläufigen Mythos hatten Solarmodule schon immer eine positive Energiebilanz. Aktuelle Studien zeigen, dass eine Photovoltaikanlage den zu ihrer Herstellung notwendigen Energieaufwand innerhalb von zwei bis drei Jahren wieder zurückliefert (Energierücklaufzeit). Über die gesamte Lebensdauer produziert die Anlage dann zehn bis zwanzig Mal so viel wie die anfangs eingesetzte Energie (Erntefaktor). Die Energierücklaufzeit wird sich durch technische Fortschritte weiter verbessern und soll schon in wenigen Jahren nur noch ein bis zwei Jahre betragen.

Solarmodule wachsen nicht auf Bäumen und beeinflussen wie jedes technisch hergestellte Produkt die Umwelt. Im normalen Betrieb gehen von Photovoltaikanlagen keine schädlichen Wirkungen aus. Bei Bränden können zwar giftige und umweltschädliche Stoffe freiwerden. Diese unterscheiden sich aber nicht von den bei Bränden auch sonst auftretenden Schadstoffen.

Bei der Produktion von Solarzellen und Photovoltaikbauteilen werden in der Halbleiterelektronik übliche Stoffe eingesetzt, die aber weitgehend in geschlossenen Kreisläufen geführt werden. Hier kommt es darauf an, dass die Hersteller strengen Umweltauflagen unterliegen und diese auch nachvollziehbar einhalten.

Materialeigenschaften

Von allen Solarzellenmaterialien ist das kristalline Silizium am wenigsten problematisch. Aber selbst Module mit dem vieldiskutierten Kadmiumtellurid (CdTe), eine für Dünnschichtsolarzellen besonders geeignete chemische Verbindung des Schadstoffs Kadmium, sind nach Angabe von Fachleuten unbedenklich, weil die Module den gefährlichen Stoff nur in geringen Mengen und in fester chemischer Bindung enthalten. Selbst bei einem Brand könne der Schadstoff nicht frei werden, weil das Kadmium bei hohen Temperaturen mit dem Glas verschmilzt. Bezogen auf den gesamten ökologischen Fußabdruck scheinen diese Solarmodule sogar vergleichsweise vorteilhaft zu sein.

Aluminium ist gerade für Montagesysteme und Solarmodulrahmen leider ebenso beliebt wie ökologisch problematisch. Bei der Herstellung dieses Werkstoffs handelt es sich nach Auffassung des Worldwatch-Instituts um „eine der umweltschädlichsten Aktivitäten der Menschheit". Tröstlich ist, dass Aluminium von allen Materialien auch am einfachsten und ohne jeden Qualitätsverlust wiederverwendet werden kann. Der Energiebedarf beim Recycling-Alu ist deutlich geringer. Rahmenlose Solarmodule und die Integration in Gebäudeflächen sind ökologisch deshalb die bessere Wahl.

BILD Schon bevor größere Mengen ausgedienter Solarmodule anfallen, hat die Photovoltaik-industrie ein Rücknahmesystem aufgebaut und erprobt bereits das effiziente Recycling der hochwertigen Materialien.

Entsorgung und Recycling

Unbrauchbare Solarmodule sind kein Sondermüll, sondern enthalten wertvolle Rohstoffe wie Glas, Aluminium, Kupfer und Silizium. Aufgrund der bisher nur geringen Mengen hat die Solarindustrie erst vor kurzem begonnen, das flächende-ckende Rücknahmesystem PV-Cycle (www.pv-cycle.org) aufzubauen. Solarmodule der teilnehmenden Hersteller werden dabei kostenlos zurückgenommen und fachgerecht wiederverwertet. Erste Pilotanlagen zum Modulrecycling arbeiten schon und zeigen dass ein sehr hoher Anteil des Materials wiederverwendet werden kann. Größere Mengen erwartet die Industrie erst in 10 bis 15 Jahren.

Kabel und Montagematerial lässt sich über bereits bestehende Sammeleinrich-tungen wiederverwerten und Netzein-speisgeräte lassen sich genauso wie andere Elektrogeräte zerlegt und wiederver-werten.

Fazit: Photovoltaik und die meisten Erneuerbaren Energieträger erzeugen keine Kohlendioxidemissionen, es bleiben keine radioaktiven Abfälle und es sind derzeit keine globalen oder generationenübergreifenden Risiken bekannt.

Umwelt- und Gesundheitsbelastungen treten – wenn überhaupt – nur lokal und kurzzeitig auf, während sie bei den fossilen und atomaren Energien global und lang-fristig wirken.

PHOTOVOLTAIK ALS SÄULE DER ENERGIEVERSORGUNG

Eine Enquete-Kommission „Schutz der Erdatmosphäre" des Deutschen Bundes-tags bezeichnete die Photovoltaik schon vor vielen Jahren als die „interessanteste Option der erneuerbaren Energietechno-logien". Trotzdem war und ist die Photo-voltaik die am meisten unterschätzte Energiequelle.

Deutschland im Solarstromfieber

Noch vor wenigen Jahren wurde sie als „Technologiezwerg" belächelt. Zehn Jahre Anlaufphase hat es gedauert, bis 2009 ein Prozent des deutschen Strombedarfs aus Solarzellen gedeckt werden konnte. Nur

ein Jahr später waren es dann schon mehr als zwei Prozent.

Die Photovoltaik ist die Stromquelle mit der schnellsten Kostensenkung. So kosten netzgekoppelte Solarstromanlagen heute inflationsbereinigt nur noch ein Viertel dessen, was man in den 1990er Jahren in-vestieren musste, als es die ersten Anlagen zu kaufen gab. Dabei hat die breite Nut-zung eben erst begonnen, und die techni-schen Möglichkeiten sind längst nicht ausgereizt. Im Gegenteil, gerade die be-sonderen Vorteile der Photovoltaik werden noch gar nicht richtig genutzt: Sie lässt sich nahtlos in die Oberflächen von Ge-

Photovoltaik weltweit

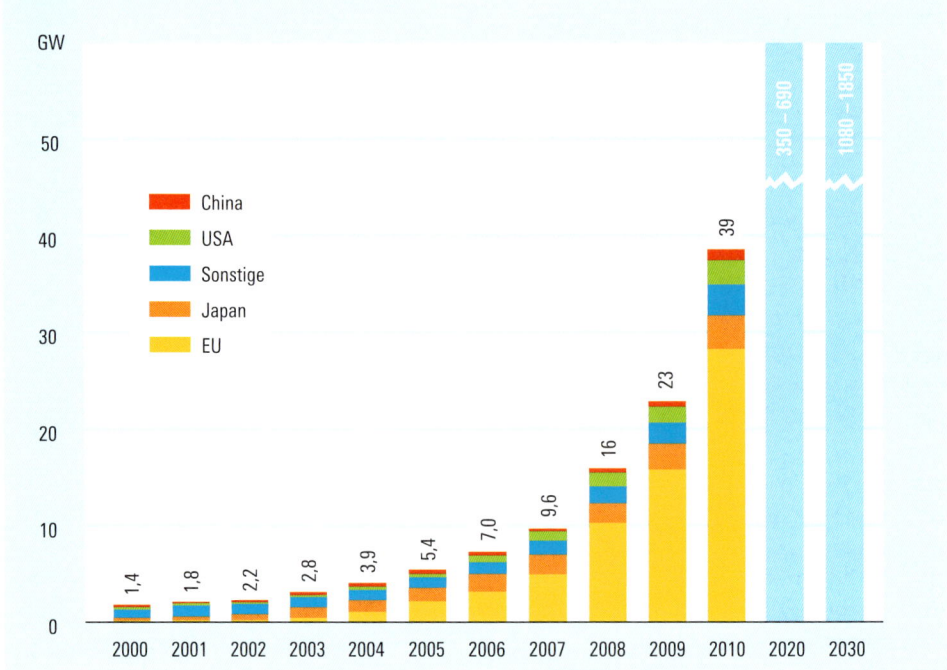

BILD 1 Vorreiter Deutschland treibt den weltweiten Photovoltaikmarkt.

bäuden und Fahrzeugen integrieren und damit als einzige Energiequelle vollständig in bestehende Infrastruktur einbauen.

Dachschindeln und Fassadenelemente werden künftig nicht nur Häuser schützen, sondern gleichzeitig auch Strom liefern – voraussichtlich zu unschlagbar günstigen Preisen. Denn integrierte Solarzellen und Photovoltaiksysteme werden den Materialbedarf und Herstellungsaufwand auf ein Minimum reduzieren und könnten die Photovoltaik in naher Zukunft zur billigsten Stromquelle machen.

Intelligent vernetzt mit Windkraft und den anderen Erneuerbaren und mit neuen Energiespeichern, die gerade erprobt werden, könnte die Photovoltaik damit zu einer Hauptsäule der künftigen Versorgung werden: Auf millionen Häusern, Lärmschutzwänden und anderen überbauten Flächen, die übers ganze Land verteilt ei-

nen gigantischen solaren Kraftwerkspark bilden. Näher am Verbraucher als alle anderen Kraftwerke könnte die Photovoltaik so die sanfte Revolution der Energiemärkte bringen.

Vermutlich wird gerade die Anzahl der Anlagen auf privaten und gewerblichen Dächern stärker zunehmen, da die Anlagenkosten auf Einfamilienhäuser inzwischen auf Größenordnungen gesunken sind, die mit der Anschaffung eines PKW oder einer umfangreicheren Heizungssanierung vergleichbar sind. Damit werden Photovoltaikanlagen für Privathaushalte so erschwinglich und lukrativ, dass sie nicht nur von Ökopionieren und Renditejägern gekauft werden.

Die Einspeisevergütung und damit aufgrund der fallenden Anlagenpreise auch die solaren Stromerzeugungskosten nähern sich den Bezugskosten für Strom

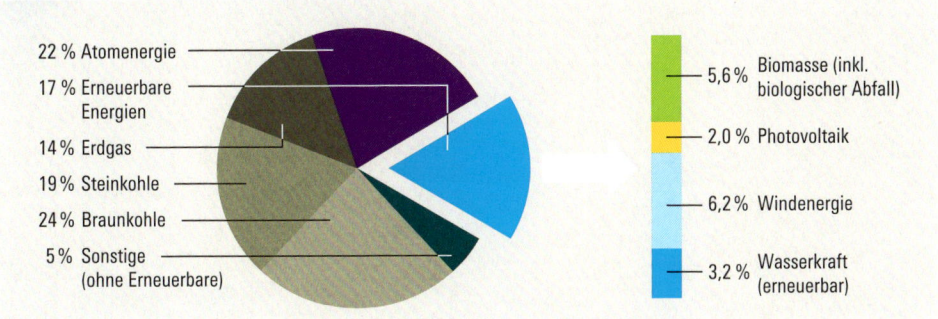

Strommix Deutschland 2010

22 % Atomenergie

17 % Erneuerbare Energien

14 % Erdgas

19 % Steinkohle

24 % Braunkohle

5 % Sonstige (ohne Erneuerbare)

5,6 % Biomasse (inkl. biologischer Abfall)

2,0 % Photovoltaik

6,2 % Windenergie

3,2 % Wasserkraft (erneuerbar)

BILD 2 Rund 83 Prozent der öffentlichen Stromversorgung in Deutschland (Summe = 101 % ist Rundungsfehler) stammen noch aus fossilen Energieträgern und Atomkraftwerken. Die Photovoltaik verdoppelte 2010 ihren Anteil auf zwei Prozent in nur einem Jahr.

aus dem Netz (Netzparität). Schon im Jahr 2012 werden die Strompreise mit voraussichtlich über 25 Cent je Kilowattstunde deutlich höher sein als die gesetzliche Einspeisevergütung für Solarstrom mit dann voraussichtlich 22,7 Cent. Die Folge dieser Entwicklung wird sein, dass ausgereifte Stromspeicher schneller auf den Markt kommen und der Strommarkt für Endverbraucher könnte eine ganz neue solare Revolution erleben. Dezentral genutzt ist die Solarenergie ohnehin die am meisten demokratische Energieform und damit ist sie ist die Energie der Bürger.

Umweltfolgen und Restrisiko heute

Ökologische Gründe für den umweltfreundlichen Solarstrom treten bei Bauherren und in der Politik immer mehr in den Hintergrund, obwohl sie nichts an ihrer Aktualität verloren haben. Elektrizität wird als die hochwertigste Energieform betrachtet, weil sie so universell verwendbar ist – aber auch weil Energieverluste und der technische Aufwand bei der Stromerzeugung so hoch sind. Aus den eingesetzten Primärenergieträgern Kohle, Öl, Gas und Uran lässt sich nur rund ein Drittel der Energie in Elektrizität umwan-

deln. Bis zu 20 Prozent dieser in Kraftwerken erzeugten Strommenge gehen aber schon in den Kraftwerken und auf langen Transportwegen (Überlandleitungen) verloren. Elektrische Energie ist deshalb heute teuer und belastet die Umwelt besonders stark.

Strom besonders umweltrelevant

Im Privathaushalt erscheint der Stromverbrauch gering, mit nur 10 bis 20 Prozent des gesamten Energieverbrauchs neben Heizwärme und Mobilität. Weil bei der Stromversorgung aber so viel Energie auf der Strecke bleibt, spart jede nicht verbrauchte oder solar erzeugte Kilowattstunde Strom die doppelte bis dreifache Menge Energie. Deshalb lohnt es sich besonders, Strom effizient zu nutzen und fossile und atomare Energieträger durch erneuerbare Energien zu ersetzen.

Den meisten Kohlendioxidausstoß europaweit verursachen die fossil befeuerten Stromkraftwerke. Daneben produzieren Atommeiler tausende Tonnen radioaktiver Abfälle, für deren langfristige Lagerung es auch Jahrzehnte nach Betriebsbeginn der Kraftwerke immer noch keine sichere Lösung gibt, vielleicht nicht geben kann.

Risiken und Nebenwirkungen

Übersehen und verschwiegen wird die großflächige radioaktive Verstrahlung beim Abbau von Uranerz, vor allem in Australien und Afrika. Auch Uranverarbeitung und -wiederaufbereitung (Sellafield, England und La Hague, Frankreich) verstrahlen pausenlos Luft, Boden und Wasser. Die unfassbaren Ereignisse in Fukushima hielten im Frühjahr 2011 die Welt in Atem. Doch unvorhersehbar sind solche Unfälle nicht, wie ein Zitat des parteilosen und aus der Energiewirtschaft kommenden damaligen Wirtschaftsministers Werner Müller vom 23. März 2000 belegt. Er begründete die planmäßige Abschaltung der deutschen Atomkraftwerke mit den Worten: „Unabhängig von der Tatsache, dass sie aller Voraussicht nach sicher sind, ist völlig unstreitig, dass sie nicht hundertprozentig sicher sind, sondern dass – wenn das auch noch so unwahrscheinlich ist – doch ein Schadensfall eintreten könnte, der dieses Land unbewohnbar machen würde."

Da kann es schon abstrus erscheinen, wenn jeder Photovoltaik-Anlagenbetreiber für Schäden aus dem Betrieb seiner Anlage in voller Höhe haftet und dafür eine Haftpflichtversicherung abschließt, während die Haftung der Atomkraftwerksbetreiber beschränkt wird, um damit den wirtschaftlichen Betrieb ihrer Anlagen zu subventionieren. Nicht der Staat käme für Schäden aus Atomunfällen auf, sondern jeder Bürger müsste seine Folgen selbst tragen. Das steht sogar in den Klauseln alltäglicher Versicherungspolicen: „Schäden durch Kernenergie und Krieg sind nicht versichert". Abgesehen davon, dass die möglichen Schäden nicht reparabel sind: Wären Versicherungsgesellschaften bereit, das Restrisiko eines Atommeilers abzusichern, würde die Kilowattstunde Atomstrom nach einer Studie für das Bundeswirtschaftsministerium nicht mehr fünf Cent, sondern mehr als einen Euro kosten und damit mehr als vier Mal so viel wie der Haushaltsstrompreis.

Auf der anderen Seite spiegeln die Marktpreise für konventionelle Energien in keiner Weise deren volkswirtschaftliche Kosten wider: Externe Kosten sind ein eher verschleiernder Begriff für die Risiken und Belastungen, denen die Bürger täglich ausgesetzt sind und die vom Einzelnen oder vom Staat bezahlt werden. Würde man diese Folgekosten in die Preise einrechnen, könnten sich die Strompreise vervielfachen.

Dagegen haben Wissenschaftler des Umweltbundesamts, des Sachverständigenrats der Bundesregierung und des Forschungsverbunds erneuerbare Energien in Studien ermittelt, dass der Strom aus Sonne, Wind und anderen erneuerbaren Quellen auch rein betriebswirtschaftlich schon im nächsten Jahrzehnt billiger sein wird als die herkömmlichen Energieträger. Voraussetzung dafür sei ein weiterer konsequenter Ausbau mit einer überschaubaren Anschubfinanzierung. Der wirtschaftliche Vorteil von Sonne, Wind + Co: Sie produzieren umso billiger,

Umstiegsszenario für Deutschland

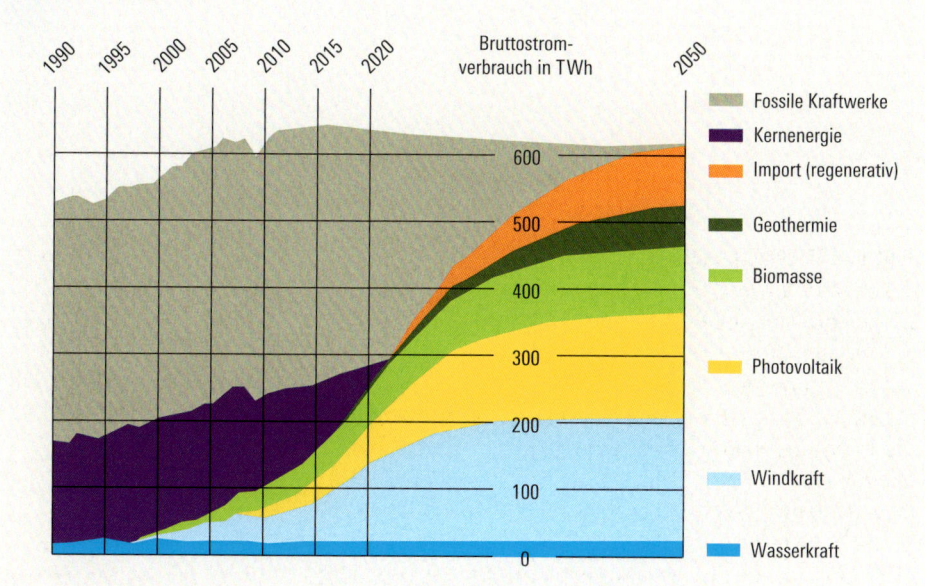

BILD Strom aus Erneuerbaren: Szenario von Prof. Volker Quaschning, HTW Berlin

je mehr Anlagen entstehen, während die fossilen Brennstoffe durch steigenden Verbrauch immer teurer werden, weil sich die gut zugänglichen Vorräte erschöpfen.

In Zukunft: Energie sicher und sauber

Spätestens bis zum Jahr 2050, so die Wissenschaftler, könnten Strom, aber auch Wärme und Energie für den Verkehr vollständig aus erneuerbaren Energiequellen gewonnen werden. Allein die jährliche Sonneneinstrahlung auf die Fläche der Bundesrepublik entspricht 88-mal dem derzeitigen Energieverbrauch. Gut ein Prozent technisch nutzbar gemacht, könnte den Gesamtbedarf decken. Dabei liefern schon heute die Erneuerbaren ganz unspektakulär bereits mehr nutzbare Energie als die Atomkraftwerke.

Die Versorgungsstruktur eines Energie-

mix aus erneuerbaren Energien unterscheidet sich grundsätzlich von der konventioneller Kraftwerke. Heute produzieren Großanlagen den Strom an zentralen Punkten, zu denen die fossilen Rohstoffe von weit entfernten Lagerstätten herangeschafft werden müssen. Der aufwändig erzeugte Strom muss dann von dort über ein weit verzweigtes Netz zu den Verbrauchern transportiert werden.

Photovoltaikanlagen erzeugen den Strom überwiegend dort, wo er gebraucht wird. Die Sonne scheint überall und lässt sich mit vielen kleinen Kraftwerken nutzen. Dadurch erhöht sich die Versorgungssicherheit, weil der Ausfall einzelner Kraftwerke die Gesamtversorgung nicht beeinträchtigt.

Schwankende Stromgewinnung

Die Leistung einzelner Photovoltaikanlagen kann auch tagsüber schwanken. Doch schon bei einer großen Zahl von Anlagen,

BILD 1 Solarstromanlagen auf Freiflächen sind auch unter Solarbefürwortern umstritten. Inzwischen werden dafür vorrangig belastete Flächen wie Mülldeponien und Militärgelände genutzt.

die über ein weites Gebiet verteilt sind, gleichen sich die Schwankungen teilweise aus, und präzise Wetterprognosen machen Solarstrom zu einer kalkulierbaren Quelle. Die Kombination vieler weit verteilter (dezentraler) Kraftwerke mit einem gut ausgebauten Verbundnetz und neuen Speichern machen auch erneuerbare Energien verlässlich.

Ähnlich dem Prinzip des Nachtstromtarifs können neue lastabhängige Tarife und „intelligente Stromzähler" auf marktwirtschaftliche Weise Stromangebot und Nachfrage zusammenführen. Und auch die Solarstromanlagen selbst könnte man so regeln, dass sie bei Netzschwankungen ihre Leistungsabgabe verändern und damit das Netz stabilisieren.

Energiemix der Erneuerbaren

Umweltfreundliche Stromerzeugung ist nicht beschränkt auf die eleganteste Art,

Strom zu gewinnen. Mit der Photovoltaik lassen sich Windenergie, Wasserkraft und Biogaskraftwerke besonders gut kombinieren. Dabei anfallende Wärme, die in konventionellen Großkraftwerken ungenutzt an die Umgebung abgegeben wird, steht in Blockheizkraftwerken vor Ort für die Wärmeversorgung von Siedlungen, Gebäudekomplexen und Industriebetrieben zur Verfügung.

Eine weitere wetterunabhängige Energiequelle ist die Geothermie. Erdwärme aus tiefen Schichten wird dabei an die Oberfläche transportiert, treibt Turbinen zur Stromerzeugung an und liefert Wärme. Auch diese Energiequelle wird bislang häufig unterschätzt.

Solarstrom aus der Fläche

Die meisten Megawatt-Anlagen wurden in den letzten Jahren nicht auf Gebäuden, sondern auf Freiflächen errichtet und ent-

BILD 2 Dächer zu Kraftwerken: Mitten in Berlin auf dem Haus der Stiftung Warentest

sprechen in ihrer Leistung bereits kleinen Windparks. Durchaus kontrovers diskutieren die Solarenergiebefürworter über diese Anlagen. Dabei ist von den meisten Solarkraftwerken auf Freiflächen wenig zu sehen, da die Gestelle kaum mehr als 2 bis 3 Meter über den Boden hinausragen und im Gegensatz zu den weit über 100 Meter hohen Windkraftanlagen nicht an exponierten Standorten aufgestellt werden müssen.

Häufig werden die Solarkraftwerke auch auf landwirtschaftlich nicht mehr nutzbaren – weil vorbelasteten – Flächen errichtet, beispielsweise ehemaligen Militärgeländen, Bergbauflächen, Kiesgruben und geschlossenen Mülldeponien. Unter den Solarmodulen bildet sich eine ökologische Rückzugsfläche für bedrohte Arten, da nur wenige Prozent der Fläche durch Fundamente und Aufständerung versiegelt werden.

Photovoltaik-Zukunft

Langfristig spricht hierzulande aber Vieles für die gebäudeintegrierte Photovoltaik. Denn bei den Solarkraftwerken auf der grünen Wiese verzichtet man auf einen der wichtigsten Vorteile der Photovoltaik: Sie ist die einzige Energietechnologie, die sich vollständig in bestehende Infrastruktur integrieren lässt. Solarstromanlagen auf Dächern und an Fassaden versiegeln keine zusätzlichen Flächen und die elektrischen Anlagen für den Stromtransport sind auch bereits vorhanden.

Die Photovoltaik könnte sich in Zukunft sogar zur „unsichtbaren Energiequelle" weiterentwickeln. Das Prinzip der Photovoltaik beruht auf einem rein physikalischen Effekt in einer sehr dünnen Schicht an der Oberfläche der Solarzelle. Es spricht also nichts dagegen, Dach- und Fassadenelemente zu entwickeln, die mit einer hauchdünnen photovoltaisch aktiven

BILD Das teuerste Solarkraftwerk umkreist unseren Planeten. Die Astronauten der Internationalen Raumstation ISS erleben hautnah, wie kostbar unsere kleinen Oase in der Weite des Alls doch ist.

Schicht bedeckt sind und kaum mehr kosten als die heute üblichen Baumaterialien. Erste Produkte, die technisch in diese Richtung weisen, sind bereits auf dem Markt.

Nach vorsichtigen Schätzungen ließe sich allein auf Dach- und Fassadenflächen ein Viertel des deutschen Strombedarfs solar erzeugen. Auf weiteren bereits versiegelten Siedlungsflächen könnte noch einmal die gleiche Strommenge gewonnen werden.

Je detaillierter die Untersuchungen ausgeführt werden, umso mehr verfügbare Flächen zeigen sich, weshalb nach Studien in Großstädten 60 Prozent und mehr des dortigen Strombedarfs aus Sonnenlicht erzeugt werden könnten.

Pro Stadteinwohner ermitteln die Wissenschaftler für Solarmodule geeignete Flächen von 13 bis 25 Quadratmetern. Oft sind dabei weitere nutzbare Flächen wie Lärmschutzwände und Verkehrsflächen noch gar nicht berücksichtigt.

KLEINE GESCHICHTE DER PHOTOVOLTAIK

Die Geschichte beginnt mit einer Entdeckung im Jahr 1839. Als Alexandre Edmont Becquerel in seinem Labor bestimmte Substanzen mit Licht bestrahlt, entdeckt er, dass dabei Elektrizität entsteht. Die erste Solarzelle aus dem Halbleiterwerkstoff Selen wird 1883 hergestellt, weil man entdeckt, dass mit diesem Material der photovoltaische Effekt besonders gut funktioniert. Diese Zelle wandelt nur 1 Prozent der eingestrahlten Energie in elektrischen Strom um.

Die Anwendung

Im Jahr 1954 entwickeln amerikanische Wissenschaftler die ersten Silizium-Solarzellen mit bereits 5 Prozent Wirkungsgrad. Für die Energieversorgung wird diese Erfindung erstmals im US-Satelliten Vanguard I im Jahr 1958 eingesetzt.

In den 1970er-Jahren wird damit begonnen, Solarmodule für die Versorgung abgelegener technischer Einrichtungen einzusetzen. Anfangs kostet ein Watt Solarmodulleistung über 500 Euro. Die Preise sinken jedoch schnell auf etwa 15 bis 20 Euro pro Watt. Heute sind Solarmodule schon für unter 1 bis 2 Euro pro Watt zu haben.

In Kalifornien geht 1982 das erste große Solarkraftwerk mit einem Megawatt Leistung in Betrieb, ein Jahr später baut AEG in Deutschland ein Photovoltaikkraftwerk mit 300 Kilowatt Leistung auf der Nordseeinsel Pellworm. Beide Anlagen speisen ihren Strom in das Versorgungsnetz der öffentlichen Stromversorger ein.

Während derartige Großprojekte noch die Ausnahme bleiben, erfreuen sich Solarstromanlagen im Freizeitbereich und

bei abgelegenen Häusern immer größerer Beliebtheit, also überall dort, wo kein öffentliches Stromnetz vorhanden ist und ein Netzanschluss zu teuer wäre.

Die Idee

Schon Anfang der 1980er-Jahre entstehen in Japan und in den USA Versuchshäuser mit netzgekoppelten Solarstromanlagen. Mitte desselben Jahrzehnts kommen Tüftler auch in Deutschland auf die Idee, Solarstrom vom Dach ins Stromnetz des eigenen Haushaltes einzuspeisen und bauen einzelne Modellanlagen auf Häuser. Mit dem Ziel, fossile und atomare Kraftwerke durch erneuerbare Energien abzulösen, gründen 1986 engagierte Umweltschützer in Aachen den Solarenergie-Förderverein. Die Aktiven um Wolf von Fabeck verbreiten erfolgreich die Idee der netzgekoppelten Solarstromanlagen und propagieren die breite Markteinführung durch „Kostendeckende Vergütung", der Grundidee hinter dem EEG.

Die Markteinführung

Im Jahr 1990 beschließt der Deutsche Bundestag das Stromeinspeisegesetz (StrEG), das jedermann erlaubt, Strom aus erneuerbaren Energiequellen in das Netz der öffentlichen Elektrizitätsversorgung einzuspeisen. Mit dem „1 000-Dächer"-Demonstrationsprogramm des Bundesforschungsministeriums und der Bundesländer setzt sich die Idee der netzgekoppelten Solarstromanlagen erstmals durch.

In über 2 200 Anlagen, verteilt über das ganze Bundesgebiet, wird die Technik getestet und mit Hilfe der gewonnenen Praxiserfahrungen schnell weiterentwickelt. Das Programm erweist sich aber vor allem als hervorragende Werbung für die Solarenergie und dient der japanischen Regierung als Vorbild für ein eigenes Markteinführungsprogramm. Die japanische Wirtschaft erklärt, sie wolle damit den Weltmarkt für Solartechnik erobern. Die Politik in Deutschland dagegen, beeinflusst von einer starken Lobby der konventionellen

Energiewirtschaft, bleibt zunächst untätig.

Die Wende bringen Abgeordnete einer neuen Regierungskoalition. Die Solarpioniere Hans-Josef Fell und Hermann Scheer gewinnen ihre Fraktionen für eine unscheinbare Revolution: Die erneuerbaren Energien sollen auf dem Strommarkt einen gesetzlich garantierten Vorrang erhalten. Um den Windenergieboom der 1990er-Jahre fortzuschreiben und nun auch die Markteinführung der anderen regenerativen Stromquellen zu beschleunigen, beschließt der Deutsche Bundestag im Februar 2000 das Erneuerbare-Energien-Gesetz (EEG). Es löst das alte Stromeinspeisegesetz ab.

Solarstromanlagen erhalten demnach eine deutlich höhere Einspeisevergütung von bis zu 99 Pfennig je Kilowattstunde, über eine Laufzeit von 20 Jahren. Altanlagen erhalten diese Vergütung ab dem Jahr 2000 ebenfalls 20 Jahre lang. Damit ist auch der Weiterbetrieb von Anlagen der Solarpioniere gesichert.

Diesmal wird das Gesetz zum Vorbild für über 50 Länder weltweit. Im Inland löst das EEG einen Solarboom aus, der sich durch die im Jahr 2004 beschlossene Novelle noch einmal beschleunigt. Deutschland holt auf und wetteifert nun mit Japan um die Führungsrolle auf dem Photovoltaikmarkt. Deutschland wird zum weltweiten Leitmarkt. Das explosionsartige Wachstum der Photovoltaik verschärft in den folgenden Jahren aber auch die Diskussion um die Vergütungshöhe für Solarstrom und die daraus resultierenden Kosten für die Stromverbraucher. Ab 2008 senkt der Deutsche Bundestag deshalb die Einspeisevergütung mehrfach schneller als ursprünglich geplant und führt einen Vergütungssatz für selbst verbrauchten Solarstrom ein.

Im Jahr 2009 rückt auch die Photovoltaik mit einem Prozent Anteil am Stromverbrauch energiewirtschaftlich in die erste Reihe und verdoppelt diesen Anteil in weniger als einem Jahr. Der rasante Ausbau stellt auch neue technische Anforderungen an die Technik. Immer größere Mengen Windkraft und Solarstrom müssen künftig effizient in Stromversorgung und Netze integriert werden. Fast die Hälfte des Strombedarfs will die Branche der erneuerbaren Energien bis 2020 decken.

BILD Wartungsarbeiten an der Photovoltaikanlage auf dem Dach des Jakob Kaiser Hauses. Dort brüten die Abgeordneten über den neuen Regelungen des EEG.

Die Industrie

Aus den Photovoltaik-Manufakturen der Anfangsjahre sind Hightechfabriken mit automatisierter Fertigung entstanden. In nur wenigen Jahren, von 2000 bis 2007, ist aus einer kleinen Branche eine milliardenschwere Industrie geworden. Die Vorreiterrolle Deutschlands hat der hiesigen Industrie wie auch Forschung und Entwicklung einen gewaltigen Schub gegeben. Es zeigte sich, dass erst die Markteinführung effektive Impulse für eine kontinuierliche Verbesserung und Kostensenkung gab. Unter allen Stromerzeugungsarten weist die Photovoltaik sogar die mit Abstand höchsten jährlichen Kostensenkungen auf.

Inzwischen exportiert Deutschland nicht nur Solarmodule und Wechselrichter, sondern vor allem Produktionstechnologien für Solarfabriken weltweit. Nicht nur die Umwelt, sondern auch die heimische Wirtschaft profitiert davon: Für die Photovoltaik arbeiteten im Jahr 2010 in Deutschland schon 133 000 Menschen. Angesichts des weltweit steigenden Energiebedarfs entwickeln sich die erneuerbaren Energien für den Exportweltmeister Deutschland mehr und mehr zum Jobmotor. Gute Gründe also für eine Vorreiterrolle in der Anwendung und Weiterentwicklung.

Allein in nur fünf Jahren von 2004 bis 2009 hat sich die weltweite Produktionsmenge von Solarzellen verzehnfacht. Mit über 18 Gigawatt entspricht die im Jahr 2010 weltweit neu installierte Photovoltaikleistung rechnerisch fast der Leistung der bis Anfang 2011 in Deutschland noch nicht stillgelegten 17 Atomkraftwerke (21 Gigawatt).

In den Jahren 2008 und 2009 wurde allein hierzulande jeweils doppelt so viel Photovoltaikleistung neu ans Netz angeschlossen als im Jahr zuvor. Selbst wenn sich dieses sprunghafte Wachstum nicht fortsetzt, erwartet der europäische Photovoltaik-Branchenverband EPIA für die nächsten Jahre einen weiteren Ausbau auf aktuellem Niveau und vielleicht sogar eine Steigerung des jährlichen Zubaus. Bis 2020 soll die Photovoltaik in Europa schon 12 Prozent des elektrischen Stromes liefern.

ADRESSEN

Die Internetseite zum Buch
www.photovoltaikratgeber.info

Online-Informationsdienste
www.solarserver.de
www.boxer99.de
www.sonnenseite.com
www.iwr.de
www.unendlich-viel-energie.de

Betreiberfragen und Beratung
http://experts.top50-solar.de
www.photovoltaikforum.com
www.sfv.de

Deutsche Energie-Agentur
Verbraucherberatung zu Energiefragen
www.dena.de

Erneuerbare-Energien-Beteiligungen:
www.greenvalue.de

Stiftung Warentest
www.test.de (Suche nach den Stichworten
Photovoltaik, Fotovoltaik, Solarstrom)

Förderprogramme
www.solarfoerderung.de
www.energiefoerderung.info

Vergütungssätze nach EEG:
www.sfv.de/lokal/mails/sj/verguetu.htm

Kreditanstalt für Wiederaufbau (KfW)
www.kfw.de

Einstrahlung und Erträge
Aktuelle Photovoltaikleistung in
Deutschland:
www.sma.de/de/news-infos/
pv-leistung-in-deutschland.html

Solarstrahlungsdaten:
www.dwd.de
www.meteonorm.com

Einfluss von Dachneigung und
Ausrichtung abschätzen:
http://photovoltaik-verband.beepworld.de/
sonnenscheibe.htm

Ertragsdatenbanken:
www.pv-ertraege.de (SFV)
www.solarertrag-nord.de
(Norddeutschland)

Überschlägige Ertragsberechnung:
http://valentin.de/calculation/pvonline/
pv_system

Qualitätssicherung
www.photovoltaik-anlagenpass.de
www.gueteschutz-solar.de
www.pvtest.de (Testergebnisse für Solarmodule)

Rechtsfragen
www.clearingstelle-eeg.de
www.solarbetrug.net
www.energieverbraucher.de

Steuern und Finanzamt

Steuerbroschüre des BSW:
www.bsw-solar-shop.de

Merkblatt des BSW zur Eigenverbrauchsvergütung unter
www.solartechnikberater.de/downloads

PV-Steuer-Infos und Excel-Tools:
www.pv-steuer.de

Formulare der Finanzämter
zum Download:
https://www.formulare-bfinv.de

www.finanzamt.bayern.de/Informationen/
Steuerinfos/Weitere_Themen
dort unter „Fotovoltaikanlagen"

www.saarland.de/dokumente/ressort_
finanzen/Broschuere_Photovoltaik_
Gesamt_Endversion.pdf

www.konz-steuertipps.de/konz/lexikon/
P/Photovoltaikanlage.html

Erneuerbare-Energien-Regionen und regionale Ansprechpartner

www.100-ee.de
www.kommunal-erneuerbar.de
www.regiosolar.de
www.solarinitiativen.de
(Bayern und Österreich)
www.woche-der-sonne.de

Firmenverzeichnisse

www.energie-links.de
www.erneuerbareenergien
(Firmenverzeichnis)
www.sfv.de (Installateure)
www.solartechnikberater.de
(Handwerkersuche)

Internet-Linkverzeichnis

www.top50-solar.de

Verbände

Bundesverband Erneuerbare Energie (BEE)
www.bee-ev.de

Bundesverband Solarwirtschaft (BSW)
www.solarwirtschaft.de

Bund der Energieverbraucher (BdE)
www.energieverbraucher.de

Deutsche Gesellschaft für
Sonnenenergie (DGS)
www.dgs-solar.org

Eurosolar e.V.
www.eurosolar.org

Solarenergie-Förderverein Deutschland
(SFV)
www.sfv.de

Verbraucherzentrale Bundesverband
www.vzbv.de

Österreich
Bundesverband Photovoltaic Austria
www.pvaustria.at

Arbeitsgemeinschaft Erneuerbare
Energien (AEE)
www.aee.at

Eurosolar-Austria
www.eurosolar.at

Schweiz
Schweizerische Vereinigung für
Sonnenenergie (SSES)
www.sses.ch

Swissolar
www.swissolar.ch

Behörden
Bundesministerium für Umwelt, Natur-
schutz und Reaktorsicherheit (BMU)
www.bmu.de
www.erneuerbare-energien.de

Bundesnetzagentur für Elektrizität, Gas,
Telekommunikation, Post u. Eisenbahnen
www.bundesnetzagentur.de

Forschung
Forschungsverbund Erneuerbare Energien
www.fvee.de

Informationsdienst Forschung für die Praxis
www.bine.info

Sonnenhaus-Institut
www.sonnenhaus-institut.de

LITERATUR

Zeitschriften
(In der Regel erhalten Sie auf An-
forderung ein kostenloses Probeheft.)

Energiedepesche
Zeitschrift des Bundes der
Energieverbraucher
www.energieverbraucher.de

EP Photovoltaik
www.ep-photovoltaik.de

Erneuerbare Energien, Monatsmagazin
www.erneuerbareenergien.de

Greenhome
www.greenhome.de

Neue Energie, Magazin für
erneuerbare Energie
www.neueenergie.net

ngreen („eta" green)
www.succidia.de/n_green.html

Photon, Solarstrom-Magazin
www.photon.de

Photon Profi
www.photon.info

Photovoltaik, Profimagazin
www.photovoltaik.eu

Solarbrief, Mitgliederzeitschrift des
Solarenergie-Förderverein Deutschland
mit Schwerpunkt Photovoltaik
www.sfv.de

Solarthemen, Infodienst für
regenerative Energie
www.solarthemen.de

Solarzeitalter – Mitgliederzeitschrift
des Verbandes Eurosolar mit politischem
Schwerpunkt
www.eurosolar.de

Sonne, Wind & Wärme, Branchen-
Magazin für alle erneuerbaren Energien
www.sonnewindwaerme.de

Sonnenenergie – Mitgliederzeitschrift
und Fachorgan der Deutschen Gesellschaft für Sonnenenergie
www.sonnenenergie.de

Sonnenzeitung, Magazin für
erneuerbare Energien
www.sonnenzeitung.at

Bücher

Breid, Berthold: **Beratungspaket
Photovoltaik – beraten, planen, verkaufen**
4., vollständig überarbeitete Auflage 2009,
Beuth Verlag Berlin,
ISBN 978–3–410–17973–3

Maslaton, Martin / Zschiegener, André:
Handbuch des Rechts der Photovoltaik
Verlag für alternatives Energierecht Leipzig
2009, ISBN 978–3–9809815–5–2

Kind, Joachim: **Photovoltaikanlage und
Blockheizkraftwerk (BHKW)**
6., überarbeitete Auflage 2011, Steuer-
tipps / Akademische Arbeitsgemeinschaft
Verlag Mannheim
ISBN 978–3–86817–138–9

DGS Berlin-Brandenburg (Hrsg.):
Photovoltaische Anlagen – Leitfaden
(Ringordner mit CD-ROM)
4., komplett überarbeitete Auflage 2010,
DGS Berlin, ISBN 978–3–00–030330–2

Dietrich, Sylvio: **PVProfit 2.3 – Wirtschaftlichkeit von Photovoltaikanlagen** (Buch mit Software auf CD-ROM)
4., komplett überarbeitete Auflage 2009,
Verlag Solare Zukunft Erlangen,
ISBN 978–3–933634–25–2

Kellermann, Daniel: **Ratgeber Umwelt und
Erneuerbare Energie Beteiligungen**
(Ausgabe 2011/12) Greenvalue, Nürnberg,
ISBN 978–3–9808336–7–7

GLOSSAR

AfA = Absetzung für Abnutzung
Amorphe Solarzelle: Materialsparend auf Glas oder Edelstahlfolie aufgedampfte Dünnfilmsolarmodule aus nichtkristallinem (amorphem) Material, zum Beispiel Silizium, CIS oder CdTe
BSW = Bundesverband Solarwirtschaft
Bypassdiode: Elektronisches Bauteil, das bei Teilbeschattung von Solarmodulen den elektrischen Strom um die betroffene Stelle herumleitet.
CdTe = Cadmium-Tellurid: Neuartige Materialien (Verbindungshalbleiter), die anstelle von Silizium für die Herstellung von Dünnfilmsolarmodulen verwendet werden
CIS = Kupfer-Indium-Diselenid: siehe CdTe
DGS = Deutsche Gesellschaft für Sonnenenergie
Diffuse Strahlung: Ungerichtetes Licht, das nicht von der Sonne direkt auf die Erdoberfläche einfällt, sondern zum Beispiel durch Wolken gestreut wird
Direkte Strahlung: Gerichtetes Licht, das ungestreut von der Sonne auf der Erdoberfläche auftrifft (bei klarem Himmel)
Direktverbrauch (auch **Eigenverbrauch, Selbstverbrauch**): Verbrauch des Solarstroms in unmittelbarer Nähe der Photovoltaikanlage, wird nach EEG mit einem eigenen Satz vergütet, obwohl der Strom nicht ins Netz eingespeist wird.
Dreiphasenwechselstrom (auch **Drehstrom**): Das europäische Stromnetz besteht aus drei zeitlich versetzt schwingenden Wechselstromphasen, die miteinander „zu Drehstrom verkettet" sind. In Deutschland

hat Drehstrom auf der für normale Stromverbraucher zugänglichen Niederspannungsebene eine Nennspannung von 400 Volt.
Dünnfilmsolarmodul: Die Solarzellen werden materialsparend direkt auf ein Trägermaterial (Glas, Edelstahlfolie) aufgedampft und bilden auf diesem nur eine dünne Schicht.
EEG = Erneuerbare-Energien-Gesetz: Vom Deutschen Bundestag beschlossenes „Gesetz für den Vorrang Erneuerbarer Energien". Es schreibt bundesweit Mindestvergütungen, Anschlussbedingungen und weitere Vertragsbedingungen für die Stromeinspeisung erneuerbarer Energien ins öffentliche Stromverbundnetz vor und trat erstmals am 1. April 2000 in Kraft.
Einspeisevergütung: Der örtliche Stromnetzbetreiber muss Strom aus erneuerbaren Energien kaufen und einen Mindestpreis entsprechend dem EEG bezahlen.
Elektron: In der Physik erklärt man elektrischen Stromfluss durch die Bewegung von Elektronen, subatomaren Teilchen, die elektrisch negativ geladen sind (Modellvorstellung).
EMV = Elektromagnetische Verträglichkeit
Energie: Die elektrische Energie wird in Wattstunden (Wh) gemessen (1 000 Wh = 1 Kilowattstunde = 1 kWh).
Energierücklaufzeit: Amortisationszeit, in der die Solarstromanlage die Energie erzeugt, die zu ihrer Herstellung notwendig war.
ENS: Sicherheitsschaltung zur Netzüberwachung des Netzeinspeisegeräts. Die

Abkürzung „ENS" bedeutet: „Zwei voneinander unabhängige Einrichtungen zur Netzüberwachung mit jeweils zugeordnetem Schaltorgan in Reihe".

Erneuerbare Energien: Energiequellen, die keine endlichen Rohstoffe verbrauchen, sondern natürliche Kreisläufe anzapfen, bezeichnet man als erneuerbar (Sonne, Wind, Wasserkraft, Bioenergie) – meist werden auch Gezeitenkräfte, Meeresströmung und Erdwärme (Geothermie) darunter verstanden.

Erntefaktor: Gibt an, um wievielmal mehr Energie eine Solaranlage in ihrer Betriebsdauer gegenüber der benötigten Herstellungsenergie gewinnt.

EVA = Ethylen-Vinyl-Acetat

EVU = Energie-Versorgungs-Unternehmen (veraltete Bezeichnung, siehe **VNB**)

FI-Schutzschalter: Fehlerstromschutzschalter in der Elektroinstallation, der dem Schutz von Personen vor elektrischen »Schlägen« beim Berühren von Netzspannung dient.

GAK = Generatoranschlusskasten: Anschlusskasten, in dem die Kabel mehrere Stränge eines Solargenerators zusammengeführt werden. Zusätzlich sind Sicherungselemente für die Modulstränge und zum Blitzüberspannungsschutz eingebaut, oft auch ein Schalter.

Gleichstrom: Elektrischer Strom, der immer in die gleiche Richtung fließt, von Plus nach Minus (z. B. Batterie oder Solarzelle).

Globalstrahlung: Energiemenge als Summe aus direkter und diffuser Einstrahlung; bezieht sich üblicherweise auf 1 Quadratmeter waagerechte Fläche.

Halbleiter: Material, das im physikalisch reinen Zustand nicht leitend ist und bei gezielter Verunreinigung oder aufgrund der Verbindung verschiedener Stoffe (Verbindungshalbleiter) leitend gemacht werden kann.

Hot-Spot-Effekt: Zerstörung einer Solarzelle durch Hitzeentwicklung bei Teilverschattung eines Moduls – wird durch Bypassdioden vermieden.

Inselanlage: Solarstromanlage ohne Netzanschluss, die den Strom in Batterien speichert oder direkt zur Versorgung eines Gerätes liefert.

Kennlinie: Diagramm, das das elektrische Verhalten einer Solarzelle bzw. eines Solarmoduls abhängig von den Licht- und Temperaturverhältnissen beschreibt.

Kollektor: Gemeint ist meist ein thermischer Solarkollektor zur Gewinnung von Wärme aus Sonnenlicht (thermische Solarenergie). Funktioniert nach einem völlig anderen Prinzip als die Solarzelle, mit hydraulischer Energieabnahme durch ein Wärmeträgermedium in einem Kreislauf (Wasser, Öl oder Luft).

Konventionelle Energiequellen: Üblicherweise bezeichnet man so die fossilen (Kohle, Mineralöl, Erdgas) Energieträger und Uran.

Kurzschlussstrom: Höhe der Stromstärke (I in Ampere) wenn Plus- und Minuspol eines Solargenerators verbunden (kurzgeschlossen) werden.

kW: Kilowatt (siehe **„Leistung"**)

kWh: Kilowattstunde

kWp = Kilowatt peak: Spitzenleistung

Laminat: Verschweißter Verbund aus Solarzellen und Kunststofffolien, der auf eine Glasscheibe auflaminiert ist – auch eine Bezeichnung für rahmenlose Solarmodule

Leerlaufspannung: Höhe der Spannung (U in Volt) zwischen Plus- und Minuspol einer Stromquelle (z. B. Solarmodul), solange kein Strom fließt.

Leistung: Augenblicksleistung eines elektrischen Verbrauchers oder Stromgenerators (Kraftwerk, Solaranlage), gemessen in Watt (W), nicht zu verwechseln mit der elektrischen Energie (Leistung mal Zeit = Wh). Die Angabe Watt Peak (Wp) gibt die Spitzenleistung eines Solargenerators (Zelle, Modul) unter STC an. Größere Leistungsangaben sind Kilowatt (kW = 1000 W), Megawatt (MW = 1000 kW).

Mismatch-Verluste: Verluste durch Abweichung der elektrischen Daten verschiedener miteinander verschalteter Solarmodule

Monokristalline Solarzellen: Bei monokristallinen Solarzellen ist das Material (Silizium) auf atomarer Ebene in einem absolut regelmäßigen Kristall angeordnet („Diamantstruktur").

MPP = Maximum Power Point: Von Einstrahlung und Temperatur abhängiger Punkt der Modulkennlinie, in dem der Solargenerator die maximale Leistung erzeugt.

Multikristalline Solarzellen (auch **polykristallin**): Das Material bildet bei der Herstellung viele einzelne Kristalle, erkennbar an der eisblumenartigen Oberflächenstruktur.

Multistring: Wechselrichter mit mehreren Anschlüssen für verschiedene Solarmodulstränge mit jeweils eigener MPP-Regelung.

Nachführung: Neigung oder Ausrichtung des Solargenerators werden laufend zum Sonnenstand hin ausgerichtet. Von zweiachsiger Nachführung spricht man, wenn sowohl die Neigung als auch die Ausrichtung des Solargenerators dem Stand der Sonne nachgeführt werden. Bei einachsiger Nachführung ist entweder die Neigung fest und die Ausrichtung wird im Tagesverlauf angepasst, oder die Ausrichtung ist fest und die Neigung wird dem Stand der Sonne entsprechend eingestellt.

Netz („öffentliches" Stromnetz, Verbundnetz): Im Stromnetz sind alle Kraftwerke und Verbraucher miteinander verbunden. Eigentümer und Betreiber ist der Versorgungsnetzbetreiber VNB (vormals: EVU).

Netzanschlusspunkt: Die Anschlussstelle der Solarstromanlage an die Elektroinstallation des Hauses bzw. an das Stromversorgungsnetz

Netzeinspeiseanlage: Im Gegensatz zur Inselanlage ist dieses System an das Stromnetz angeschlossen und benötigt keine Speicherbatterien.

NEG = Netzeinspeisegerät: Wechselrichter mit Netzsynchronisation und Netzüberwachung, der den im Solarmodul erzeugten Gleichstrom einer netzgekoppelten Solarstromanlage in Wechselstrom wandelt und ins Netz einspeist.

Netzkopplung: Die Verbindung von dezentralen Stromerzeugern wie z. B. Solarstromanlagen mit dem öffentlichen Stromversorgungsnetz

PR = Performance Ratio: Qualitätsmaßstab für die Ausnutzung der eingestrahlten

Energie durch die Solarstromanlage, setzt die erzeugte Strommenge zur solaren Einstrahlungssumme ins Verhältnis.

PV = Photovoltaik (auch **Fotovoltaik**): Fachbegriff für die Erzeugung elektrischer Energie aus Licht

pn-Übergang: Verunreinigt man Halbleitermaterial mit Fremdatomen, wird das ursprünglich nicht leitende Material entweder positiv (Elektronenmangel) oder negativ (Elektronenüberschuss) leitend. Liegen zwei solche Schichten direkt nebeneinander, nennt man die Grenzschicht pn-Übergang. Innerhalb dieser Grenzschicht bildet sich ein elektrisches Feld. In einer Solarzelle trennt dieses elektrische Feld des pn-Übergangs die Ladungsträger (Elektronen), die von den Lichtteilchen aus dem Silizium herausgeschlagen werden. Es entsteht eine elektrische Spannung zwischen Ober- und Unterseite der Solarzelle, solange Licht auf die Zelle trifft (photovoltaischer Effekt).

Silizium: Das zweithäufigste Element der Erdkruste und Hauptbestandteil von Quarzsand. Das englische Wort „Silicon" wird oft fälschlicherweise mit „Silikon" übersetzt, obwohl Silizium gemeint ist.

Solargenerator: Gesamtheit aller Solarmodule einer Solarstromanlage

Solarmodul (Modul): Einzelnes Bauteil des Solargenerators. Im Solarmodul sind viele Solarzellen elektrisch verbunden und wetterfest gekapselt.

Solarzelle: Einzelnes Element zur Gewinnung von Solarstrom. Es wandelt Sonnenlicht aufgrund eines rein physikalischen Vorgangs ohne Materialverbrauch direkt in elektrischen Strom um, mit theoretisch unbegrenzter Lebensdauer (Größe etwa 15 x 15 cm und etwa 0,3 bis 0,5 mm dünn).

Sonnenstunden: Spezielle Messgeräte zeichnen die Sonnenstunden auf.

STC = Standard Test Conditions: Standardbedingungen, unter denen die elektrischen Kenndaten eines Solarmoduls gemessen werden, um die Produkte vergleichbar zu machen: Einstrahlungsleistung 1 000 W/m², Luftmasse (ergibt sich aus dem Einfallswinkel und dem Weg, den die Sonneneinstrahlung zurücklegt) AM 1,5 und Solarzellentemperatur 25 °C.

SFV = Solarenergie-Förderverein Deutschland

Teillastbereich: Eine Solarstromanlage erzeugt nur selten die Spitzenleistung (kWp), sondern in der Regel weniger, je nach augenblicklicher Helligkeit und Solarzellentemperatur. Die Anlage und ihre Bauteile (Netzeinspeisegerät) arbeiten dabei im Teillastbereich.

TWh = Terawattstunde: Eine Milliarde kWh

VNB = Versorgungsnetzbetreiber: Betreiber des örtlichen Stromnetzes

Wafer: Siliziumscheibe und Ausgangsprodukt zur Herstellung von Solarzellen, aber auch von Mikroprozessoren

Wechselrichter: Wandelt Gleichstrom (z. B. Solarstrom) in haushaltsüblichen Wechselstrom um.

Wechselstrom: Strom, der ständig seine Richtung ändert, üblicher Haushaltsstrom wechselt seine Richtung 100 mal pro Sekunde (50 Hz) und hat eine Nennspannung von 230 Volt.

REGISTER

IMPRESSUM

© 2011 Stiftung Warentest, Berlin

Stiftung Warentest
Lützowplatz 11–13
10785 Berlin
Telefon 0 30/26 31– 0
Fax 0 30/26 31– 25 25
www.test.de

Vorstand: Dr. jur. Werner Brinkmann
Weiteres Mitglied der Geschäftsleitung:
Hubertus Primus (Publikationen)

Programmleitung: Niclas Dewitz
Autor: Thomas Seltmann
Projektleitung / Lektorat: Uwe Meilahn
Fachliche Beratung: Christiane Böttcher-Tiedemann,
Jörg Sahr
Titelentwurf: Susann Unger, Berlin
Layout: Pauline Schimmelpenninck Büro für
Gestaltung, Berlin
Grafik, Satz und Bildredaktion: Büro Brendel, Berlin
Produktion: Vera Göring
Bildnachweis: Titel – istock/tioloco, **U4** – thinkstock.

Innenteil: alwitra Flachdach- und Solar-Systeme S. 78;
AS Solar GmbH S. 70; Bodo Wolters S. 67; Conergy
AG S. 24; Courtesy NASA/JPL-Caltech S. 21;
Dr. Valentin EnergieSoftware GmbH S. 90; Energiebau
Solarstromsysteme GmbH S. 80; Ernst Schrimpff,
Freising S. 29; EWS Schönau (7, 93); Fronius Interna-
tional GmbH (69, 118); Iliotec Solar GmbH (7, 76);
Langer Solarreinigung S. 149; Mannheimer Versiche-
rungen S. 101; Multi-Contact S. 51; NASA/courtesy of
nasaimages.org S. 193; Paul Langrock Agentur Zenit
(22, 86, 139, 178, 191, 194); Q-Cells SE S. 26; Richard
Schlicht S. 79; SachsenSolar AG S. 94; Schletter
GmbH S. 76; Schott Solar AG (28, 32); SMA Solar
Technology AG (40, 69); Solar World AG (38, 108,
184); Solare Datensysteme GmbH S. 143; Solarpraxis
AG (8, 190); Solarwatt AG S. 81; Solon SE (79, 121);
Tauber Solar GmbH (14, 180); Thomas Seltmann
(11, 14, 52, 54, 65, 72, 81, 112, 115, 130, 149, 156);
TRITEC International AG S. 133; TÜV Rheinland Group
(36, 182); Voltwerk S. 48; NZR – Nordwestdeutsche
Zählerrevision S. 65.
Infografiken/Diagramme: Büro Brendel, Berlin
Verlagsherstellung: Rita Brosius (Ltg.), Susanne Beeh
Litho: tiff.any GmbH, Berlin
Druck: Firmengruppe APPL, aprinta druck, Wemding

Einzelbestellung:
Stiftung Warentest
Telefon 0 180 5/00 24 67
Fax 0 180 5/00 24 68
(je 14 Cent pro Minute aus dem Festnetz, maximal
42 Cent pro Minute aus dem Mobilfunknetz)
www.test.de

Redaktionsschluss: April 2011
ISBN: 978-3-86851-026-3